ATLANTICA

ERLEBNIS ERDE

TIERPARADIESE UNSERER ERDE

MEERE

Bertelsmann
LEXIKON INSTITUT

ATLANTICA

ERLEBNIS ERDE

TIERPARADIESE UNSERER ERDE

MEERE

Bertelsmann
LEXIKON INSTITUT

© 2008 Wissen Media Verlag GmbH, Gütersloh/München

Chefredaktion: Dr. Beate Varnhorn
Projektleitung und redaktionelle Leitung: Christian Adams

Autorinnen und Autoren: Ellen Astor, Hanno Ballhausen, Martin Bopp, Dietmar Falk, Simone Harland, Dr. Angela Kämper, Dr. Andrea Kamphuis, Ute Kleinelümern, Jens Jürgen Korff, Uwe Manzke, Dr. Stephan Matthiesen, Dr. Günter Matzke-Hajek, Dr. Herbert Nickel, Monika Niehaus, Hans Christian Offer, Ulrike Schöber, Sven Zähle

Redaktion und Bildredaktion: Parzhuber und Partner, Agentur für Marketing GmbH, München
Bildredaktion Wissen Media Verlag: Thekla Sielemann
Schlussredaktion: Inga Westerteicher

Einbandgestaltung: dsh GmbH, München
Einbandfotos: Interfoto, München – Gürteltier; istockphoto.com – Fischschwarm (Dejan Sarman) – Krebs (David Safanda) – Schildkröte (Jurie Maree) – Fische (Ian Scott) – Hai (Martin Strmko) – Eisbär (John Pitcher); shutterstock.com – Tukan (Kitch Bain)
Satz und Layout: Parzhuber und Partner, Agentur für Marketing GmbH, München

Herstellung: Marcel Hellmund

Aktuelle Informationen und Serviceangebote des Verlags finden Sie auch im Internet unter www.lexikoninstitut.de

Druck und Bindung: Himmer AG, Augsburg

Gedruckt auf chlorfrei gebleichtem Papier

Printed in Germany 2008

ISBN: 978-3-577-07705-7

Vorwort

Der Klimawandel bedroht die Lebensgrundlagen zahlreicher Arten in den verschiedenen Lebensräumen unseres Planeten. Aktuelle Tierdokumentationen rücken diesen Aspekt in den Vordergrund. Dieser Perspektive folgt auch die Sachbuchreihe »Tierparadiese unserer Erde«, die sich an alle Tier- und Naturinteressierte wendet und einen faszinierenden Einblick in das Leben der Tiere vermittelt.
Fünf Bände enthalten mehr als 4000 Darstellungen von Tieren in ihren jeweiligen Lebensräumen, den Regenwäldern, den Savannen, den Wüsten, Polargebieten und Meeren.

Hier erfährt der Leser alles, was wichtig und wissenswert ist, aber zugleich auch das, was staunen lässt und fasziniert. Im Blickpunkt stehen nicht nur die vielfältigen, oft unglaublichen Überlebenskünste der Tiere, sondern auch Themen wie der grausame Kreislauf von Fressen und Gefressenwerden, die fürsorgliche Aufzucht des Nachwuchses oder das verblüffende Tarnverhalten der Tiere.
Die vorliegenden Bände, an denen Fachleute und die besten Tierfotografen mitgewirkt haben, fassen die unendliche Vielfalt der Fauna übersichtlich und eindrucksvoll zusammen.

Der Verlag

Inhalt

Inhalt

MEERE UND KÜSTEN DER ERDE

Der Ursprung allen Lebens

Knapp drei Viertel der Erdoberfläche werden von den Weltmeeren bedeckt. Die tropischen Gewässer, die kalten Polarmeere oder die unendlichen Weiten der Hochsee sind Lebensraum von unzähligen Tier- und Pflanzenarten, deren Erforschung gerade erst begonnen hat. Mehr als die Kontinente bestimmen die Ozeane als Anfangs- und Endpunkt des Wasserkreislaufs die besonderen Lebensbedingungen auf unserem blauen Planeten. Das Meer ist aber nicht nur der größte, sondern auch der älteste Lebensraum – kein anderes Ökosystem weist eine solche Kontinuität auf.

Wasser als Lebenselement

Für die Ozeanbewohner ist das Meerwasser viel bedeutsamer als für Landlebewesen die Luft: Während Landbewohner Luft zum Atmen brauchen, gibt das Meerwasser den Wasserbewohnern nicht nur Sauerstoff, sondern nimmt auch an anderen Stoffwechselvorgängen teil. Wegen seiner hohen Wärmekapazität dominiert es den Wärmehaushalt der in ihm lebenden Organismen. Wasser ist ein sehr gutes Lösungsmittel und enthält eine Vielzahl von gelösten Substanzen, darunter einige essenzielle Nährstoffe. Variationen der Wasserbedingungen sind daher von größter Bedeutung. Denn Meerwasser ist keineswegs eine gleichförmige Substanz und das Meer selbst keineswegs ein einheitlicher Lebensraum.

Die unterschiedlichen Lebensbedingungen hängen von der geografischen Lage und teilweise von der Jahreszeit und von den spezifischen örtlichen Bedingungen ab. Für die Meereslebewesen stellen die Unterschiede in der Verteilung von Licht, Temperatur, Salz und Nährstoffen unsichtbare Schranken dar, die ihren Lebensraum eingrenzen und den Charakter einer Meeresregion bestimmen.

Wassertemperatur

Die Temperatur des Wassers regelt maßgeblich die Verteilung der Lebewesen im Meer. Praktisch alle Meeresorganismen sind wechselwarm, das heißt, ihre Körpertemperatur wird von der Temperatur des umgebenden Wassers bestimmt. Nur die Meeressäugetiere sind gleichwarm und können ihre Körpertemperatur unabhängig von der Umgebung halten. Von der Körpertemperatur hängt die Stoffwechselrate eines Organismus ab. Bei einer Erhöhung um 10 °C laufen diese Vorgänge etwa doppelt so schnell ab. Vor allem bei Plankton, den passiv im Wasser treibenden Organismen, ist die Wachstumsgeschwindigkeit stark an die Wassertemperatur gebunden. Wo die Meerestemperatur mit den Jahreszeiten um einige Grad schwankt, kommt es daher zu charakteristischen Jahreszyklen, etwa der Planktonblüte. Bedingt durch die globale Erwärmung steigt nicht nur durch die Ausdehnung des erwärmenden Wassers der Meeresspiegel, wärmeres Wasser führt auch Wirbelstürmen mehr Energie zu.

Das Prinzip der Osmose

Auch der Salzgehalt wirkt auf den Stoffwechsel eines Meereslebewesens ein. Die Körperflüssigkeit enthält selbst Salze in ähnlicher Zusammensetzung wie das Meerwasser. Wenn die Salzkonzentration der Körperflüssigkeit nicht mit der der Umgebung übereinstimmt, dann kommt es zur sog. Osmose: Der Konzentrationsunterschied treibt Wasser durch die (halbdurchlässige) Haut. Ist der Salzgehalt der Umgebung größer als der des Körpers, trocknet der Körper aus. Ist die Konzentration im Körper größer, so quillt er auf. Bei den meisten Meereslebewesen ist der Salzgehalt der Körperflüssigkeit ebenso hoch wie der des Meerwassers. Sie sind isoton, das heißt, die Osmose ist gering.

Knochenfische hingegen sind hypoton. Ihre Körperflüssigkeit enthält weniger Salze als das Meerwasser – vielleicht ein Hinweis darauf, dass sie sich ursprünglich im Süß- oder Brackwasser entwickelt haben und erst später ins Meer eingewandert sind.

Durch Osmose verlieren sie ständig Wasser und müssen daher zum Ausgleich große Mengen (Meer-) Wasser trinken und das überschüssige Salz durch spezielle Zellen in den Kiemen ausscheiden.

Umgekehrt verhält es sich bei den hypertonen Süßwasserfischen: Sie enthalten mehr Salz als die Umgebung. Um nicht aufzuquellen, müssen sie große Mengen verdünnten Urins ausscheiden.

Thunfische ernähren sich als Hochseejäger pelagisch von schwarmbildenden Fischen.

Unterschiedliche Salzkonzentration

Veränderungen des umgebenden Salzgehalts belasten die Körper der Meeresbewohner nachhaltig. Die meisten marinen Organismen können nur mit einem bestimmten Konzentrationsbereich zurechtkommen. Als stenohalin bezeichnet man Organismen, die praktisch keine Variationen vertragen, tolerante Organismen werden euryhalin genannt. An der Oberfläche der tropischen und gemäßigten Meere beträgt der Salzgehalt 34–37 ‰. In den Polarmeeren liegt die Salinität infolge von Niederschlag und schmelzendem Eis etwas niedriger (31–35 ‰), in der Tiefsee unter 1000 m überall konstant bei 34,5–35,0 ‰. Insgesamt gesehen sind Organismen, die im offenen Ozean leben, nur sehr geringen Schwankungen des Salzgehalts ausgesetzt. Anders in Küstenbereichen oder Randmeeren: Hier ist der Wasseraustausch mit den Weltmeeren geringer und örtliche Einflüsse wie Tages- und Jahreszeit sowie Witterungsbedingungen haben eine größere Wirkung. In flachem Wasser, in Buchten und Fjorden wird die Salinität durch Verdunstung erhöht oder durch Nieder-

Bei Walrossen sorgt eine dicke Fettschicht für die Wärmeisolierung.

schläge verringert und in Flussmündungen mischen sich Salz- und Süßwasser. Stenohaline Organismen müssen hier also je nach aktuellem Salzgehalt zwischen unterschiedlichen Lebensbereichen wandern. Doch viele benthische (bodenbewohnende) Tiere sind festgewachsen (z. B. Muscheln) oder können sich nur langsam bewegen (z. B. Seesterne) – sie müssen euryhalin, also tolerant gegen Salinitätsänderungen, sein.

Licht: Energiequelle des Lebens

In praktisch allen Lebensräumen der Erde stehen an der Basis der Nahrungspyramide pflanzliche Organismen, die durch Photosynthese mit der Energie des Sonnenlichts aus Kohlendioxid organische Stoffe erzeugen. Auch im Meer ist diese sog. Primärproduktion vom Licht abhängig. Allerdings absorbiert Wasser die Sonnenstrahlen stark: Nur im obersten Bereich der Wassersäule, der sog. photischen Zone, steht genügend Licht für die Photosynthese zur Verfügung. Die Untergrenze dieser Zone befindet sich je nach Wasserbedingungen in 100–200 m Tiefe. In der Hochsee müssen die pflanzlichen Organismen also nahe der Oberfläche frei im Wasser treiben, d. h. planktonisch leben. Das sog. Phytoplankton besteht hauptsächlich aus Einzellern, teils auch aus mehreren Metern großen Algen, etwa in der Sargassosee. Die photische Zone bestimmt nicht nur die Verteilung des Phytoplanktons, sondern auch den Lebensraum der übrigen Meeresbewohner,

Um selbst dem Gefressenwerden zu entgehen, suchen Ährenfische (Atherinidae) oft den Schutz großer Schwärme)

die in ihrer Mehrzahl direkt oder indirekt vom Phytoplankton als Nahrungsquelle abhängig und daher ebenfalls an die photische Zone gebunden sind.

In tieferen Wasserbereichen, der sog. dysphotischen (»schlecht beleuchteten«) und der aphotischen (»unbeleuchteten«) Zone, können keine pflanzlichen Primärproduzenten mehr überleben. Die Grundlage des Lebens bilden hier vor allem organische Substanzen, die aus der photischen Zone herabsinken, etwa Fäkalien, Tierkadaver oder die Überreste abgestorbenen Planktons.

Verteilung der Nährstoffe

Phytoplankton braucht zur Erzeugung von organischem Material auch weitere anorganische Substanzen: Nitrate, Ammoniumsalze und Phosphate. Lebenswichtig sind auch Spurenelemente wie Eisen. Die Schalen tragenden Einzeller des Phytoplanktons brauchen zudem ausreichend Karbonate (Kalk) oder Kieselsäure bzw. Silikate.

Diese Nährstoffe sind im Meerwasser gelöst, aber nicht gleichmäßig verteilt. Niedrige Konzentrationen von

Ammonium, Phosphor, Eisen und anderen Spurenelementen schränken das Planktonwachstum ein. Sie heißen daher auch biolimitierende Faktoren. Andere lebenswichtige Stoffe wie Natrium oder Kalium sind dagegen unbegrenzt verfügbar.

Die Verteilung der biolimitierenden Substanzen bestimmt die Produktivität der Meeresregionen. An Land sind sie z. B. in Gesteinen vorhanden und werden im Flusswasser gelöst oder als Staub ins Meer getragen, so dass küstennahe Bereiche nährstoffreicher und produktiver sind. In der Hochsee wird die Nährstoffverteilung durch biologische Prozesse bestimmt. In der photischen Zone werden die Nährstoffe durch das Plankton selbst aufgebraucht, so dass ihre Konzentration im Oberflächenwasser oft gering ist. In der Tiefsee dagegen herrscht eine höhere Konzentration von Nährstoffen, denn hier werden sie nicht verbraucht und durch herabsinkendes Material ständig nachgeliefert. Der Wasseraustausch zwischen Oberfläche und Tiefsee ist gering, denn in der Thermokline in 200–1000 m Tiefe liegt leichtes, warmes Wasser über schwerem, kaltem Wasser, was eine sehr stabile Schichtung ergibt.

Der Rotlippen-Fledermausfisch (Ogcocephalus Darwini) gehört zu den wechselwarmen Tieren, deren Körpertemperatur von der Temperatur ihrer Umgebung abhängt.

LEBENSRAUM HOCHSEE

Einige zehn bis wenige hundert Kilometer vor den Küsten endet das flache Wasser des Kontintentalschelfs und der Ozeanboden fällt abrupt in Tiefen von mehreren Kilometern ab – hier beginnt die Hochsee. Nach dieser Definition umfasst die Hochsee etwa 92 % der Fläche und 97 % des Volumens aller Meere. Im Durchschnitt sind die Meere 3700 m tief, doch das Leben drängt sich in den oberen 200 m. Denn nur hier ist die Sonnenstrahlung so stark, dass pflanzliche Organismen durch Photosynthese Nährstoffe erzeugen können.

Lebensraumzonen im Meer

Der riesige Lebensraum der Weltmeere scheint durch wenige natürliche Grenzen gegliedert, doch ist er keineswegs einheitlich. So kann man das Meer je nach Tiefe und anderen Faktoren in Zonen unterteilen. Grundlegend ist die Unterteilung in zwei Provinzen: Die benthische Provinz ist der Lebensraum der Organismen, die im, auf dem oder nahe am Meeresboden leben. Die freie Wassersäule wird dagegen pelagische Provinz oder Pelagial genannt.

Weitere Zonierungen

Nach der Küstennähe gliedert man das Pelagial weiter in die neritische Zone und in die ozeanische Zone. Die neritische Zone ist das Wasser des flachen, weniger als 200 m tiefen Schelfmeeres um die Kontinente herum, etwa die Nord- und Ostsee. Die ozeanische Zone hingegen ist das Wasser der hohen See außerhalb des Kontinentalschelfs, etwa der Atlantik westlich der Britischen Inseln, wo der Meeresboden am Kontinentalhang auf 3 bis 4 km abfällt. Für eine weitere Unterteilung der Zonen ist die Wassertiefe entscheidend. Während sich die meisten Organismen horizontal über große Flächen verbreiten können, können sie vertikal kaum wandern, weil Druck und Temperatur stark von der Tiefe abhängen. Auch die Lichtintensität variiert mit der Tiefe, denn Wasser absorbiert das Sonnenlicht stark. Auf den Lichtverhältnissen beruht eine erste grobe Klassifikation der Meerestiefen. Die photische Zone ist der Bereich, in den noch so viel Sonnenlicht dringt, dass Pflanzen bzw. Phytoplankton durch Photosynthese Energie erzeugen können (Primärproduktion). Sie reicht von der Oberfläche bis etwa 100–200 m Tiefe. Darunter folgt die dysphotische Zone. Photosynthese ist in dieser Zwielichtzone nicht mehr möglich, doch das Licht reicht zum Sehen. Die Tiere dieser Zone haben meist große, lichtempfindliche Augen und oft Leuchtorgane. Ihre dunklen, rötlichen Körper sind im Dämmerlicht nahezu unsichtbar. In etwa 500 m Tiefe beginnt die aphotische (lichtlose) Zone. Ihre Bewohner können sich nicht mehr auf den Gesichtssinn verlassen, haben oft verkümmerte Augen und sind schmutzig weiß, denn eine Tarnung mit Farben wäre überflüssig.

Durch seine Wohn-röhre ist der Röhren-wurm mit dem Meeres-grund verankert.

Die pelagische Provinz

Das Pelagial, also die Lebensräume der freien Wassersäule, wird nach der Tiefe in mehrere Zonen unterteilt. An der Oberfläche beginnt das Epipelagial. Es reicht bis in etwa 200 m Tiefe. Von Wind und Wellen bewegt, ist es meist gut durchmischt und durch kleinräumige Strömungen geprägt. Die Temperatur variiert sowohl im Tages- wie auch im Jahreslauf und seine Bewohner müssen an diese wechselnden Bedingungen angepasst sein. Da das Epipelagial den photischen Bereich umfasst, findet fast die gesamte Primärproduktion der Meere hier statt, und der überwiegende Anteil aller Meeresorganismen ist von dieser Zone abhängig.

In 200–1000 m Tiefe folgt das Mesopelagial. Da es kaum mehr den wechselnden Oberflächeneinflüssen ausgesetzt ist, herrschen konstantere Bedingungen. In dieser Tiefe befindet sich die sog. Sprungschicht oder Thermokline, in der die Temperatur stark abnimmt: Während sie in 200 m Tiefe je nach Region und Jahreszeit 0–20 °C beträgt, ist sie in 1000 m Tiefe überall auf unter 4 °C abgefallen. Das Mesopelagial ist dysphotisch oder aphotisch, so dass keine Photosynthese mehr möglich ist, und das Meer wird mit zunehmender Tiefe ärmer an Nahrung und Tieren.

Noch größere Tiefen sind weltweit sehr gleichförmig. Das Bathypelagial liegt zwischen 1000 m und 2000 m, in 2000–5000 m folgt das Abyssopelagial und darunter das Hadalpelagial.

Die benthische Provinz

Auch die benthische Provinz, also der Lebensraum des Meeresbodens, wird nach der Tiefe in verschiedene Zonen unterteilt. Das Litoral oder die Gezeitenzone ist der Bereich zwischen dem höchsten und dem niedrigsten Gezeitenstand. Diese Zone fällt also regelmäßig trocken und ist generell durch extrem wechselnde Bedingungen geprägt.

Der Meeresbodenbereich von der Linie des tiefsten Wasserstandes bis in Tiefen von 200 m wird als Sublitoral bezeichnet. Es fällt praktisch mit dem Meeresboden des Kontinentalschelfs zusammen, und das Leben ist von tageszeitlich und jahreszeitlich wechselnden Bedingungen geprägt. Das Sublitoral liegt noch in der photischen Zone, so dass festsitzende Algen am Meeresboden wachsen können.

Wo der Schelf endet und in etwa 200 m Tiefe der Kontinentalhang beginnt, geht das Sublitoral in das Bathyal über. Zwar beträgt das Gefälle des Meeresbodens am Kontinentalhang nur wenige Prozent, doch ist der weiche, wassergesättigte Schlamm instabil, so dass es immer wieder zu Hangrutschen und Schlammströmen kommt, die den Boden durchfurchen.

Am Ende des Kontinentalhangs in etwa 2000 m Tiefe beginnt das Abyssal. Dies ist im Wesentlichen der flachere Boden der Meeresbecken, der von Sedimenten aus den herabgesunkenen Kalkschalen abgestorbenen Planktons bedeckt ist, der aber auch von den Gebirgsketten der Mittelozeanischen Rücken durchbrochen wird. Die mehr als 6000 m tiefen Tiefseegräben schließlich bezeichnet man als Hadal. Bathyal, Abyssal und Hadal sind nährstoffarme Wüsten. Dennoch beherbergen sie Tiere, die sich etwa von herabsinkendem organischem Material wie Fäkalien, Kadavern und gallertiger Planktonmasse (sog. marinem Schnee) ernähren können.

Fadenmakrelen (Alectis ciliaris) meiden die freie See und leben an den Küsten des Indopazifiks.

Nach dem Zonenmodell, mit dem Ozeanographen die Lebensräume des Meeres klassifizieren, werden die obersten 200 m des Ozeans als epipelagische Zone – oder Epipelagial bezeichnet. Diese Wasserschicht umfasst zwar nur etwa 3 % des Gesamtvolumens der Weltmeere, doch findet hier praktisch die gesamte Primärproduktion statt. Grob geschätzt dürften sich vier Fünftel aller Meeresbewohner überwiegend im Epipelagial aufhalten. Wie in fast jedem anderen Lebensraum der Erde stehen auch im Meer an der Basis der Nahrungspyramide solche Organismen, die mithilfe des Sonnenlichtes durch Photosynthese aus anorganischen Stoffen organische Substanzen erzeugen. Doch das Sonnenlicht kann nicht sehr tief ins Wasser eindringen: Der Bereich, in dem es hell genug für die Photosynthese ist (die sog. photische Zone), umfasst gewöhnlich nur die obersten 100–200 m der Wassersäule. Nur in sehr klarem Wasser kann die photische Zone bis 400 m Tiefe reichen, in trüben Gewässern wird es dagegen teils schon in 20–30 m Tiefe zu dunkel.

Ein Platz an der Sonne: das Epipelagial

Der Riesenmanta (Manta birostris) lebt in tropischen Meeren und ernährt sich von Plankton.

Fächerfische (Istiophoridae) sind geschickte Jäger der Oberflächenschicht.

In der Schwebe bleiben

Eine der wichtigsten Anpassungen an das Leben im Epipelagial scheint ganz selbstverständlich: Alle Organismen müssen das Absinken in die Tiefe vermeiden. Besonders gilt das für die Pflanzenwelt: Während Landpflanzen am Boden Halt finden, müssen die Primärproduzenten des Meeres frei im Wasser treiben. Die im Wasser schwebenden, Photosynthese betreibenden Organismen fasst man unter dem Begriff Phytoplankton zusammen. Darunter fallen auch mehrere Meter große Algen, doch stellen mikroskopisch kleine Einzeller den größten Anteil. Da kleine Objekte im Wasser viel langsamer absinken als große, sind Einzeller bei diesem Leben in der Schwebe im Vorteil. Der Auftrieb wird durch ölgefüllte Vakuolen im Zellplasma erhöht, und einige Phytoplanktongruppen wie etwa die Dinoflagellaten haben bewegliche Geißeln, mit denen sie ein Absinken verhindern können. Die größeren, mehrzelligen Algen (Tange) werden meist durch gasgefüllte Blasen in der Schwebe gehalten.

Auch die tierischen Bewohner des Epipelagials brauchen stets Auftrieb. Viele Fische besitzen daher Schwimmblasen oder fettreiches Gewebe; Tintenfische lagern aus diesem Grund ammoniumreiche Flüssigkeit ein.

Kleine haben Vorteile

Einzelliges Plankton hat einen weiteren Überlebensvorteil: Es vermehrt sich schneller und kann auf wechselnde Temperatur- und Nährstoffverhältnisse flexibel reagieren. Bei günstigen Bedingungen kann sich die Biomasse durch Planktonblüten vervielfachen.

Gute Schwimmer mit feinen Sinnen

Für das sog. Nekton, also die frei und aktiv im Wasser umherschwimmenden Tiere, bietet das Epipelagial keine Schutz- oder Versteckmöglichkeiten. Viele Tiere tarnen sich durch Farbgebung – ihre Hautfarbe verschwimmt mit der Wasserbewegung und der Wasserfärbung, wobei die Körperunterseite meist etwas heller gefärbt ist. Von unten betrachtet verschwimmt dann der Körperumriss gegen das von oben einfallende Licht.

Vor allem sind nektonische Tiere oft gute, schnelle Schwimmer mit einem stromlinienförmigen Körper und kräftiger Muskulatur. Die räuberisch lebenden Tiere können ihrer Beute nachstellen. Zudem durchwandern sie weite Strecken und reagieren damit auf wechselnde Umweltbedingungen: Jährliche

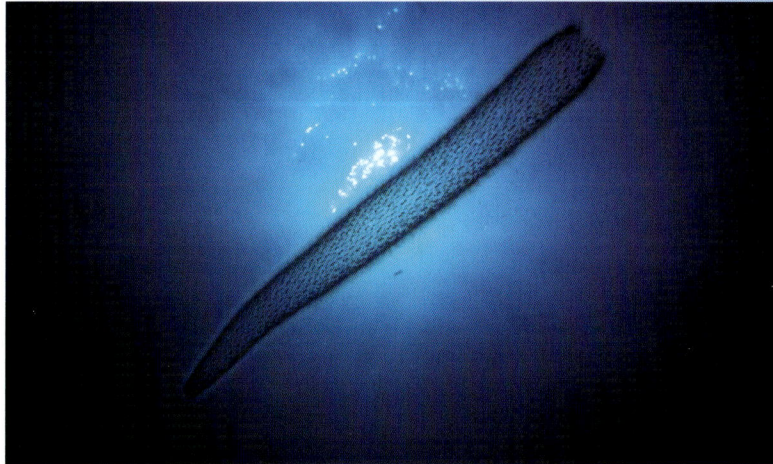

Migrationen sind nicht ungewöhnlich. Das aktive Leben in einer weiträumigen Umgebung erfordert gute Sinnesorgane. Generell haben die epipelagischen Tiere gut entwickelte, komplexe Augen. Da der Gesichtssinn im Wasser nur wenige hundert Meter weit reicht, nutzen sie weitere Sinne. Gehör oder Seitenlinienorgan registrieren Schallwellen und Druckunterschiede. Haie und Rochen können ihre Beute durch den Geruch auf große Entfernungen aufspüren und zudem elektrische Ströme im Wasser ausmachen. Geruchssinn und Gehör sowie die Wahrnehmung des magnetischen Feldes der Erde dienen zudem der Orientierung bei weiträumigen Wanderungen – denn das Meer bietet ansonsten keine Wegmarken.

Feuerwalzen, in Kolonien lebende Manteltiere, können bei Dunkelheit an der Oberfläche Meeresleuchten hervorrufen.

Mithilfe ihrer Gasblase lässt sich die Portugiesische Galeere auf der Wasseroberfläche treiben.

Staatsquallen: organische Arbeitsteilung

Eine sehr ungewöhnliche Lebensform der Hochsee stellen die Staatsquallen (Siphonophora) dar. Dabei handelt es sich um frei schwimmende Kolonien von Nesseltieren (Cnidaria), deren Körper häufig sogar zu einem Teil über die Wasserfläche des offenen Meeres hinausragt. Die einzelnen vegetativ durch Abknospung entstandenen Quallen trennen sich nicht, sondern bleiben miteinander verbunden.

Die Staatenbildung

Aus den befruchteten Eiern der Staatsquallen bildet sich vorerst eine einfache, frei schwimmende Planula-Larve. Diese schnürt dann aus seitlich gelegenen Zellen zunächst eine Schwimmglocke ab, aus der bald der erste Fangfaden (Tentakel) herauswächst. Währenddessen formt sich aus dem einstigen Larvengewebe ein Magenraum, der zu einer Mundöffnung durchbricht. Dieses Gewebe unterhalb der Schwimmglocke streckt sich zu einem sehr langen Schlauch, an dessen Ende weiterhin die Mundöffnung und auch die Tentakel sitzen. Im Seitenbereich der Schwimmglocke knospen sich verschiedenartige vegetative Formen der Quallen ab: Polypen und Medusen. Diese ungeschlechtliche Vermehrung ist charakteristisch für Nesseltiere. Doch bei den Staatsquallen ver-

*Staatsquallen wie Physo-
phora hydrostatica haben
sich von der typischen
Polypengestalt entfernt.*

der Auftrieb also reguliert werden. Segel-
quallen lassen ein kleines dreieckiges »Segel«
aus dem Wasser herausragen, um sich mit
dem Wind vorwärtstreiben zu lassen. Die
im Mittelmeer beheimatete, nur etwa 15 mm
lange Art *Chelophyes appendiculata* schwimmt
aktiv, indem sie durch zwei hintereinander-
liegende Schwimmglocken Wasser ausstößt.
Die geschlechtliche Fortpflanzung erfolgt
wie bei allen Quallen über freigesetzte Ge-
schlechtsmedusen. Bei manchen Arten löst
sich vor der Reifung der Geschlechtszellen
ein ganzer Kolonieteil ab, was die Verbrei-
tungsmöglichkeiten und Überlebenschancen
in der Hochsee wahrscheinlich erhöht.

Portugiesische Galeere

Die weltweit verbreitete Seeblase oder Portugiesische Galeere (*Physalia physalis*) ist
die bekannteste Staatsqualle. Häufig treiben
bis zu 1000 der zartblauen Tiere wie eine
Armada über das Meer: Über der Wasseroberfläche sind dann nur die bis zu 30 cm
langen und 10 cm breiten Gasblasen zu sehen.
Darauf befindet sich eine kammartige Struktur, in der sich der Seewind verfängt und so
die Seeblase fortbewegt. Nach unten setzen
sich die Tiere durch den auf 30 cm angewach-
senen Ursprungspolypen fort.

Die zu Recht gefürchteten Tentakel der Portugiesischen Galeere können eine Länge von
bis zu 50 m erreichen. Gewöhnlich suchen
sie damit das erreichbare Oberflächenwasser
nach Fischen und Krebsen ab, die sie mit
ihren stark giftigen, in Batterien auf den
Tentakeln angeordneten Nesselkapseln be-
täuben. Die Nesselkapseln springen bei
Berührung einer Sinnesborste auf und
schießen in Sekundenbruchteilen kleine
harpunenartige mit Widerhaken versehene
Stilette, klebrige oder umwickelnde Fäden
oder auch pfeilartige Geschosse mit Nerven-
gift in ihr Opfer bzw. ihren Angreifer. Da
sie nur einmal abgeschossen werden können, bilden sich die »Patronen« ständig nach.
Ziehen sich die Tentakel zusammen, wird
die Beute zur Mundöffnung der Nährpolypen
hinaufbefördert. Kommt ein Mensch mit den
Tentakeln in Kontakt, können stundenlanges
schmerzhaftes Hautbrennen oder sogar Herz-
Kreislauf-Beschwerden die Folge sein.

bleiben die üblicherweise festsitzenden Polypen und frei schwimmenden Medusen in
einem engen, funktionalen Kontakt. So übernimmt eine Meduse als Schwimmglocke die
Funktion der Fortbewegung. Es entstehen
Nährpolypen mit einem Fangfaden, in den
sich der lang gestreckte zentrale Magenraum
öffnet. An deren Basis knospen sich Ge-
schlechtsmedusen ab. Erstaunlicherweise
kann eine solche komplexe Kolonie wie ein
einziger Organismus reagieren: Wird eine
Staatsqualle gestört, bildet die Schwimmglocke eine Höhlung, in die sich das gesamte Gebilde aus zahlreichen Polypen und Medusen geschlossen zurückziehen kann.

Schwimmen mit
Gasblasen und Segeln

Manche Staatsquallenarten bilden oberhalb
der Schwimmglocke eine Blase, die durch
spezielle Drüsen mit Gasen gefüllt wird. In
dieser Blase kann der Gasdruck verändert,

Portugiesische Galeere
Physalia physalis

Klasse Hydrozoen
Ordnung Cystonectae
Familie Physaliidae
Verbreitung weltweit,
besonders häufig im
Pazifischen Ozean
Maße Gasblase 30 cm lang
und 10 cm breit, Gesamt-
länge mit Tentakeln: meist
15 m, selten bis 50 m
Nahrung Fische und Krebse

Haie:
Jäger zwischen Lagune und Tiefsee

Haie kommen in fast allen Ökosystemen des Meeres vor. Sie sind nicht nur die bekannten großen und schnell schwimmenden Meeresräuber, sondern je nach Lebensraum ist ihre Gestalt wesentlich vielfältiger. So gründeln viele, z. T. sehr farbenprächtige Arten mit mehr oder weniger abgeflachtem Körper am Boden von Flachwasserzonen nach Krebsen und Weichtieren. Manche haben sich sogar bis ins Süßwasser vorgewagt. Die aufgrund ihres torpedoförmigen Körperbaus unverkennbaren Haie hingegen bewohnen meist die offene See; die kleinsten Arten haben auch die Tiefsee erobert. Heute sind mehr als 250 Haiarten bekannt, die man in 19 Familien und sieben Unterordnungen aufteilt.

Blauhaie bilden die formenreichste Gruppe der Haie.

Knorpelfische

Haie (Selachii) gehören zu den urtümlichen
Knorpelfischen (Chondrichthyes), deren ge-
samtes Innenskelett keinerlei Knochenbe-
standteile enthält, sondern ausschließlich
aus Knorpelmasse aufgebaut ist. Allerdings
befinden sich auf der sandpapierrauen Haut
der Haie kleine Hautzähnchen (Placoid-
schuppen), die aus Knochenanteilen mit einer
Spitze aus Zahnbein (Dentin) bestehen. Zu
einem messerscharfen Reißwerkzeug sind
diese Hautzähnchen im Kiefer der Haie umgebildet. Sie stehen in Reihen hintereinander.
Verbrauchte Zähne werden abgestoßen und
wie auf einem Förderband durch die dahinterliegenden ersetzt, indem sich diese im Kiefer
nach vorn schieben und aufrichten.
Da allen Knorpelfischen die Schwimmblase
fehlt, müssen sich auch die Haie ständig bewegen, um nicht auf den Boden zu sinken.
Damit die Fische dafür nicht permanent Stoff-
wechselenergie aufwenden müssen, nutzen
sie zur horizontalen Fortbewegung ihre
Atemtätigkeit. So pressen einige Arten ihr
Atemwasser mit besonders hohem Druck
durch die Kiemenspalten heraus, so dass
ein vorwärtstreibender Rückstoß entsteht.
Die beiden Brustflossen erzeugen einen zu-
sätzlichen leichten Auftrieb. Die Rückenflossen verhindern ein seitliches Wegkippen
des meist torpedoförmigen Körpers.

Feinsinnige Jäger

Durch sein weiträumiges Zickzackschwimmen
»schnuppert« ein Hai zunächst mithilfe fei-
ner Geruchssinnzellen in seinen konstant
durchströmten Nasengruben große Wasser-
mengen nach einer Beutespur durch. Noch
in 100 Mio. Teilen Wasser kann der Hai einen
Teil Blut ausmachen. Unbeirrt folgt er so der
Geruchsspur einer Beute. Seine Augen sind
besonders lichtempfindlich und manche Arten
können sogar die Pupillen verengen, um den
Lichteinfall zu regulieren. Beim Packen einer
Beute werden sie meist durch Vorziehen einer
Nickhaut geschützt. Zusätzlich zu ihrem
Seh-, Hör-, Tast-, Geruchs- und Geschmacks-
sinn verfügen sie über einen Ferntastsinn
und ein natürliches Radarsystem. Mit hoch-
sensiblen Sinneszellen in ihren paarig längs
an der Körperlinie verlaufenden Seitenlinien
nehmen Haie Druckwellen, die z. B. von
Beutetieren hervorgerufen werden, noch in
100 m Entfernung wahr. Ihr elektrischer
Spürsinn ist in Form der sog. Lorenzini-
schen Ampullen in Poren an ihrem Maul
lokalisiert. Dieser »elektrische Detektor«
kommt vor allem in der Schlussphase des
Angriffs zum Einsatz. Die hochempfindli-
chen Sinneszellen können die elektrischen
Felder eines Beutetieres aufspüren und auch
präzise Richtung und Stärke ausmachen –
wichtig für den gezielten Beißangriff.

Fortpflanzungstechnik je nach Lebensraum

Bei allen männlichen Knorpelfischen ist die
Innenkante der Bauchflossen zu einem langen,
knorpeligen Kopulationsorgan (Clasper) umgebildet. Dadurch können sich im Gegensatz
zu den meisten Knochenfischen alle Knorpelfische über eine innere Befruchtung fort-
pflanzen: Bei der Begattung führt das Männchen das paarige Begattungsorgan in die
Kloake des Weibchens ein. Die Art und
Weise, wie der Nachwuchs zur Welt kommt,
hängt von dem Lebensraum der Haie ab.
Arten wie der Gestreifte Katzenhai (*Poro-
derma africanum*), die in flacheren Gewässern
in Bodennähe leben, legen Eier. Diese sind
durch eine feste hornige Kapsel gut geschützt.
Damit sie in der Strömung nicht abtreiben,
tragen alle vier Ecken der Kapsel lange ge-
wundene Fäden, die sich um das nächstbeste
Substrat wickeln, in der Regel Wasserpflanzen. Manche Eier wie die des Zebrahais
(*Stegosoma fasciatum*) tragen lange klebrige
Fäden zur Anheftung. Andere, wie der Kalifornische Stierkopfhai (*Heterodontus francisci*),
klemmen die Eier in Felsspalten fest.
Haie, die in der Hochsee leben, bringen hingegen lebende Junge zur Welt. Die Eileiter der
Weibchen sind zu einem gebärmutterähnli-
chen Sack umgebildet und tragen sogar eine
primitive, aus Dottersäcken entwickelte Art
Mutterkuchen, um die Embryonen mit den
notwendigen Nährstoffen zu versorgen.
Etwa 30 % aller Haiarten legen Eier ab; bei
etwa der Hälfte der Haie schlüpfen die Jungen noch im Mutterleib aus dem Ei und rd.
20 % gebären Junge.

Haie
Selachii

Klasse Knorpelfische
Ordnung Selachii
Familie etwa 250 Arten in
19 Familien
Verbreitung meist in wär-
meren Meeren, aber auch
im Süßwasser
Maße Länge: 20 cm bis 14 m
Gewicht bis 12 t
Nahrung überwiegend
Fleischfresser, aber auch
Plankton
Höchstalter bis 70 Jahre

Haie der Hochsee

Der bis 4 m lange Weißspitzen-Hochseehai (*Carcharhinus longimanus*) mit seinen langen paddelartigen Brustflossen und seiner stark vergrößerten Rückenflosse bevorzugt tropische Gewässer. Diese aggressive Art frisst alles, was sie im offenen Meer findet: von Fischen über Walkadaver bis zu Meeresschildkröten und über Bord geworfenen Müll.

Der sehr schlanke, bis zu 3,8 m lange Blauhai wandert vor allem auf der Suche nach Tintenfischen weltweit durch tropische Gewässer. Wie die meisten Tiefseehaie schwimmt der Blauhai zur Beschleunigung seiner Verdauung nach erfolgreicher Jagd in wärmere Oberflächenwasser. Der bis zu 1,5 m lange Gewöhnliche Dornhai ist eher in kalten Gewässern bis 800 m Tiefe zu finden. Mit einer Höchstgeschwindigkeit von 70 km/h ist der Makohai (*Isurus oxyrhinchus*) ein wahrer Torpedo unter den Haien: Sein zylindrischer Körper mit Längsrillen endet in einer spitzen Schnauze, die den Makohai, stabilisiert mit einer kleinen steifen Rückenflosse, glatt durch das Wasser pflügen lässt. Überwiegend in den oberen Bereichen des Mesopelagials sind der hellrosafarbene Nasenhai (*Mitsukurina owstoni*) und der Krokodilhai (*Pseudocarcharias kamoharai*) mit seinen nadelartigen Zähnen zu finden.

Im tropischen Mesopelagial beißt der nur 50 cm große Zigarrenhai oder Cookie Cutter (*Isistius brasiliensis*) mit seinen rasiermesserscharfen Zähnen kreisrunde Fleischstücke aus großen Beutetieren wie Walen, Delphinen, Robben oder Thunfischen heraus und saugt sie sogleich mit seinen spezialisierten Kiefern und Lippen ein.

Tief, tiefer, am tiefsten …

Am weitesten steigen die kleinsten Haie der Welt in die Tiefsee ab. In der lichtschwachen Umgebung des Bathy- und Mesopelagials haben die meisten Arten Leuchtorgane an ihrer Körperunterseite entwickelt, mit denen sie gleichermaßen Räuber und Beutetiere täuschen. Bei manchen Arten dient die Beleuchtung auch zur Auffindung des artspezifi-

Wie keine zweite Tiergruppe verkörpern Haie für den Menschen Schrecken und Tod.

schen Geschlechtspartners in der dunklen Tiefe. Ihre Augen sind ungewöhnlich groß, damit sie im schwachen Licht zurechtkommen.

Der 30–40 cm große Laternenhai (*Etmopterus lucifer*) ist vor allem auf dem Kontinentalschelf und -hang der südlichen Ozeane weit verbreitet. Der mit etwa 20 cm kleinste Hai der Welt, der Zwergdornhai (*Etmopterus perryi*) weist eine ähnliche Biologie auf. Wie es typisch für Tiefseebewohner ist, verbringen auch die Zwerghaie (*Euprotomicrus bispinatus*) den Tag in tieferen Schichten ihres gemäßigten und tropischen Lebensraums und steigen erst nach Sonnenuntergang bis etwa 1500 m auf. Sie folgen damit ihren Beutetieren wie Krebsen, Tintenfischen und anderen Fischen, die nachts das oberflächennah vorkommende Plankton suchen.

Die Größten – friedliche Filtrierer

Mit einer maximalen Länge von 14 m ist der spindelförmige Walhai (*Rhincodon typus*) nicht nur der größte Hai, sondern auch der

Dabei filtriert der Hai von Plankton bis Makrelen alles heraus, was ihm ins Maul gerät. Sein gut entwickelter Reusenapparat im Bereich seiner Kiemenbögen seiht die kleinere Beute aus dem durchströmenden Wasser. Weitere große Haie, die Meeresplankton aus dem Wasser filtern, sind der bis zu 12 m lange Riesenhai (*Cetorhinus maximus*) in kalt- und warmgemäßigten Gewässern und der über 5 m lange Riesenmaulhai (*Megachasma pelagios*).

Der Jäger als Gejagter

Haie gehören zu den vom Menschen am meisten gefürchteten Meeresbewohnern. Tödliche Haiangriffe sind allerdings relativ selten: Man geht davon aus, dass weltweit bei Haiangriffen jedes Jahr etwa sieben Menschen ums Leben kommen. Im Gegenzug werden jedes Jahr mehr als 10 Mio. Tiere gefangen. Besonders grausam ist die Gewinnung der Haifischflossen durch das Herausschneiden aus den lebenden Tieren. Aus den Zähnen

①

Der größte Hai, der Walhai, ist ein harmloser Planktonfresser.

②

Die T-förmige Verbreiterung des Kopfes macht den Hammerhai (Sphyrnidae) unverwechselbar.

①

②

größte lebende Fisch weltweit. Allein die charakteristischen fünf Kiemenspalten des Walhais sind 1 m lang und werden in jeder Sekunde von etwa 300 Litern Wasser durchströmt. Die Mundöffnung erstreckt sich über die gesamte Breite seines abgeflachten Kopfes. Mit geöffnetem Maul schwimmt er in der Nähe der Oberfläche durch alle tropischen und subtropischen Meere in Küstennähe.

des Grauhais fertigten die neuseeländischen Maori Waffen und trugen die des Makohais als zierenden Ohrschmuck. Die getrocknete Haut der Haie mit den feinen verknöcherten Zähnen wurde früher als sog. Chagrinleder zum Polieren von Holz verwendet und um die Handgriffe der japanischen Samurai-Schwerter gewickelt. Wertvollen Lebertran gewinnt man bis heute aus den Lebern der Haie.

Thun: der Marathonfisch

Rosa gefärbte Muskelpakete und sichelförmige Schwanzflossen machen die Thunfische aus der Gattung *Thunnus* zu Weltmeistern im Langstreckenschwimmen. Sie sind die einzigen Warmblüter unter den Fischen: Durch ihre heftige Muskelarbeit erwärmt sich ihr Körper um bis zu 12°C über die Wassertemperatur ihrer Umgebung. Inzwischen bedroht der weltweite Thunfischfang die Bestände.

Sichelschwimmer

Schwarzblau ist der Rücken, die Flanken schimmern silbergrau wie flimmernde kleine Wellen, der Bauch ist weiß wie die Gischt. Der muskulöse Körper des Roten Thunfischs (*Thunnus thynnus*) vermittelt den Eindruck gesammelter Kraft. Und diese Kraft, aufgebaut im zigarrenförmigen Vorderkörper, konzentriert sich in der Vorwärtsbewegung ganz in der mächtigen und sichelförmigen Schwanzflosse, die an einem schlanken Stiel ansetzt. Diese »Keule« reduziert genau dort, wo sich der Fisch beim Schwimmen am stärksten bewegt, die Oberfläche und damit den Reibungswiderstand. Den gleichen Zweck haben die nur winzigen Schuppen der Thune.

Der Rote Thun ist der größte seiner Art.

Ungewöhnlich ist ihr stark entwickeltes Blutgefäßsystem in Unterhaut und Seitenmuskeln. Auch die Leber ist umgeben von eigenartigen Netzen von Blutgefäßen, vermutlich ein Tribut an die relative Warmblütigkeit. Ihr stromlinienförmiger Körper ist starr und sorgt so für Stabilität beim schnellen Vortrieb, doch wird der Thun dadurch im Nahbereich zum Grobmotoriker. Da Thunfische also nur schlecht manövrieren und beschleunigen können, schnappen sie nur etwa 15 % der Beutefische, die sie anpeilen. Sie gleichen das aus, indem sie zum einen mit weiten Wanderungen die Zahl der Begegnungen mit Beutefischen erhöhen. Zum andern verfolgen sie oft in kleinen oder größeren Gruppen, sog. Schulen, Herings- oder

Thunfische gehören heute weltweit zu den wichtigsten Nutzfischarten.

Roter Thunfisch
Thunnus thynnus

Klasse Knochenfische
Ordnung Barschartige
Familie Makrelen
Verbreitung gemäßigt
warme Meere: Ostatlantik,
Mittelmeer, Pazifik
Maße Länge: bis 5 m
Gewicht bis 820 kg
Nahrung kleinere Fische,
vor allem Hering und
Makrele
Höchstalter 15 Jahre

Der Gelbflossen-Thun (*Thunnus albacares*) wird bis zu 2,5 m lang und 225 kg schwer. Typisch seine gelb gefärbte, schmale, lang ausgezogene zweite Rückenflosse. Er ist in tropischen und subtropischen Meeren verbreitet, nicht jedoch im Mittelmeer. Weitere Arten sind u. a. der kleine Schwarzflossen-Thun (*Thunnus atlanticus*), der Großaugen-Thun (*Thunnus obesus*), der kleine Langschwanz-Thun (*Thunnus tonggol*) sowie der Echte Bonito (*Katsuwonus pelamis*). Weißer und Gelbflossen-Thun bilden auch gemischte Schulen, denen sich zuweilen sogar auch Tümmler zugesellen, wobei alle Tiere etwa gleich groß sind. Trotz ihrer Schnelligkeit werden auch die Thunfische selbst gejagt: die Roten vom Schwertwal, die Weißen von Marlin und Wahoo, riesigen Raubfischen.

Makrelenschwärme über lange Strecken. Hat eine Gruppe einen Schwarm geortet, bilden die Thune eine nach vorne offene Parabel und treiben so den Schwarm wie in einem »Kescher« vor sich her. So hat jeder Jäger mehrfach die Chance auf Beute. Sehr große Thunfische jagen jedoch einzeln und vereinigen sich nur auf der Laichwanderung mit den Schulen. Aus den Eiern, die von einem Öltropfen gehalten oberflächennah im Wasser treiben, schlüpfen Larven von 3 mm Länge, die rasend schnell wachsen: Ein im Juni geschlüpfter Thunfisch frisst sich mit Kleinkrebsen und anderem Zooplankton bis Oktober 800 g Gewicht an.

Rot, Weiß, Gelb: die Arten

Zu den Thunfischen (Familie Scombridae; Makrelen) gehören mehrere Arten: Der Rote Thun wird bis zu 5 m lang und 820 kg schwer. Er kommt in allen warmen und gemäßigten Meeren vor. Seinen Namen hat er von seinem tiefroten Fleisch. Seine Brustflossen sind recht kurz. Er kann bis zu 15 Jahre alt werden. Der Weiße Thun (*Thunnus alalunga*) wird nur etwa 1,4 m lang und 50 kg schwer, kommt ebenfalls in allen warmen und gemäßigten Meeren vor, mit großen Schwärmen im Pazifik. Auffällig sind seine langen, säbelförmigen Brustflossen. Sein Fleisch ist hellrosa und wird beim Kochen fast weiß.

Kreuz und quer durch den Ozean

In den 1920er Jahren wurde nachgewiesen, dass Rote Thunfische von den Azoren bzw. von Norwegen bis ins Mittelmeer wandern. Thunfische, die 1954 vor Massachusetts markiert worden waren, traf man fünf Jahre später in der Biscaya, womit bewiesen war, dass die großen Roten gelegentlich den Atlantik überqueren. Zur Laichzeit im Juni wandern sie zu tausenden an die Mittelmeer-

küsten. Die Weißen treibt es zuweilen noch weiter. Anfang der 1950er Jahre wurde nachgewiesen, dass ein Weißer Thunfisch im Pazifik in elf Monaten über 7800 km von Los Angeles bis Tokyo gewandert war.

Der Langschwanz-Thun zählt zu den kleineren Vertretern der Thunfische.

Ein Fliegender Fisch gleitet über die Wasseroberfläche.

Fliegende Fische:
im Gleitflug auf der Flucht

Schon die alten Seefahrergeschichten erzählen von Fischen, die durch Kajütenfenster »geflogen« kamen. Mag auch die eine oder andere Erzählung Seemannsgarn sein: Es gibt sie wirklich, die Fliegenden Fische. Die Vertreter aus der Familie Exocoetidae leben in wärmeren Meeren. Doch wenn die Flugfische die Grenze ihres Lebensraums verlassen, ist das keineswegs ein Zeichen von Übermut, sondern die Flucht vor ihren Feinden, vor allem Delfinen und Raubfischen.

Eine oberflächliche Familie

Genau genommen sind Fliegende Fische immer »fliehende Fische« und das Fliegen ist kein aktiver Flug, sondern eher ein ausdauerndes Gleiten. Dazu dienen der Gattung *Exocoetus* die stark vergrößerten spreizbaren Brustflossen; bei den »vierflügeligen« Arten der Gattung *Cypselurus* sind zudem die

Bauchflossen flügelähnlich umgebildet. Je nach Art erreichen sie Größen zwischen 20 und 45 cm. Ein deutliches Unterscheidungsmerkmal gegenüber den Heringen, denen die aeronautisch ambitionierten Flugfische äußerlich sehr ähneln, sind die sehr großen und breiten Brustflossen. Ihre Oberseite ist leuchtend blau, die Unterseite silbrig gefärbt. Dadurch verschwimmen ihre Konturen einerseits für potenzielle Angreifer aus der Luft wie auch für die Jäger, die von unten Richtung Wasseroberfläche schauen.

Fliegende Fische sind Bewohner der oberen Wasserschichten – zumeist der offenen Meere, aber auch der küstennahen Gebiete – und ernähren sich von Plankton. Zur Fortpflanzungszeit legen die Weibchen ihre Eier in schwimmenden Wasserpflanzen ab. Dieses Verhalten machen sich Fischer zunutze, die sowohl an dem Fleisch wie auch an dem Rogen interessiert sind: Sie locken die Fische zur Laichzeit mit gezielt ausgelegten Blättern an, um sie dann aus dem Wasser »abzuschöpfen«.

Flossenschwimmer im Gleitflug

Wird ein Fliegender Fisch von einem Raubfisch bedrängt, kann er sich durch Flucht aus dem nassen Element seinem Verfolger entziehen. Als Antriebsmotor dient die asymmetrisch geformte Schwanzflosse, die von einer kräftigen Muskulatur versorgt wird. Durch heftiges Schlagen der Schwanzflosse nimmt der Fisch auf der Flucht mehr und mehr Geschwindigkeit auf. Nach etwa 20 m durchstößt er dann mit einer Aufwärtsneigung von 30 Grad die Wasseroberfläche. Sind während der Anlaufphase die gefalteten Brust- und Bauchflossen noch eng an den Körper gelegt, so werden sie nach Durchbrechen der Wasseroberfläche wie Tragflächen ausgebreitet. Das untere verlängerte Flossenblatt bleibt zunächst noch im Wasser und schlägt bis zu 50-mal pro Sekunde. Mit rund 60 km/h schnellt der Fisch aus dem Wasser empor und gleitet dann in bis zu 8 m Höhe über dem Wasser 20–50 m durch die Luft. Kräftiger Rückenwind kann die Flugweite vervielfachen, starker Gegenwind verkürzt sie, vergrößert dafür aber die Flughöhe. Sinkt die Fluggeschwindigkeit, fällt der Fisch – der Schwerkraft folgend – unweigerlich wieder ins Wasser zurück. Doch kaum dass der Schwanz die Wasseroberfläche wieder berührt, beginnt der untere Schwanzflossenlappen als Antriebsmittel für den Gleitflug seitwärts zu schlagen. Jetzt beschleunigt der Fisch und katapultiert sich erneut in die Luft; gelegentlich folgt ein dritter oder vierter Anlauf. Danach ist der Flugfisch ermattet und fällt endgültig ins Wasser. Hat ein Verfolger genug Ausdauer bewiesen und nicht bereits während der ersten Flugphase die Beute aufgegeben, besitzt er jetzt gute Aussichten auf einen erfolgreichen Fang.

Andere »Flugfische«

Nicht nur die eigentlichen Fliegenden Fische, sondern auch andere Meeresfische haben den rettenden Befreiungssprung aus dem Wasser für sich entdeckt – wenn auch nicht mit einer solch formvollendeten Technik. Der Hornhecht (*Belone belone*), ein bis zu 1 m langer und etwa 1 kg schwerer Fisch der mittel- und nordeuropäischen Küstengewässer, oder der ganz ähnlich ausgestattete Makrelenhecht (*Scomberesox saurus*) können einen gewaltigen Luftsprung vollführen, bevor sie mit dem Schwanz voran wieder ins Wasser fallen. Auch dem etwa 50 cm langen Flughahn (*Dactylopterus volitans*) wird die Fähigkeit nachgesagt, sich aus dem Wasser erheben zu können. Der mit Dornen und Stacheln bewehrte Grundbewohner lebt in den warmen Gebieten des Atlantiks, im Mittelmeer und im Roten Meer und sieht den Vertretern aus der Familie der Knurrhähne (Triglidae) sehr ähnlich. Bei dem am Boden ruhenden Fisch sind die verbreiterten Brustflossen meist nach hinten zusammengefaltet. Aufgescheucht jedoch breitet er die Brustflossen flügelartig aus. Beim Sprung aus dem Wasser helfen die Brustflossen, den Gleitflug mithilfe des Windes als Auftriebskraft auszudehnen.

Die Brustflossen des Flughahns gleichen ausgebreitet großen Flügeln.

Fliegende Fische
Exocoetidae

Klasse Knochenfische
Ordnung Hornhechtartige
Familie Fliegende Fische
Verbreitung tropische und subtropische Meere
Maße Länge: 20–45 cm

Die Lederschildkröte (*Dermochelys coriacea*) ist nicht nur die größte aller Meeresschildkröten, sondern, abgesehen vom Leistenkrokodil, auch das größte heute noch im Meer lebende Reptil. Darüber hinaus hat sie auch das weiteste Verbreitungsgebiet unter den Meeresschildkröten und sie wandert extrem weit.

Lederschildkröten: wandernde Riesen

Massige Tiere mit warmem Blut

Eine Panzerlänge von rd. 2,5 m und ein Gewicht von 900 kg – das sind die Merkmale der größten jemals gefundenen Lederschildkröte (*Dermochelys coriacea*). Im Durchschnitt ist der Panzer der ausgewachsenen Tiere immerhin etwa 1,5 m lang und sie wiegen 250–600 kg. Damit sind diese Meeresschildkröten gewaltiger als ihre größten an Land lebenden Verwandten, die Seychellen-Riesenschildkröten.

Ihre Größe und Masse bringt der Lederschildkröte einige Vorteile: So hat sie beispielsweise nur wenige Feinde. Und dank ihrer isolierenden Fettschicht und dem Wärme absorbierenden Dunkelbraun bis Blauschwarz ihres Panzers kann sie im Gegensatz zu anderen Reptilien ihre Körpertemperatur bis zu 18 °C über der umgebenden Wassertemperatur halten – jedenfalls, solange sie sich mit ihren flossenartigen, krallenlosen Beinen fortbewegt. So ausgestattet, durchstreifen Lederschildkröten sowohl warme tropische Meere als auch die Tiefen gemäßigter Breiten bis hin zum Eismeerrand. Lederschildkröten wurden schon in der Nordsee und im Beringmeer gesichtet.

Die Lederschildkröte ist die größte Schildkrötenart und lebt einzelgängerisch in den wärmeren Teilen der Weltmeere.

Lederschildkröte
Dermochelys coriacea

Klasse Kriechtiere
Ordnung Schildkröten
Familie Lederschildkröten
Verbreitung weltweit in tropischen und subtropischen Meeren
Maße Länge des Panzers: 1,5 m, max. 2,5 m
Gewicht 250–600 kg, max. 900 kg
Nahrung Quallen
Geschlechtsreife mit etwa 10 Jahren
Zahl der Eier je Gelege 50–100
Brutdauer 65–68 Tage
Höchstalter über 75 Jahre

Eine eigene Familie

Lederschildkröten haben keinen Panzer aus Horn und Knochen. Sie haben eine dicke, lederartige Haut, in die Knochenplättchen eingelagert sind. Diese Besonderheit verlieh der Lederschildkröte ihren Namen. Und vor allem wegen dieses Unterschieds zu den anderen sechs Meeresschildkrötenarten bilden sie innerhalb der Ordnung der Schildkröten eine eigene Familie mit dem lateinischen Namen Dermochelyidae.

Tiefe Tauchgänge

Lederschildkröten nehmen es als Tieftaucher durchaus mit dem Pottwal auf, der schon in Tiefen von über 1100 m geortet wurde. Beim Tauchen fahren Lederschildkröten ihre Körperfunktionen herunter, damit die Atemluft lange reicht, so vermindert sich z. B. der Herzschlag.

Unter den Meeresschildkröten haben sich als einzige die Lederschildkröten auf Quallen als Nahrung spezialisiert. Indirekt tragen Lederschildkröten so zum Erhalt des Fischbestands bei, denn die Quallen erbeuten mit ihren Nesselfäden vor allem Fischlarven. Lederschildkröten fressen täglich 10–100 kg der fast nur aus Wasser bestehenden Quallen. Kleine schlucken sie im Ganzen, aus großen reißen sie mit kräftigem Biss Stücke heraus. Die Kiefer haben sehr scharfe Hornkanten, in die vorne zwei zahnartige Scharten eingelassen sind. Mit diesem Hornschnabel lassen sich die glitschigen Quallen gut packen.

Das Gelege einer Lederschildkröte besteht durchschnittlich aus 50–100 Eiern.

Wanderungen zur Eiablage

Alle zwei bis drei Jahre begeben sich die Lederschildkröten von ihren Nahrungsgründen, die vorwiegend in den gemäßigten Zonen der Meere liegen, zur Paarung in die wärmeren Regionen der Welt, z. B. in die Karibik, nach Südamerika oder Afrika. Dabei wandern sie nicht selten bis zu 5000 km weit. Dort suchen sie die Gewässer vor ihrem Geburtsstrand auf, wo sich Männchen und Weibchen paaren. Die Weibchen kriechen

Die jungen Lederschildkröten schlüpfen meist im Schutz der Dunkelheit.

dann mühsam auf den Sandstrand, graben oberhalb der Hochwasserlinie ein Loch und legen ihre Eier hinein. Das Ausbrüten überlassen sie der Sonnenwärme. Sie bleiben jedoch meist noch einige Tage vor der Küste, paaren sich erneut und legen wieder Eier im Sand ab. Auf diese Weise versuchen sie den Bestand ihrer Art zu sichern.

Nach 65–68 Tagen schlüpfen die kleinen Lederschildkröten, die sofort das Meer aufsuchen, wo sie vor Fressfeinden besser geschützt sind.

Stark gefährdet

Lederschildkröten sind vom Aussterben bedroht. Insbesondere die Fischerei mit ihren riesigen Netzen und langen Leinen gefährdet den Bestand. Auch sterben Lederschildkröten daran, dass sie treibenden Kunststoffmüll schlucken. Zudem werden die Nester geplündert und die Eier als Potenzmittel verkauft.

Ein Zügeldelfin (Stenella frontalis) mit seinen Jungen

Delfine: akrobatische Meeressäuger

Die meisten Menschen verbinden mit Walen schwergewichtige Riesen – doch auch die vor allem wegen ihrer Luftsprünge bekannten und beliebten Delfine sind echte Waltiere (Cetacea). Als artenreichste Walfamilie (Delphinidae) gehören sie zur Unterordnung der Zahnwale (Odontoceti). Mit ihren deutlich erkennbaren Reihen aus spitzen Zähnen sind sie gut ausgerüstet für die Jagd auf Fische und Tintenfische.

Delfine in der Mythologie

Diese Wandmalerei aus dem Palast von Knossos auf Kreta stammt aus dem 17. Jahrhundert v. Chr.

Bereits in der griechischen Antike spielen Delfine eine im wahrsten Sinne des Wortes richtungsweisende Rolle: Der Legende nach soll der Gott Apollon die Gestalt eines Delfins angenommen haben, um die Bewohner der Insel Kreta durch das Mittelmeer zu einem neuen Siedlungsort in der griechischen Landschaft Phokis zu tragen. So soll hier die später berühmte antike Stadt Delphi gegründet worden sein. Der Delfin symbolisierte für die antiken Griechen außerdem das Urprinzip des Weiblichen. Diese Anschauung findet Ausdruck in dem sprachverwandten griechischen Wort »delphys« für den weiblichen Schoß.

Anpassungen als marine Säugetiere

Wie alle Wale gehören auch die Delfine zu den Säugetieren, deren einst auf dem Land lebenden Vorfahren vor Jahrmillionen wieder zu einem Leben im Wasser übergegangen sind. Neben fossilen Funden belegt noch das rudimentär angelegte Becken ihre Abstammung von vierbeinigen Landtieren. Man geht davon aus, dass Wale und Paarhufer wie Hirsche oder Rinder gemeinsame Vorfahren haben. Zahlreiche Merkmale kennzeichnen die Anpassungen der Delfine an ihr Lebenselement Meer. Am augenfälligsten ist die perfekte Stromlinienform der geschickten und eleganten Schwimmer. Die grazilen Delfine erreichen so scheinbar mühelos Spitzengeschwindigkeiten von mehr als 50 km/h. Kräftig geschlagen, dient die Fluke, eine flache und stark verbreiterte Schwanzflosse aus sehr festem Bindegewebe, den Meeressäugern beim Schwimmen und Tauchen als Antrieb. Im Gegensatz zur senkrechten Schwanzflosse der Fische ist die Fluke bei Walen horizontal ausgerichtet. Die Wirbelkörper im Schwanzbereich sind stark abgerundet und verkleinert, so dass der gesamte Schwanzbereich gut beweglich ist. Die den Hauptvortrieb ausmachende kraftvolle Aufwärtsbewegung der Fluke wird durch seitlich entlang der Wirbelsäule verlaufende große und kräftige Rumpfmuskeln bewerkstelligt. Die Vordergliedmaßen sind zu paddelartigen »Flippern« umgebildet und dienen mit Schlag- und Drehbewegungen in erster Linie der Steuerung bei der Fortbewegung. Analog zur Rückenflosse der Fische haben auch die Wale eine Rückenfinne zur Stabilisierung ihrer Lage im Wasser entwickelt. Einige Arten wie die Glattdelfine haben die Rückenfinne allerdings wieder verloren.

Als Warmblüter sind die Säugetiere auf einen guten Wärmeschutz im Wasser angewiesen. Dazu dient den Delfinen eine besonders dicke Fettschicht unter der Haut zur Isolation. Ihre Lungen versorgen sie mit Luftsauerstoff, den sie durch regelmäßiges Auftauchen einatmen. Ihre Atem- oder Nasenöffnung liegt dementsprechend nicht an der Schnauzenspitze, sondern auf der Oberseite des Kopfes, so dass die Tiere zum Atmen nicht weit aus dem Wasser herauskommen müssen. Als echte Säugetiere versorgen die Mütter ihren Nachwuchs mit hochkonzentrierter und sehr fettreicher Milch. Die Delfinkälber werden von der Mutter gleich nach der Geburt so schnell wie möglich an die Wasseroberfläche bugsiert, damit sie ihre Lungen mit Luft vollpumpen können.

Lautstarker Beutefang

Wenn Delfine auf einen Schwarm Fische oder Kalmare gestoßen sind, kann dies zu einem gewaltigen akustischen Spektakel aus Pfeiftönen, grunzenden oder quietschenden Lauten ausufern – denn so verständigen sie ihre Artgenossen. Delfine verfügen über einen hoch entwickelten akustischen Sinn. Vor allem der Unterkiefer leitet die Tonschwingungen vom Wasser ans Innenohr weiter. Oberhalb des Schnabels liegt eine fettartige Struktur, die Melone. Ihre Funktion scheint in der Bündelung der ausgesandten Schallwellen zur Echoortung zu liegen. Solche zielgerichteten Klicklaute werden von jedem Objekt der Umgebung zurückgeworfen und das wiederaufgenommene Echo liefert dem Delfin Informationen über die Art, Größe und Entfernung beispielsweise der Beutetiere. So entsteht für ihn quasi ein »Hörbild« der Unterwasserwelt.

Delfine sind hervorragende Luftakrobaten.

Delfine
Delphinidae

Klasse Säugetiere
Ordnung Wale
Familie Delfine
Verbreitung Meere weltweit, einige Arten auch im Süßwasser
Maße Länge: 2,5–4 m
Gewicht bis etwa 700 kg
Nahrung meist Fische und Tintenfische
Geschlechtsreife mit etwa 5 Jahren
Tragzeit etwa 9–12 Monate
Zahl der Jungen meist 1
Höchstalter über 30 Jahre

Schulen

Häufig können Seereisende große Gruppen mit hunderten Delfinen, sog. Schulen, vor den Bugwellen längsseits des Schiffes sehen. Im vorderen Bereich des Wellenberges erzeugt der Wasserdruck eine schmale Zone, in der das Wasser vorwärtsströmt. Wenn ein Delfin diesen Punkt findet, kann er sich ohne Eigenbewegung auf der Bugwelle treiben lassen. Manchmal reiten auf die gleiche Weise auch junge Delfine auf den Bugwellen ihrer Mütter.

Ihr stromlinienförmiger Körper macht die Delfine zu perfekten Schwimmern.

Vor allem ozeanische Delfinarten sind häufig nur in Schulen anzutreffen. Sie umfassen nicht selten mehrere tausend Individuen und verteilen sich über ein mehrere Hektar großes Seegebiet. Der Vorteil eines solchen Gruppenlebens besteht vor allem in einer effektiven Nahrungssuche und Feindabwehr. Entdeckt ein Delfin einen Hai oder einen Fischschwarm, informiert er sofort den gesamten Verband. Der Informationsnutzen überwiegt vor allem auf der weitläufigen Hochsee bei weitem die innerartliche Nahrungskonkurrenz.
Delfine bilden keine festen Fortpflanzungspaare, dennoch ist ihr Gruppenleben sozial organisiert. Ständige Körperkontakte wie Anstupsen mit dem Schnabel und enges Parallelschwimmen sowie die vielfältige Lautkommunikation fördern die Bindung der Gruppenmitglieder untereinander. Dominanzgebaren wie das Aufeinanderschlagen der Kiefer, Beißattacken oder Rammen festigen die soziale Rangordnung.

Delfine der Hochsee

Typische Bewohner der tropischen bis gemäßigt warmen Hochsee sind die Blauweißen Delfine (*Stenella coeruleoalba*). Nur selten tauchen sie in Küstennähe auf. Diese Art ist an ihrem dunklen Seitenstreifen zu erkennen, der vom Augenwinkel bis zum After verläuft und scharf die graue Oberseite von dem weißen Bauch trennt. Blauweiße Delfine gehen vor allem am Abhang des Kontinentalschelfs in Tiefen bis zu etwa 200 m auf Jagd nach Fischen und Kalmaren. Im etwa gleichen Lebensraum ist der Gemeine Delfin (*Delphinus delphis*) zu finden. Diese Art jagt häufig in Gruppen, indem ganze Schulen unter einen Schwarm aus Heringen, Sardinen oder Sardellen schwimmen und die Fische so an die Wasseroberfläche treiben.
Im selben Verbreitungsgebiet lebt auch der mit bis zu 3,8 m deutlich größere Rundkopfdelfin (*Grampus griseus*), der sich durch

seinen abgestumpften Kopf ohne ausgeprägten Schnabel von anderen Arten unterscheidet. Rundkopfdelfine ernähren sich in erster Linie von Kalmaren.

Mehr auf tropische Gewässer beschränken sich die Schlankdelfine (*Stenella attenuata*) mit ihren hellen Flecken auf der grauen Rückenseite, die mit zunehmendem Alter immer dichter werden. Sie vergesellschaften sich gern mit den extrem schlanken und langschnauzigen Ostpazifischen Delfinen (*Stenella longirostris*).

Die Glattdelfine sind in der Hochsee des gemäßigten Klimas vertreten: der Nördliche Glattdelfin (*Lissodelphis borealis*) ausschließlich im Nordpazifik, der Südliche Glattdelfin (*Lissodelphis peronii*) in der gesamten gemäßigt kalten Hochsee der südlichen Hemisphäre. Beide Arten ernähren sich hauptsächlich von Laternenfischen (*Myctophidae*) und Kalmaren. In der subantarktischen und antarktischen Hochsee lebt eher in kleineren Gruppen von meist wenigen, seltener bis zu 40 Tieren der Stundenglas-Delfin (*Lagenorhynchus cruciger*) mit seiner namengebenden weißen Seitenzeichnung auf der schwarzen Oberseite.

Charakteristisch für das Profil der Delfine ist die »Melone«, das fetthaltige Stirnpolster.

Delfine der Küsten

Manche Delfinarten wie der Buckeldelfin (*Sousa spec.*), der Rauzahndelfin (*Steno bredanensis*), der Weißbauchdelfin (*Cephalorhynchus eutropi*) und der auffällig schwarzweiß gefärbte Commerson-Delfin (*Cephalorhynchus commersonii*) halten sich bevorzugt in Küstengewässern auf. Doch führt der Weg dieser weniger wanderfreudigen Arten nicht in flache Schelfmeere wie die Nordsee. Auch der Weißseitendelfin (*Lagenorhynchus acutus*) und der Weißschnauzendelfin (*Lagenorhynchus albirostris*) aus den kaltgemäßigten und subarktischen Gewässern machen im Gegensatz zum häufigen Rundkopfdelfin seltener einen Ausflug in die Nordsee. Dagegen fallen sowohl der Gemeine Delfin als auch der mattgraue Große Tümmler (*Tursiops truncata*) in der Nordsee durch ihre anmutige Luftakrobatik auf, bei der sie die delfintypischen hohen Stimmlaute ausstoßen. Typisch für diese Arten ist ihr spielerisches Reiten auf einer Bugwelle.

Tod durch Ertrinken und Strandung

Delfine sind zum Überleben auf die Atmung von Luftsauerstoff angewiesen. Können sie nicht regelmäßig aus dem Wasser auftauchen, müssen sie qualvoll ertrinken. Zum Verhängnis wurden den Meeressäugern vor allem die unentrinnbaren, da oft kilometerlangen Treib- oder Ringwadennetze, mit denen der Mensch in erster Linie die großen Thunfischschwärme abfangen wollte. Diese Fischfangmethoden bedeuteten für viele

Weißseitendelfine bilden außerhalb von Küstengewässern gewöhnlich größere Schulen.

Delfine das Aus: Jahr für Jahr kamen tausende als sog. Beifang in den riesigen Netzen ums Leben. Ehe 1990 die Treibnetzfischerei verboten wurde, ertranken allein im Bereich des tropischen Ostpazifiks in den vorausgegangenen 30 Jahren mehr als 6 Mio. Delfine in den gefährlichen Netzen.

Die todbringenden Strandungen von Delfinen an den Weltmeerküsten sind wahrscheinlich auf Störungen des Erdmagnetfeldes sowie Beeinträchtigungen ihrer akustischen Unterwasserorientierung durch die moderne Hochseetechnik des Menschen – gleichsam eine akustische Umweltverschmutzung der Meere – zurückzuführen. Allerdings konnten Wissenschaftler bei Strandungen von Gemeinen Delfinen an der kalifornischen Küste Wurmparasiten nachweisen, die bei den Meeressäugern sowohl das Gehör als auch Gehirnstrukturen zerstört hatten. Zu Massenphänomenen kommt es vermutlich, weil sich die Delfine einer Schule nicht im Stich lassen.

Blauwale: Giganten der Meere

Der Blauwal ist die größte lebende Tierart und auch die größte, die jemals auf der Erde gelebt hat, einschließlich der Dinosaurier. Er wird bis zu 28 m lang und bringt 100–150 t auf die Waage. Durch den Körper des Blauwals zirkulieren etwa 8000 Liter Blut, die durch das 500 kg schwere Herz in Bewegung gehalten werden. Die Zunge in seinem zimmergroßen Maul wiegt 4000 kg.

Die Fontäne des Schwefelbauchs

Blauwale (*Balaenoptera musculus*) haben einen schlanken, stromlinienförmigen Körper. Die Flipper sind schmal und im Verhältnis zum Körper klein, ebenso wie die weit hinten sitzende Rückenfinne. Der Kopf ist breit und flach. Vom Oberkiefer hängen 500–800 schwarze Barten herunter, jede 85 cm breit und 1 m lang. Die 70–120 Kehlfurchen sind sehr lang und reichen bis zum Nabel.

Auffälligstes Erkennungszeichen des Wals ist sein deutlich hörbarer Blas. Beim explosionsartigen Ausatmen steigt eine 9 m hohe Fontäne senkrecht auf, die aus kondensierendem Wasserdampf besteht. Die Färbung des Blauwales ist blaugrau bis dunkelgrau, gesprenkelt mit zahlreichen ovalen Flecken. Die Oberseite ist dunkler als die Unterseite. Bei längerem Aufenthalt in kälteren Gewässern setzen sich häufig Kieselalgen (Diatomeen) an der Bauchunterseite fest.

Wanderungen

Blauwale sind zwar in allen Ozeanen weltweit heimisch, aber die Meeresgiganten gelten als stark gefährdet. Die Blauwale der Südhalbkugel, einst die größeren Bestände weltweit, sind auf weniger als 1400 Tiere zurückgegangen. Eine Ursache könnte der Rückgang des Krills aufgrund der Meerwassererwärmung sein. Die Tiere halten sich

Es gibt viele Vermutungen für Ursachen von Walstrandungen, die genauen Gründe sind allerdings noch nicht geklärt.

als 40 t Wasser und Nahrung in ihrem Maul aufnehmen. Anschließend ziehen sie die sackartig geweitete Kehle wieder zusammen und pressen unter Zuhilfenahme der Zunge das Wasser durch den Mundspalt heraus. Der Krill bleibt in den Barten hängen und verschwindet anschließend im Magen. Diese Technik der Nahrungsaufnahme bezeichnet man als Schluckfiltern.

überwiegend im offenen Meer auf und dringen nur selten über die Ränder des Kontinentalschelfs vor. Wie alle Furchenwale folgen auch Blauwale dem typischen jährlichen Wanderungszyklus: Den Sommer verbringen sie in den nahrungsreichen höheren Breiten, im Herbst ziehen sie in die subtropischen Gefilde in Äquatornähe, wo sie den Winter verbringen. Im Frühjahr machen sie sich wieder auf den Weg in den hohen Norden bzw. den tiefen Süden, wo sie bis an die Eisgrenze auf Nahrungssuche gehen und sich die dicke Speckschicht für die andere Hälfte des Jahres anfressen. Die Wintergründe der Blauwale liegen in den gleichen Regionen. Da aber die Jahreszeiten zwischen Nord- und Südhalbkugel jeweils um sechs Monate gegeneinander verschoben sind, vermischen sich die Walpopulationen nie.

Riesenbabys mit enormem Milchbedarf

Blauwale leben überwiegend als Einzelgänger. Ihre Geschlechtsreife erreichen die Männchen mit einer Länge von rd. 22 m, die Weibchen mit 24 m. Die Paarungszeit liegt im Juni/Juli. Nach der elfmonatigen Tragzeit werden die Kälber geboren. Die jungen Blauwale weisen das rasanteste Wachstum von allen Säugetieren auf. Bei der Geburt sind sie 7 m lang und wiegen etwa 2,5 t. Nach Ende der rd. 200-tägigen Stillphase kommen sie auf fast 20 t und messen über 13 m. Dafür muss eine Walkuh täglich 200 bis 500 Liter Milch produzieren, die einen Fettanteil von 50 % hat. Da die Jungtiere ihre Lippen nicht formen können, um an der Zitze zu säugen, bekommen sie die Milch direkt ins Maul gespritzt.

Blauwal
Balaenoptera musculus

Klasse Säugetiere
Ordnung Wale
Familie Furchenwale
Verbreitung Meere weltweit
Maße Länge: bis 28 m, max. 33 m
Gewicht 100–150 t, max. 190 t
Nahrung Plankton, vor allem Krill
Geschlechtsreife mit 5–6 Jahren
Tragzeit etwa 11 Monate
Zahl der Jungen 1
Höchstalter etwa 90 Jahre

Keine moderne Skulptur, sondern die Kehlfurchen des Blauwals

1,5 Millionen Kalorien täglich

Um ihren enormen Energiebedarf zu decken, müssen Blauwale in ihren Nahrungsgründen täglich bis zu 4 t fressen. Sie ernähren sich von Krill und Kleinkrebsen, die in riesigen Schwärmen dicht unter der Wasseroberfläche leben. Mit geöffnetem Maul durchschwimmen die Wale die Krillfelder. Dabei können sie dank ihrer sehr elastischen Kehlfalten mit einem einzigen »Schluck« mehr

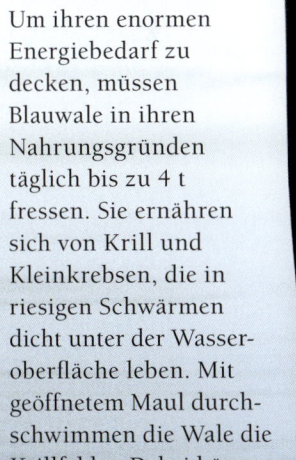

Der Schwertfisch jagt an der Oberfläche und in Tiefen bis zu 800 m.

Im Zwielicht wird's kälter: das Mesopelagial

Auf hoher See dringen letzte Strahlen des Sonnenlichts bis zu 1000 m tief ins Wasser, doch erhalten Algen und andere Organismen des Phytoplanktons nur in den oberen 200 m der Wassersäule ausreichend Licht zur Energiegewinnung aus der Photosynthese. Darunter können diese Organismen nicht mehr existieren und die Wissenschaft definiert unterhalb dieser durchlichteten Zone des Epipelagials die Tiefsee. Diese als Bathyal bezeichnete Zone beginnt in etwa 200 m Wassertiefe und wird zweigeteilt: in die Dämmerungszone – das Mesopelagial – und das darunterliegende lichtlose Bathypelagial. Im Mesopelagial erstirbt das Licht in der Tiefe, zugleich steigt der Wasserdruck. In 1000 m Tiefe beträgt er rd. 10 000 kPa, d. h., auf jedem Quadratzentimeter eines Körpers lasten 100 kg Wassersäule. Auch die Temperatur sinkt in der Tiefenzone von 500 bis 1500 m plötzlich von 5 °C auf knapp über 0 °C. Somit steigen dort auch der Salzgehalt und die Dichte des Wassers.

Fauna in Dämmer und Dunkel

Die Fische des Mesopelagials sind mit rd. 850 Arten deutlich zahlreicher und obendrein vielgestaltiger als die Fischfauna der darunterliegenden Schichten (z. B. Bathypelagial) bis zum Grund der Tiefsee. Das gilt besonders für die gemäßigt warmen bis tropischen Meere. Die mesopelagischen Fische sind meist finger- bis forellenlang, nur wenige erreichen Größen bis 1 m; dann haben sie schlangen- oder torpedoförmige Körper. Sie sind daran angepasst, möglichst viel zu sehen, ohne selbst entdeckt zu werden. Sie haben daher oft große Augen, deren Netzhaut für optimale Sehkraft im Dämmerlicht ganz aus Sehzellen vom Stäbchen-Typ besteht und zudem wie bei Katzen einen »Restlichtverstärker« (Tapetum lucidum) aufweist. So empfängt der silbrige Beilfisch (*Argyropelecus affinis*) das schwache Licht mit leistungsstarken, nach oben gerichteten Tele-

Der Tiefsee-Beilfisch hat für sein Leben in der Restlichtzone besonders leistungsfähige Augen.

skopaugen. Sein seitlich zusammengepresster Körper ist von unten gegen die Wasseroberfläche kaum zu sehen und seine silbrig reflektierenden Flanken lassen seinen scheibenförmigen Körperumriss verschwimmen – so ist er hervorragend getarnt. Weitere typisch mesopelagische Fische sind Drachenfische (Stomiidae) und Glattköpfe (Alepocephalidae) sowie Vertreter der Familie Melamphaidae, z. B. *Melamphaes suborbitalis*, für die es keine deutschen Namen gibt.

Am zahlreichsten sind jedoch düstere bis schwarze Formen wie die Tiefsee-Elritze (*Cyclothone microdon*) und ihre elf verwandten Arten vertreten. Diese nur fingerlangen Fischchen ähneln in den Proportionen entfernt der bekannten Süßwasser-Elritze. Sie bilden Schwärme und erbeuten Copepoden, planktische Ruderfußkrebse. Die Tiefsee-Elritzen sind wohl die häufigsten Wirbeltiere der Erde, denn sie kommen in allen Weltmeeren in großen Mengen vor und werden in Tiefen von 200 m bis 2700 m gefunden. Sie sind zunächst männlich und können ab einer bestimmten Größe das Geschlecht wechseln – ein weit verbreitetes Phänomen der Tiefseefauna. Tiefseefische wechseln meist vom männlichen zum weiblichen Geschlecht. Wegen knapper Nahrung wachsen die Tiere nur langsam heran; da ist es sinnvoll, wenn nur die Größten als Weibchen die Energie zur Reifung der Eier aufbringen. Neben Fischen durchstreifen auch zahlreiche Wirbellose das Mesopelagial, allen voran Tiefseegarnelen (*Natantia*) und Tiefseekalmare. Im Zooplankton überwiegen die Ruderfußkrebse, man findet aber auch Leuchtkrebse, Pfeilwürmer, Flügelschnecken und Manteltiere sowie die auffälligen Tiefseequallen. Auch die Tierwelt im Dunkel des Bathypelagials setzt sich prinzipiell ähnlich zusammen, jedoch mit jeweils anderen Arten, die an das kältere, salzigere und viskosere Tiefenwasser angepasst sind. Säuger suchen die Dämmerungszone nur selten auf, doch tauchen Robben und Wale bis hierher hinab, die antarktische Weddellrobbe z. B. bis 600 m. Den Rekord hält der Pottwal, der nachweislich tiefer als 800 m taucht und mehr als eine Stunde unter Wasser bleiben kann. Außerdem weist der Mageninhalt gestrandeter Schnabelwale darauf hin, dass einige Arten bis in solche Tiefen tauchen, um Tiere vom Boden aufzunehmen.

Vertikale Wanderungen

Der Lebensrhythmus zahlreicher mesopelagischer Fische wird vom Plankton bestimmt. Tagsüber meidet ein beträchtlicher Teil des tierischen Planktons die oberflächennahen Schichten und hält sich im Mesopelagial auf. In der Abenddämmerung steigt es empor, um bei Sonnenaufgang wieder in kühlere Tiefen zurückzukehren. Dabei regeln die Planktonorganismen ihren Auftrieb z. B. über die Füllung einer Gasvakuole, eine Art Blase in einer Zelle.

Diesen täglichen Vertikalwanderungen des Planktons folgen viele Plankton fressende Tiere wie Tintenschnecken, Quallen und Fische, vor allem Laternenfische (Myctophidae) und Drachenfische. Im Mittelmeer und im Atlantik kommt der ca. 12 cm lange Laternenfisch (*Myctophum punctatum*) häufig vor. Bei dieser Art, die in großen Schwärmen auftreten kann, tragen Männchen und Weibchen unterschiedlich angeordnete Leuchtorgane. Im dämmrigen Mesopelagial leuchten 90 % aller Lebewesen, sei es zur Partnerfindung, zur Täuschung von Fressfeinden oder zum Ködern von Beutetieren. Die verwandte Art *Lampanyctus leucopsarus* ist ein wichtiges Beutetier des Kabeljaus.

Auf Vorrat fressen

Jedoch wandern nicht alle Bewohner des Mesopelagials im Tagesrhythmus auf und nieder. Gerade Fische, die am Ende der Nahrungskette andere Fische erbeuten, patrouillieren, zumindest als Erwachsene, in bestimmten Tiefenzonen, so z. B. Lanzenfische (Alepisauroidae) und Riesenschlinger (Chiasmidontidae). Viele Fische des Mesopelagials – und der darunterliegenden Tiefseezonen – haben riesige

In der Dunkelzone ist die Tiefseegarnele trotz ihrer roten Färbung optisch nicht auszumachen.

Kiefer, die sich extrem weit öffnen lassen. Im Zusammenspiel mit einem dehnbaren Magensack und nachgiebigen Körperwänden können sie deshalb Beute verschlingen, die etwa so groß ist wie sie selbst. Von einer solchen Mahlzeit zehren die Fische lange, zumal sie sich in tiefere und kältere Wasserschichten sinken lassen. Dort werden sie inaktiv, ihr Stoffwechsel verdaut die Beute nur langsam und die Fische verbrauchen kaum Energie. So müssen sie nicht ständig ihren Beutefischen hinterherziehen.

Der Pottwal ist der Tieftaucher unter den Meeressäugern.

Beute orten: riechen und Druck spüren

Obwohl zahlreiche Tiere im Mesopelagial über Leuchtorgane und große Augen verfügen, finden die meisten Fische ihre Beute bzw. ihre Geschlechtspartner in Anpassung an die Dunkelheit eher über den Geruchssinn und den Strömungssinn als mit den Augen. So kann der zur Familie der Degenfische (Tri-

chiuridae) zählende Haarschwanzfisch *Apha-nopus* mit seinem Seitenlinienorgan Schwimm-bewegungen noch in mehr als 30 m Entfernung wahrnehmen. Tagsüber hält sich der Atlantikbewohner in Bodennähe am Kontinentalhang oder am mittelatlantischen Rücken in 300–1700 m Tiefe auf, nachts steigt er in höher gelegene Wasserschichten, wo er auf Beutefang geht.

Lebensformen am Kontinentalhang

Am schrägen Boden des Kontinentalhangs sind festsitzende Tiere weit verbreitet: Nessel-tiere (Cnidaria) wie Seeanemonen, Seefedern und Korallen sowie Schwämme oder Seepocken benötigen nackten Fels als feste Unterlage. Röhrenwürmer, Muscheln, Austern und andere graben sich ganz oder teilweise in weiches Sediment ein. Darüber hinaus finden sich frei bewegliche Seesterne, Seeigel, Weichtiere und viele Krebstiere, darunter Asseln (Isopoda) und Flohkrebse (Amphipoda) in diesem Lebensraum. Wenn nahrungsreiche Auftriebsströmungen den Kontinentalhang bzw. die Abhänge von Seebergen entlangstreichen, können diese Tiergemeinschaften aus Plankton fressenden Tieren (Filtrierern) recht arten- und individuenreich werden. An der Schelfmeerkante sowie auf den Zinnen von ozeanischen Gebirgen quillt mitunter natürlicherweise Methangas bzw. Schwefel-

wasserstoff aus dem Erdinnern hervor. Dort können sich eigenständige Tiergemeinschaften aus Riesenmuscheln, Tiefseekrabben, Röhrenund Bartwürmern etablieren, die die Kohlenwasserstoffe als Nahrung verwerten.

Die Bodenbewohner

Wie im Freiwasser der Tiefsee ist das Leben am ebenen Boden des gesamten Bathyals von Nahrungsmangel geprägt. Nährstoffe gelangen in der Regel nur als dünner Teilchenregen von oben in diese dunklen Gefilde: tote Planktonorganismen, Kot, Pflanzenreste – und gelegentlich ein Kadaver. Daher ernähren sich bodenbewohnende Tiefseeorganismen vorwiegend als Filtrierer, Räuber oder Aasfresser. Die meisten großen Formen der Tiefsee-Bodenfauna gehören den gleichen Familien an wie die der Schelfmeere. Darunter finden sich Kalkschwämme, Seewalzen, Schlangensterne, Bartwürmer (Pogonophora), Seescheiden, Garnelen und natürlich Fische.
Während Grenadierfische (Macrouridae) ebenso wie Tiefseedorsche (Moridae) und -aale (*Aldrovandia*) frei über dem Boden schwimmen, bleiben Bodenfische wie Scheibenbauch (*Careproctus*), Eidechsenfisch (*Bathysaurus*) und Dreibeinfisch (*Bathypterois*) stets ganz in Bodennähe, denn sie verfügen nicht über spezielle Systeme zur Gewichtsreduktion und haben eine höhere Dichte als das umgebende Meerwasser.

Die verlängerten Flossenstrahlen dienen dem Dreibeinfisch als Fühlerorgane.

Pottwale: geheimnisvolle Jäger der Tiefsee

Als »Moby Dick« – der Wal, der Rache an den Walfängern nimmt und ihr Schiff versenkt – ist der Pottwal in Herman Melvilles gleichnamigem Roman zur Legende geworden. Und auch wenn dem literarischen Welterfolg eine reale Begebenheit zugrunde liegt, waren solche Auseinandersetzungen höchst selten. Sehr viel häufiger dagegen sind Kämpfe zwischen Pottwalen und Riesenkalmaren. Unzählige Narben auf dem Kopf der Wale sind Zeugnis der tödlichen Dramen, die sich viele hundert Meter in den dunklen Tiefen der Meere zwischen dem Jäger und seiner Beute abspielen. Sie stammen von den Saugnäpfen und Schnäbeln der Kopffüßer, die sich offensichtlich erbittert gegen ihre Widersacher zur Wehr setzen.

Die Augen des Pottwals sind relativ klein und weit hinten am Kopf angeordnet.

Pottwal
Physeter catodon

Klasse Säugetiere
Ordnung Wale
Familie Pottwale
Verbreitung Meere weltweit
Maße Länge: Männchen
bis 18 m, Weibchen bis 12 m
Gewicht Männchen bis
45 t, Weibchen bis 15 t
Nahrung große Kopffüßer
wie Kraken und Kalmare,
auch größere Fische
Geschlechtsreife Männchen mit etwa 25, Weibchen
mit etwa 10 Jahren
Tragzeit etwa 15 Monate
Zahl der Jungen 1
Höchstalter etwa 100 Jahre

Superhirn

Markantestes Merkmal des Pottwals (*Physeter catodon*) ist sein mächtiger rechteckiger, nach vorn bugförmig zulaufender Kopf, der bis zu einem Drittel seiner gesamten Körperlänge ausmacht. Diese beträgt bei Bullen bis zu 18 m, weibliche Vertreter erreichen eine maximale Länge von 12 m. Entsprechend deutlich sind auch die Gewichtsunterschiede: rd. 45 t gegenüber 15 t. Pottwale sind mit Ausnahme der helleren, gefleckten Bauchseite dunkelbraun oder dunkelgrau gefärbt, die Haut ist von zahlreichen waagerecht verlaufenden Furchen und Falten durchzogen. Anstelle einer Finne trägt der Pottwal auf dem Rücken mehrere Buckel. Die tief eingekerbte Fluke liefert mit ihrer Spannweite von 4 m den notwendigen Vortrieb für die Ausflüge in die Tiefsee. Der Kopf ist asymmetrisch geformt. Die rechte Hälfte ist größer als die linke. Auch das Blasloch sitzt nicht mittig, sondern auf der linken Seite und zeigt schräg nach vorn – damit ist der Pottwal durch seinen Blas auf hoher See eindeutig zu identifizieren. Der Unterkiefer ist y-förmig und läuft nach vorn spitz zu. Etwa 50 Zähne sitzen in zwei fast parallelen Reihen nebeneinander. Das Gehirn ist das größte im gesamten Tierreich. Es wird 6–9 kg schwer und besitzt wie der Mensch eine hoch entwickelte Großhirnrinde.

Beim Abtauchen ergießt sich ein breiter Wasserfall von der Fluke.

Auf getrennten Wegen

Pottwale leben weltweit in allen Ozeanen. Sie sind ausgesprochene Hochseebewohner, die nur an steil abfallenden Küsten in Landnähe kommen. Auffallend ist, dass Männchen und Weibchen in unterschiedlichen Gebieten leben. Die Weibchen halten sich vornehmlich dort auf, wo die Oberflächentemperatur mindestens 15 °C beträgt, die Männchen sind dagegen wesentlich temperaturtoleranter und wagen sich fast bis in Polnähe vor. Die Weibchen bilden mit ihren Töchtern und den jeweiligen Nachkommen Gruppen von 20–40 Tieren, die über viele Jahre hinweg zusammenbleiben. Die männlichen Nachkommen dagegen finden sich

Das Maul des Pottwals ist rosa gefärbt.

nach der Entwöhnung in sog. Junggesellenschulen mit bis zu zehn Tieren zusammen, die aber mit Erreichen der Geschlechtsreife auseinanderbrechen. Danach ziehen die Bullen als Einzelgänger durch die Weltmeere und treffen nur noch zur Fortpflanzung mit den Weibchen zusammen.

Pottwale haben einen extrem langsamen Reproduktionszyklus. Die Kühe bekommen nur alle vier bis sechs Jahre nach ca. 15-monatiger Tragzeit ein Junges. Die Kälber werden mindestens zwei bis drei Jahre gesäugt.

Geschickte Tieftaucher

Der Speiseplan des Pottwals wird von Kalmaren und Kraken dominiert, aber auch große Fische wie Kabeljau, Thunfisch, Barsch und Tiefseeangler lässt er sich nicht entgehen. Er jagt die Beute gewöhnlich in Tiefen von 300–800 m, eine Tauchphase dauert 20–60 Minuten. Insbesondere männliche Exemplare tauchen aber auch deutlich tiefer ab: Dokumentiert sind zweistündige Tauchgänge bis hinab in 3000 m Tiefe. Wie die Pottwale in der lichtlosen Tiefsee ihre Nahrung finden, ist bis heute noch unbekannt.

Auch der Silberbeil (Argyropelecus hemigymnus) gehört zur Familie der Tiefsee-Beilfische.

Tiefsee-Beilfische: leuchtende Bewohner der Restlichtzone

Ab welcher Tiefe im Meer Finsternis herrscht, ist »Ansichtssache«: Es hängt von der Qualität der Licht verarbeitenden Organe ab. Für die Photosynthese der Pflanzen wird es ab 200 m Tiefe zu dunkel. Ab etwa 1000 m u. M. helfen auch die besten Augen nicht mehr; viele hier lebende Tiere sind blind. Dafür haben etliche Organismen in der dazwischenliegenden Restlichtzone besonders leistungsstarke Augen, um Beute und Artgenossen zu finden und vor Feinden zu fliehen. Viele erzeugen selber Licht, um Signale an andere Tiefseebewohner auszusenden. In der Straße von Messina fand man bei einer Expedition in 300–400 m Tiefe strahlende Wolken: riesige Ansammlungen von Beilfischen der Art *Argyropelecus hemigymnus.*

Stabile Lage dank großem Kiel

Tiefsee-Beilfische (Familie Sternoptychidae) findet man in den lichtarmen Freiwasserzonen fast aller Weltmeere, vor allem in den Tropen und den gemäßigten Zonen. Der Gattung *Argyropelecus* gehören gut ein Dutzend Arten an, die einander sehr ähnlich sehen. Sie besitzen einen beilklingenförmigen Bauch, der den höchstens 8–10 cm langen Tieren als Kiel eine stabile Lage im Wasser verleiht. Daneben fallen vor allem die großen, nach oben gerichteten, z. T. teleskopartig verlängerten Augen und die oftmals silbrige Färbung auf. Entlang der unteren Körperkanten liegen zahlreiche Leuchtorgane, sog. Photophoren, die ein blaues Licht abstrahlen.

Sehen, ohne gesehen zu werden

Offenbar reicht die Sehkraft der dicht nebeneinandersitzenden Augen aus, um in Tiefen von 100 bis 800 m Beutetiere aufzuspüren. Da sie bei der Nahrungssuche ihre ganze Aufmerksamkeit dem Geschehen über sich widmen (Tiefsee-Beilfische greifen ihre Beute von unten an), könnten sie von unten nahende Feinde nicht rechtzeitig entdecken, um vor ihnen zu fliehen. Aus diesem Grund machen sich die Beilfische weitgehend unsichtbar: Durch das kettenartige Arrangement ihrer Leuchtorgane und die Wellenlänge des kalten, körpereigenen Lichtes verschmelzen ihre Konturen mit dem dunkelblauen Restlicht.

Restlichtverstärkende Teleskopaugen

Mit ihren Teleskopaugen, die in Proportion zum Kopf übergroß erscheinen, sind die Beilfische optimal an den Lichtmangel in ihrem Lebensraum angepasst. Um möglichst viel Restlicht einzufangen, haben Tiefsee-Beilfische riesige, unbewegliche Linsen mit großer Brennweite, die bei einigen Arten zudem an teleskopartigen Röhren sitzen. Außerdem durchquert das Licht das Auge zweimal, da es an einer Tapetum lucidum genannten Schicht an der Rückseite reflektiert wird, ähnlich wie bei Katzen. In der Restlichtzone ist eine Entfernungsabschätzung extrem

schwierig, da alles Licht aus derselben Richtung kommt und an Land hilfreiche Indizien wie die Teilverdeckung von Objekten in der Weite der Meere fehlen. Um in dieser zweidimensionalen und schemenhaften Welt in Erfahrung zu bringen, wann ein Beutetier so nah ist, dass man das Maul aufreißen muss, ist daher binokulares Sehen unabdingbar: Die Sichtfelder beider Augen müssen sich stark überschneiden. Daher sind beide Teleskopaugen nach oben gerichtet. Um im übrigen Sehfeld zumindest Bewegungen wahrzunehmen, hat *Argyropelecus* neben der Hauptnetzhaut eine akzessorische Retina, auf die die kugelförmige Linse ein unscharfes Bild der Umgebung wirft.

Die Netzhäute bestehen fast nur aus sehr dicht gepackten Stäbchen mit einem Sehpigment, das vor allem auf Blaulicht (470–480 nm Wellenlänge) anspricht. Im binokularen Netzhautfeld gibt es außerdem ein paar Zapfen mit anderen Sehpigmenten, so dass die Beilfische in einem kleinen Bildausschnitt auch ein paar Farben unterscheiden können. Die räumliche Auflösung hängt von der Dichte der Nervenzellen ab, die auf optische Reize reagieren. Im schärfsten Areal ist die Ganglienzelldichte beim Beilfisch 60-mal größer als in der Peripherie des Sehfeldes. Bei optimaler Beleuchtung kann ein solches Auge noch zwei 6 m entfernte Punkte auflösen, die nur gut einen Zentimeter voneinander entfernt sind. Bis zu einer Meerestiefe von etwa 600 m kann ein *Argyropelecus* dank seiner Spezialaugen das Restlicht noch zur Jagd nutzen. Seine nahen Verwandten der Gattung *Sternoptyx* hingegen, die noch tiefer leben, haben wieder normale, kleine und seitlich liegende Augen und haben andere Jagdstrategien.

Tiefsee-Beilfische
Sternoptychidae

Klasse Knochenfische
Ordnung Maulstachler
Familie Tiefsee-Beilfische
Verbreitung Freiwasserzonen vor allem tropischer und gemäßigter Meere
Maße Länge: etwa 8–10 cm
Nahrung Plankton, Krebse, andere Fische

Tiefsee-Beilfische sind Winzlinge mit extrem lichtempfindlichen Teleskopaugen.

Leben in der Tiefsee

Biologisch gesehen beginnt die Tiefsee etwa in 200 m Tiefe, wo das Wasser kaum jemals von Wind- und Wärmeverhältnissen der Oberfläche beeinflusst wird. Die Zone des ewigen Dunkels beginnt jedoch erst ab etwa 1000 m Tiefe, in die absolut kein Schimmer Tageslicht mehr dringt. Ein weiteres charakteristisches Merkmal der Tiefsee sind die für Menschen tödlichen Druckverhältnisse, die in 1000 m z. B. bei rd. 10 000 kPa je cm² Körperoberfläche liegen. Die Temperatur ist im Bereich der Tiefsee gleichbleibend niedrig und liegt dauerhaft unter 4–5 °C. Forscher vermuten in diesem Lebensraum wenigstens 10 Mio. Tierarten. Allerdings sind viele von ihnen nur wenige Millimeter groß oder sogar mikroskopisch klein. Grüne Pflanzen gibt es in der Tiefsee nicht, denn ohne die Energie des Sonnenlichts können sie keinen Stoffwechsel über die Photosynthese betreiben.

Wie bei vielen Tiefseebewohnern ist das Aussehen des Pelikanaals äußerst bizarr. Der überwiegende Teil seines Körpers besteht aus einem gewaltigen Maul.

Was zur Tiefsee gehört

Die Tiefsee ist der größte zusammenhängende Lebensraum. Mit Ausnahme der arktischen Tiefseeregion, die isoliert im Nördlichen Eismeer liegt, gehen alle Tiefseebereiche des Atlantik, Pazifik und des Indischen Ozeans in der Region um den Südpol ineinander über. Zur Tiefsee rechnet man den unteren Kontinentalhang ab etwa 1000 m Tiefe, der sich an die mit bis zu 200 m vergleichsweise flachen Schelfgewässer anschließt. Als Zweites gehört die sog. Tiefseetafel ab 2400 m Tiefe zu diesem bislang kaum erforschten Lebensraum und als Drittes zählen dazu die Tiefseegräben, die wenigstens 5500 m unter der Wasseroberfläche liegen. Der bislang tiefste Punkt im Meer wurde im Marianengraben (Westpazifik) gemessen und befindet sich unvorstellbare 11 034 m unter dem Meeresspiegel.

Eine andere Unterteilung trennt die Tiefsee nach Wassertiefen: in das Bathyal (1000 bis 2000 m), das Abyssal (2000–5000 m) – vom griechischen Wort für bodenlose Tiefe abgeleitet – und das Hadal der Tiefseegräben (bis 11 000m), das nach der griechischen Unterwelt, dem Hades, benannt ist.

aus Steilwände bis zu 1000m Höhe vorkommen. Zu diesen Erhebungen gehören auch Tafelberge, die nach ihrem Entdecker, dem schweizerisch-amerikanischen Geographen Arnold Guyot, Guyots genannt werden. Sie sind das Resultat unterseeischer Vulkanausbrüche und bestehen in erster Linie aus vulkanischem Gestein. Schließlich gibt es auch richtige unterseeische Berge, ja sogar Bergketten mit bis zu 100 Bergen. Einige sind gewaltige 8000 m hoch, doch ragen allenfalls ihre Zinnen als Inseln aus dem Wasser.

Foraminiferen, einzellige Planktontiere, sind die am zahlreichsten vertretenen Lebewesen am Tiefseeboden.

Von Ebenen, Becken und Bergen

Früher glaubte man, der Boden der Tiefsee sei weitgehend eben, daher der Begriff Tiefseetafel. Doch weisen nur etwa 10 % des Meeresbodens ein gleichmäßig ebenes Relief auf; sie befinden sich vor allem im Atlantik und Pazifik in ca. 3500 m Tiefe. Beherrscht wird der Meeresgrund von den sog. Tiefseebecken, die zwischen dem Kontinentalschelf und dem Mittelozeanischen Rücken liegen. Dort erheben sich Hügel, Bergstufen sowie als Schwellen bezeichnete, lang gestreckte Gebirgszüge. Tiefseegräben durchschneiden die Ebenen. Tiefseeschwellen ziehen sich oft über mehrere tausend Kilometer hin, werden bis zu 4000 m hoch und maximal 150 km breit. Zu ihnen zählt der Kerguelenrücken im Indischen Ozean. Diese Schwellen unterteilen den Meeresboden in verschiedene Tiefseebecken. Die in den Becken liegenden Tiefseehügel erheben sich höchstens wenige hundert Meter über Grund. Gestufte Erhebungen werden als Stufenregionen bezeichnet, wobei durch-

Das längste Gebirge der Welt

In der Tiefsee erhebt sich ein unvorstellbar großes Gebirgssystem: der rd. 70 000km lange Mittelozeanische Rücken. Er zieht sich durch den Atlantischen Ozean, den Indischen Ozean und die Antarktischen Gewässer bis nach Mittelamerika. Er ist zwischen 70 km und 2000 km (max. 4000 km) breit. Das Gebirge erhebt sich bis 2500 m über den Meeresgrund und einige seiner höchsten Erhebungen ragen als Inseln über die Wasseroberfläche. Das auffallendste Merkmal des Rückens ist sein Zentralgraben, eine bis 50 km breite und 3000 m tiefe sowie viele hundert Kilometer lange Kluft. Zahlreiche kleinere Spalten ziehen zu ihm hin, oft fast im 90-Grad-Winkel. Der Mittelozeanische Rücken gehört zu den tektonisch aktiven Gebirgen – hier verlaufen Platten der Erdkruste, die allmählich auseinanderdriften. In die auf diese Weise entstehende Lücke drückt vulkanisches Basaltgestein und bildet neue Krusten am Meeresgrund. Auf diese Weise wächst der Rücken

nahezu stetig, und
häufig erschüttern Erd-
beben und Vulkanausbrüche
diesen unterseeischen Gebirgszug.

Tiefseegräben

Auch Tiefseegräben sind, ähnlich wie der Mittelozeanische Rücken, durch tektonische Aktivitäten der Erdkruste entstanden. Sie haben
sich an Stellen der Erde gebildet, wo sich eine
Kontinentalplatte unter eine andere geschoben
hat. Tiefseegräben sind vor allem in den Rand-
bereichen der Ozeane zu finden. Die dem
Land zugekehrte, abfallende Seite der Gräben
ist oft wesentlich steiler als die zum offenen
Ozean gerichtete. Die Fläche aller Tiefseegräben
macht ca. 1 % der gesamten Erdoberfläche aus.

Friedhof der Einzeller

Der Meeresboden der Tiefsee besteht in erster
Linie aus Ablagerungen, den Sedimenten.
Sie lagern in Schichten, die einige hundert Meter, an manchen Stellen sogar mehrere Kilometer dick sein können. Die dickste bislang
gemessene Sedimentschicht ist 9000 m mäch-
tig. Die Sedimente bestehen vor allem aus den
Schalen abgestorbener Meerestiere vom Stamm
der Einzeller, insbesondere aus Foraminiferen
(Kammerlinge). Die meisten Arten besiedeln
als sog. Benthos (vom griechischen Wort für
Tiefe) den Meeresboden. Doch sind 36 % der
Tiefseeböden in mehr als 2700 m Tiefe mit
Globigerinenschlamm bedeckt, also mit Gehäusen der Gattung *Globigerina*, die im Leben
als Plankton im Wasser treibt. Foraminiferen
haben ganz unterschiedlich geformte, gekam-
merte Schalen aus Kalk, deren Durchmesser
von 20 µm bis zu 10 mm reicht. Fossil sind
Foraminiferen bekannt, deren Schale sogar
bis zu 150 mm misst.
Aber auch Schlamm aus den Silikatschalen
von Kieselalgen (Diatomeen), also einzelligem
Phytoplankton oberer Wasserschichten, bildet
Tiefseesedimente. Diatomeenschlamm bedeckt
8 % der Meeresbodenfläche unter 2700 m.
Der Boden der Tiefsee ist zudem von einer
Vielzahl anderer Ablagerungen bedeckt, vor
allem von rotem Tiefseeton, dessen Rotfärbung
vom Zusammentreffen von Sauerstoff und
Eisenverbin-
dungen herrührt.
Sedimente vom Festland stellen ebenfalls
einen größeren Teil des Tiefseebodens.

Leben in der Tiefe

Noch bis ins 19. Jahrhundert dachte man, die
Tiefsee sei eine nahezu unbewohnte Zone:
Zu kalt, zu hoher Druck und ewiges Dunkel
lauteten die Ausschlusskriterien für Leben.
Erst als im Jahr 1860 im Mittelmeer ein See-
kabel aus etwa 2000 m Tiefe geborgen wurde,
stellte man überrascht fest, dass dieses Kabel
mit Polypen, Muscheln und anderem Getier
überzogen war.
Heute gehen Forscher so weit, die Artenvielfalt in den schwarzen Tiefen des Meeres mit
der des Regenwaldes zu vergleichen. Schätzungen gehen von etwa 10 Mio. verschiedenen
Arten aus; davon sind heute erst die Hälfte
bekannt. Sogar in den Tiefen des Marianen-
grabens wurde noch eine Vielzahl von Organismen entdeckt. Allerdings messen die
meisten Tiefseebewohner nur wenige Millimeter und gehören den Wirbellosen an.
Die Suche nach bestimmten oder neuen Tierarten gleicht da der sprichwörtlichen Suche
nach der Nadel im Heuhaufen, zumal die
technischen Mittel zur Erforschung von Bathyal, Abyssal, Hadal oder des Meeresgrundes
bislang sehr beschränkt sind. Ein Tauch-
boot oder ein Tauchroboter bringt nur in
seiner unmittelbaren Nähe Licht ins ewige
Dunkel des Ozeans.

Anpassung ist alles

Wie gelingt es den Tiefseebewohnern, den
harschen Bedingungen dort zu trotzen und
das Wenige zu nutzen, was das Leben bietet?

*Der Schwarze Schlinger
kann seinen Magen so
weit ausdehnen, dass er
auch größere Fische ver-
schlucken und verdauen
kann.*

Dem ungeheuren Druck, der bereits in 1000 m Tiefe mit 100 kg auf jedem Quadratzentimeter Körperoberfläche lastet, begegnen sie, indem sie in ihre Körper große Mengen Wasser einlagern oder sogar weitgehend aus Wasser bestehen: Denn Wasser ist selbst unter größtem Druck nicht weiter zu komprimieren. Schwimmblasen fehlen den Tiefseefischen im Allgemeinen völlig, denn mit Luft gefüllte Auftriebskörper würden von dem enormen Druck zerplatzen.

Auch an die dauerhafte Kälte im ewigen Dunkel sind die Tiefseebewohner angepasst, denn als wechselwarme Tiere gleichen sie ihre eigene Körpertemperatur der Umgebung an und können so mit entsprechend niedrigem Stoffwechsel leben. Eine hohe Körpertemperatur wäre nur mit sehr hohem Energieaufwand aufrechtzuerhalten. Deshalb dringen keine Warmblüter in die tiefsten Zonen des Meeres vor.

Schwierige Nahrungssuche

Eines der größten Probleme der Tiefsee ist der Nahrungsmangel. Da es hier keine Pflanzen gibt, sind die Tiefseebewohner entweder auf tierische Kost oder auf die spärlichen Reste von Pflanzen, die aus den oberen Wasserschichten in die Tiefsee herabsinken, angewiesen. Nur etwa 1 % dieser pflanzlichen Nahrung kommt jedoch dort an; alles andere haben Organismen in den oberen Wasserschichten bereits verzehrt.

Der Viperfisch hat überlange Zähne im Unterkiefer, so dass er sein Maul nicht mehr schließen kann.

Jäger müssen in der Lage sein, in völliger Dunkelheit ihre spärlichen Beutetiere aufzuspüren und zu fangen. Doch können die Überlebenskünstler der Tiefsee mit der Nahrungsknappheit umgehen: Viele Lebewesen haben ihren Stoffwechsel so weit heruntergeschraubt, dass sie kaum Energie verbrauchen und lange Zeit ohne Nahrung auskommen können. Und sie bewegen sich meist recht langsam; auch das spart Energie. Daneben verwerten die Tiefseebewohner so gut wie alles, was von oben kommt und essbar ist. Selbst größere Tierkadaver, beispielsweise eines Wals, sind in wenigen Tagen nahezu verschwunden: Die Aasfresser, vom Flohkrebs bis zur Tintenschnecke, verrichten ihre Arbeit gründlich. Wissenschaftler vermuten, dass die Schwingungen, die der Aufprall eines Tierkadavers auf dem Meeresgrund erzeugt, die Resteverwerter herbeilocken. Sogar die Skelette und andere für die meisten Tiere unverdaulichen Überreste werden aufgelöst – und zwar von Bakterien.

Der Gefleckte Rattenfisch lebt bis in 1000 m Tiefe.

Monster mit riesigen Zähnen

Die meist nur hand- bis ellenlangen Jäger der Tiefsee haben es genauso schwer, Nahrung zu finden wie die Aasfresser. Ihr Revier ist schließlich vollkommen dunkel – abgesehen vom Restlichtbereich zwischen 200 m und 1000 m Tiefe. Mit besonderen körperlichen Anpassungen gelingt es ihnen dennoch, Beute zu fangen. Viele Tiefseeraubfische haben z. B. riesige Mäuler mit nadelspitzen Zähnen, damit sie ein Beutetier sicher packen und überwältigen können. So scheint der armlange Pelikanaal (*Eurypharynx pelecanoides*) fast

nur aus seinem Maul zu bestehen. Beutegreifer, die weiter oben im Restlichtbereich leben, können mit ihren Augen noch schwächste Reflexionen bzw. Lichtsignale von Leuchtorganen eines Beutetiers wahrnehmen.

Manche Tiefseejäger wie der Viperfisch (*Chauliodus sloanei*), der bis in Tiefen von 4900 m vordringt, oder Tiefseeanglerfische (Melanocetidae und Ceratiidae) verfügen zudem über eine eigene kleine Lichtquelle, mit der sie ihre Opfer anlocken. Nicht selten leben in den Zellen ihrer Leuchtorgane Bakterien, die Licht aussenden. Dieses Leuchten nennt man Biolumineszenz. Der Laternenfisch (*Ceratoscopelus warmingii*) steigt aus größeren Tiefen auf, um hier Beute zu machen.

Lebewesen am Meeresgrund

Je tiefer man in die Tiefsee vordringt, desto weniger scheint sie bewohnt. Doch selbst in den Tiefseegräben wimmelt es nur so von Lebewesen, allerdings sind die meisten mikroskopisch klein. Zu diesen Winzlingen zählen die überall im Meeresboden ansässigen Bakterien und Einzeller. Auch sind Schlangensterne, Krebse, Würmer und andere wirbellose Tiere zu finden, z. B. stark reduzierte Formen winziger Mehrzeller, die in den Lücken zwischen den Bodenteilchen leben. Viele dieser Tiere am tiefsten Meeresgrund gewinnen ihre Energie aus dem Stoffwechsel symbiontischer Bakterien, die sie in ihre Körper aufgenommen haben.

Heiße und kalte Quellen

An bestimmten Punkten, nämlich an heißen und kalten Quellen in der Tiefsee, wurden ganz spezielle Lebensgemeinschaften entdeckt. Die der heißen Quellen sind bereits recht gut erforscht. Dort gruppieren sich Sträuße meterlanger, weißer Röhrenwürmer der Gattung *Riftia* sowie große Tiefseemuscheln der Gattungen *Calyptogena* und *Bathymodiulus* um die Austrittsstellen des schwefelhaltigen Wassers. Alle drei Tiergruppen können nur dank großer Mengen von Schwefelbakterien dort existieren, die bei *Riftia* in einem eigenen Organ, bei den Muscheln in deren Kiemen

leben. In dieser sog. Endosymbiose filtern die Tiere Schwefelwasserstoff und Sauerstoff aus dem Wasser und liefern beides – zusammen mit Kohlendioxid aus ihrem Stoffwechsel – an die Bakterien. Aus diesen »Rohstoffen« gewinnen die Bakterien chemisch ihre Energie und produzieren Kohlenhydrate (z.B. Zucker), von denen wiederum ihre Wirte leben. Vom »Fleisch« der Röhrenwürmer wiederum ernähren sich weiße Schlotkrabben. Daneben treten je nach Tiefe weitere Wirbellose und Tiefseefische auf. Das Wasser der Quellen erreicht Temperaturen von 20–30 °C, bei den besonders heißen »schwarzen Rauchern« (Blacksmokers) schießt bis 350 °C heißes Material aus dem Erdinnern. Versiegen solche Quellen, gehen die kleinen Oasen des Lebens zugrunde.

An den kalten Quellen oxidieren ebenfalls Bakterien ein anderes Gas: Methan. Dabei entsteht Energie, die sie unter Einsatz von Kohlendioxid nutzen, um ihre Zellen zu bilden – ein ähnlicher Vorgang wie bei der Photosynthese der grünen Landpflanzen.

Das räuberische Tiefseemanteltier lauert an den Wänden der Tiefseegräben oder am Meeresboden auf Beute.

Manganknollen gehören zu den größten und wichtigsten Erzvorkommen in der Tiefsee.

eine neue Sedimentschicht bildet. So kann auch die Neuansiedlung von Organismen unter Umständen lange Zeit beanspruchen. Seit der 1994 in Kraft getretenen Seerechtskonvention der Vereinten Nationen müssen solche Tiefseebergbauprojekte deshalb vorab auf ihre Umweltverträglichkeit hin geprüft werden und bedürfen einer Genehmigung.

Gefährdetes Ökosystem

Die Industrie hat die Tiefsee nicht nur wegen ihrer Bodenschätze im Visier, sondern will sie auch als Müllkippe nutzen. So wurden z. B. bereits Versuche durchgeführt, das an der Aufheizung der Erdatmosphäre beteiligte Kohlendioxid (CO_2) in die Tiefsee zu leiten. Unter bestimmten Druckverhältnissen ab einer gewissen Tiefe bildet CO_2 zusammen mit Wasser ein sog. Hydrat – eine feste, eisähnliche Substanz, die normalerweise in die Tiefe sinken müsste, da sie eine höhere Dichte als Wasser hat. Auf diese Weise sollte CO_2 gebunden und »unschädlich« gemacht werden. Dies erwies sich jedoch als Trugschluss: Das Hydrat steigt oberhalb von 3000 m Tiefe nach oben, wobei es sich auflöst und das gasförmige CO_2 ins Wasser gelangt. Es entstehen Säuren, die etwa die Kalkschalen vieler Einzeller auflösen könnten. Die genauen Auswirkungen solcher Prozesse sind jedoch noch nicht bekannt. Bislang verbieten nicht zuletzt deshalb internationale Verträge, die Tiefsee als Deponie für Industrieabfall zu missbrauchen.

Man nennt diesen Vorgang Chemosynthese. Größere Organismen weiden diese Bakterien ab: So entsteht eine Lebensgemeinschaft, die von anderen Stoffen relativ unabhängig ist.

Rohstofflager Tiefsee?

Auf dem Grund der Ozeane werden große Mengen wertvoller Rohstoffe wie Gold, Silber, aber auch Mangan oder Öl vermutet. Bislang existiert jedoch noch keine Technologie, um diese schwer erreichbaren Bodenschätze wirtschaftlich fördern zu können. Allerdings werden bereits verschiedene Methoden erprobt, z. B. die Förderung von Manganknollen mithilfe von über den Tiefseeboden gezogenen Schleppkörben.
Doch greift der Tiefseebergbau vehement in ein bislang noch fast unerforschtes Ökosystem ein und stört es anhaltend. So leben in den obersten Schichten des Meeresbodens die meisten Organismen. Diese Lebensgemeinschaften werden durch das Aufwühlen des Tiefseebodens zerstört. Noch viele Jahre nach den Eingriffen sind die Spuren zu sehen, u. a. weil viele hundert Meter unter der Meeresoberfläche nur eine ausgesprochen schwache Wasserströmung herrscht und sich zudem nur sehr langsam

Einige Tiefseeanglerfische besitzen sog. Neuromasten an Kopf und Rumpf, mit deren Hilfe sie Beutetiere orten können.

Seewalzen: Überlebenskünstler in unwirtlicher Tiefe

Zu den häufigsten Organismen der Tiefsee zählen die Seewalzen, auch Seegurken genannt. Sie gehören zum Stamm der Stachelhäuter und bilden eine eigene Klasse, die der Holothuroidea. Seewalzen sind nahezu in allen Gewässern der Erde zu finden, und zwar von der Gezeitenzone bis in die Tiefsee. Etwa 15 % leben in mehr als 3000 m Tiefe. Es wurden sogar schon Seewalzen mehr als 10 000 m unter dem Meeresspiegel gefunden. Die Tiere sind u. a. deshalb gut an das Leben in der Tiefsee angepasst, weil sie kein Skelett haben, das sich unter dem immensen Wasserdruck verformen würde. In ihre Unterhaut sind jedoch kleine Kalkplatten eingelagert, die ihren Körper ein wenig härter machen und dadurch Schutz bieten.

Oft ist bei Seewalzen am Mund ein großer Tentakelkranz ausgebildet.

Die Körperwand der Seewalze ist – wie bei den anderen Vertretern der Stachelhäuter – in fünf Abschnitte eingeteilt, die längs über den Körper verlaufen.

Anspruchslose Bodenbewohner

Die meisten Holothurien leben auf dem Meeresgrund bzw. verbringen ihr Leben zeitweise oder sogar vollständig im Meeresboden. Nur einige Seewalzenarten sind in der Lage zu schwimmen. Im Allgemeinen bewegen sie sich auf dem Boden ganz langsam durch Zusammenziehen und anschließendes Strecken ihres Körpers fort.

Seewalzen zählen zu den größeren Lebewesen der Tiefsee, nicht zuletzt wegen ihrer erfolgreichen Anpassung an den dort herrschenden Nahrungsmangel. Viele von ihnen ernähren sich ausschließlich von organischen Partikeln im Tiefseeboden. Diese Substratfresser grasen sozusagen den Meeresboden ab, indem sie das Sediment aufnehmen und die organischen Bestandteile des Bodens herausfiltern. Daneben gibt es die sog. Planktonfresser, die mithilfe der um die Mundöffnung gruppierten Tentakeln Plankton aus dem Wasser filtern.

Unterschiede zu anderen Stachelhäutern

Seewalzen haben einen lang gezogenen Körper, der – wie ihre zweite deutsche Bezeichnung Seegurke verrät – einer Gurke ähnelt. Seewalzen weisen wie andere Stachelhäuter zwar eine fünfstrahlige Symmetrie (Radiär-Symmetrie) auf, die durch fünf, nicht immer von außen sichtbare Kanäle entsteht. Doch haben die einzelnen Strahlen oder Radien nicht immer den gleichen Abstand voneinander, wie es bei den anderen Stachelhäutern meist der Fall ist. Der Grund: Sie haben oft eine abgeflachte Seite, auf der sie liegen, und eine gerundete Seite, die nach oben zeigt. Die abgeflachte Seite besitzt häufig drei Radien, die obere Seite nur zwei. Die Mundöffnung ist gewöhnlich vorn und nicht in der Mitte des Körpers.

Seewalzen
Holothuroidea

Stamm Stachelhäuter
Klasse Seewalzen
Verbreitung nahezu weltweit
Maße Länge: 1 cm bis 2 m
Nahrung organisches Substrat im Sediment, Plankton

Getrenntgeschlechtliche Fortpflanzung

Seewalzen sind im Allgemeinen getrenntgeschlechtlich. Die männlichen Tiere schleudern ihren Samen aus einem Ausführungsgang nahe der Tentakel ins Wasser, wo sich bereits die Eier der Weibchen befinden. Bei einigen Seewalzenarten halten die Weibchen die Eier zwischen ihren Tentakeln fest. Im Normalfall entwickeln sich die Jungtiere dann auch im offenen Wasser. Manche Eier entwickeln sich über bis zu zwei schwimmende Larvenstadien zur jungen Seewalze, die zu Boden sinkt und sich vermutlich dort weiterentwickelt, andere überspringen diese Larvenstadien völlig.

Schutzmechanismen vor Feinden

Holothurien haben einige wirkungsvolle Mechanismen entwickelt, um sich vor Feinden zu schützen. Manche Holothurien stoßen lange, dünne, klebrige Teile des Verdauungstrakts, die Cuvier'schen Schläuche, aus ihrer Kloake aus, in denen sich Angreifer verheddern. Einige Arten sondern Gifte ab, die für die Angreifer gefährlich sind. Wiederum andere Seewalzen ziehen sich so zusammen, dass ihr Körper ganz hart wird.

Zu den ausgeklügelten Schutzmechanismen der Seewalzen zählt auch ihre überaus große Regenerationsfähigkeit: Einige Arten stoßen bei einem Angriff ihren kompletten Darm aus, überlassen diesen Körperteil sozusagen dem Angreifer und fliehen. Der Darm wird im Verlauf weniger Tage neu gebildet.

Bizarr gefärbte Seewalzen tragen zur Formenvielfalt unter Wasser bei.

Ein besonderes Merkmal der Kalmare sind die – im Vergleich zum Körper – riesigen Augen.

Kalmare:
pfeilschnelle Dauerschwimmer

Viele der rd. 300 Kalmararten streifen massenweise in großen Schwärmen durch die Meere. Dennoch kennen die meisten Menschen diese außergewöhnlichen Tiere nur als »Calamari« von den Speisekarten mediterraner Restaurants. Da viele Kalmare schwer erreichbar und unsichtbar im Dunkel der Tiefsee leben, erweitern sich die Kenntnisse der Wissenschaft über die zehnarmigen Schwimmer mit den großen Augen nur langsam. Und so ranken sich um die seltenen Begegnungen mit den größten Wirbellosen überhaupt, den über 15 m langen Riesenkalmaren, bis heute schaurige Berichte von Seeungeheuern. Etliche solcher Geschichten enthalten jedoch einen wahren Kern.

Ihre Eier befestigen Kalmare in Gallertschnüren an Pflanzen oder Steinen.

Umstrittener Stammbaum

Kalmare gehören zu den Kopffüßern (Cephalopoda) oder Tintenfischen und damit zu den skurrilsten Geschöpfen des Meeres. Eigentlich müssten sie Tintenschnecken heißen, denn wie Schnecken sind sie Weichtiere (Mollusca), wobei es sich in ihrem Fall um sehr hoch entwickelte handelt: Kalmare besitzen nicht nur ein fein strukturiertes Zentralnervensystem, sondern auch ein Gehirn, das sogar von einer Knorpelmasse umgeben ist. Auch ihre leistungsfähigen Linsenaugen stehen denen der Wirbeltiere in nichts nach. Die Kalmare (Teuthida) bilden gemeinsam mit den Sepiaartigen (Sepiida) die Gruppe der Zehnarmigen Tintenfische (Decabrachia). Allerdings sind die Stammbaumverhältnisse innerhalb der gesamten Gruppe der Kopffüßer derzeit nur sehr ungenügend geklärt. Außerdem werden in der Tiefsee selbst heute noch laufend neue Arten, Gattungen und sogar Familien entdeckt.

Torpedo mit bizarren Strukturen

Kalmare sind pelagische Tiere, d. h., sie leben im freien Wasser der Meere. Ihr Körper ist von einer mehr oder weniger torpedoförmigen, muskulösen Hülle, dem Mantel, umgeben. Er wird durch ein dolchartig langes, horniges Stützelement, den Gladius (so nach dem römischen Kurzschwert benannt), von innen gestützt. Am Hinterende des Mantels sitzt ein Paar meist dreieckiger Flossen, mit denen die Kalmare steuern und (vorwärts-)schwimmen. Ihr Hauptantrieb jedoch treibt sie rückwärts – Flossen voraus, Kopf und Arme im Schlepp – durchs Wasser: Durch eine muskulöse und bewegliche Trichteröffnung in der Mantelhöhle (Siphon) pressen sie ruckartig oder pulsend Wasser aus und nutzen den Rückstoß. Mit dieser »Düse« können sie nicht nur wie ein Senkrechtstarter die Schwimmrichtung steuern, sondern dabei auch Geschwindigkeiten bis über 30 km/h erreichen. Darin sind Kalmare einzigartig in der Kopffüßerverwandtschaft, die mit ihrem Siphon nur ruckartig und langsam schwimmen kann. Selbst Sepias gleiten mit ihrem Flossensaum nur gemächlich und meist in Bodennähe.

Die Mundöffnung ist mit einem hornigen »Papageienschnabel« versehen, der wirksam Beute töten und Stücke herausbeißen kann. Acht Fangarme sind relativ kurz, auf ihrer ganzen Länge mit Saugnäpfen besetzt und führen die Beute an die Mundöffnung. Die beiden verlängerten Tentakelarme können die meisten Kalmare wie Harpunen auf ihre Beute schießen. Dazu tragen sie am Ende eine mit Saugnäpfen versehene, mehr oder weniger spatelförmige Verbreiterung. Als Mundwerkzeug zum Zerkleinern der Nahrung dient die Radula, eine Platte mit messerscharfen Zähnen.

Kalmare
Teuthida

Klasse Kopffüßer
Ordnung Maulstachler
Familie Kalmare
Verbreitung Meere weltweit
Maße Länge: etwa 8–400 cm, sehr selten bis 10 m
Gewicht bis 100 kg, sehr selten 500 kg
Nahrung vorwiegend Fische, seltener Weichtiere und Krebse

Der Gemeine Kalmar ist ein Bewohner des freien Wassers. Sein Körper bietet beim Schwimmen wenig Widerstand.

Licht und Farbe

Das Licht spielt im Leben der Kalmare eine besondere Rolle. Einerseits haben sie hoch entwickelte und leistungsfähige Linsenaugen, andererseits können die Kalmare ihre Körperfarbe wechseln und so ihre Sichtbarkeit für andere Tiere verändern. Dafür besitzen sie in der Haut spezielle, pigmenthaltige Zellen, die Chromatophoren, die sie aktiv und sekundenschnell durch Nervenimpulse erweitern und zusammenziehen können. So passen sie nicht nur ihre Farben und Muster zur Tarnung vor Fressfeinden der Umgebung an, sondern drücken auch Stimmungen wie Angst, Aggression und Paarungsbereitschaft aus und kommunizieren miteinander. Tiefseebewohnende Arten verfügen außerdem über Leuchtorgane, sog. Photophoren, mit denen sie ihre Feinde verwirren und Beutetiere anlocken. Wie ein dreiarmiger Leuchter erscheint der Kopf eines der skurrilsten Tiefseebewohner: Die kleinen Augen der Jungtiere des glasklar und durchsichtigen *Bathothauma lyromma* aus der Familie Cranchiidae sitzen beweglich auf weit ausladenden Stielen (ähnlich einer Weinbergschnecke) und tragen jeweils ein Leuchtorgan neben sich. Ihre zehn Arme sitzen auf einem rüsselförmig vorgezogenen Stiel in der Kopfmitte; acht davon sind winzig klein. Nur die beiden langen Fangarme scheinen wirklich dem Beutefang zu dienen. Am Mantelende sorgen zwei kleine, ohrförmige Flossenpaddel für Vortrieb. Mit dieser Ausstattung leben diese Kalmare, bis sie etwa 10 cm groß sind. Danach wandeln sie ihre gesamte Kopfregion zur kalmartypischen mit zwei großen Augen und zehn Armen um. Während des Erwachsenwerdens verlagern sie ihren Lebensraum von 200 m bis unter 1000 m Wassertiefe.

Jäger und Beute zugleich

Kalmare sind eine wichtige Komponente im marinen Ökosystem, nicht nur als Jäger kleinerer Fische, Weichtiere, Krebse und anderer Tiere, sondern auch als Beute von Raubfischen, Sturmvögeln, Möwen, Robben und vieler Zahnwale. Viele Arten sind auch wirtschaftlich von Bedeutung und werden nicht nur von lokalen Fischern geangelt, sondern seit einigen Jahrzehnten mit Schleppnetzen befischt. Wissenschaftler vermuten, dass die weltweite Ausbeutung der Fischbestände in den Ozeanen wegen des verminderten Konkurrenzdruckes eine beträchtliche Zunahme der Kalmarbestände verursacht hat.

Wunderlampen

Die Wunderlampen (Lycoteuthidae) sind kleine Tiefseebewohner vorwiegend tropischer und subtropischer Meere mit maximal 8 cm Rumpflänge. Ihr auffälligstes Merkmal sind die Leuchtorgane oder Photophoren, denen sie auch ihren Namen verdanken. Bei jeder Art sind diese »Laternchen« in charakteristischer Weise auf Mantel, Fangarmen und um die Augen herum angeordnet, wobei sie aber bei den Männchen jeweils stärker ausgeprägt zu sein scheinen.

Das Licht der Photophoren entsteht durch Biolumineszenz, also die Umwandlung chemischer Energie in Lichtenergie, und dient offenbar der Tarnung, da die Körperkonturen verschwimmen und das Tier dadurch fast unsichtbar wird. Die Wunderlampen leben in der Tiefsee in bis zu 3000 m Tiefe, steigen nachts aber in der Wassersäule auf, wo sie sich von kleinen Fischen und Krebsen ernähren. Beim Aufsteigen ändern die Tiere die Farbe des ausgestrahlten Lichts mit der Wassertemperatur: von Blau im kalten Tiefenwasser nach Grün in wärmeren und höheren Regionen. Denn Blau ist die Farbe der energiereichsten Lichtwellen, die tags am tiefsten ins Wasser eindringen, während grüne Lichtwellen nur in oberflächennahe Wassertiefen reichen. Man vermutet, dass die Kalmare damit den auf die jeweilige Lichtfarbe eingestellten Augen ihrer Fressfeinde ein Schnippchen schlagen und so von unten gegen den Himmel betrachtet bestens getarnt sind. Das Licht erzeugen Bakterien, die in die Zellen der Leuchtorgane eingebettet sind und symbiontisch leben. Das heißt, der Organismus des Kalmars versorgt sie mit Nährstoffen; im Gegenzug leuchten sie.

Die Roten Teufel der Tiefe

In den tiefen Pazifikregionen vor Mexiko und Kalifornien bis südwärts nach Feuerland lebt der zu den Fliegenden Kalmaren (Ommastrephidae) gehörende Humboldt-Kalmar oder auch Riesen-Flugkalmar (*Dosidicus gigas*), der eine Länge von bis zu fast 4 m erreicht. Tagsüber hält er sich in lichtlosen Tiefen unterhalb 500 m auf. Nachts steigt er in Schwärmen von bis zu mehreren hundert Tieren an die Oberfläche auf. Die heimischen Fischer erzählen zahlreiche Schauermärchen über ihn und nennen ihn »diablo rojo«, den Roten Teufel, denn er ist rotbraun gefärbt, verblasst aber je nach Stimmung zu einem perlmuttartig scheinenden Weiß. Tatsächlich gibt es zahlreiche verbürgte Berichte von Angriffen gleich mehrerer Tiere auf Taucher und Schwimmer, die in einigen Fällen sogar tödlich verliefen. Vermutlich frisst dieser Kalmar alles, was er bewältigen kann, meist Fische und Krebse, aber auch die eigenen Artgenossen, wenn

Viele Tiefseekalmare wie Bathothauma lyromma sind durchscheinend und besitzen Leuchtorgane.

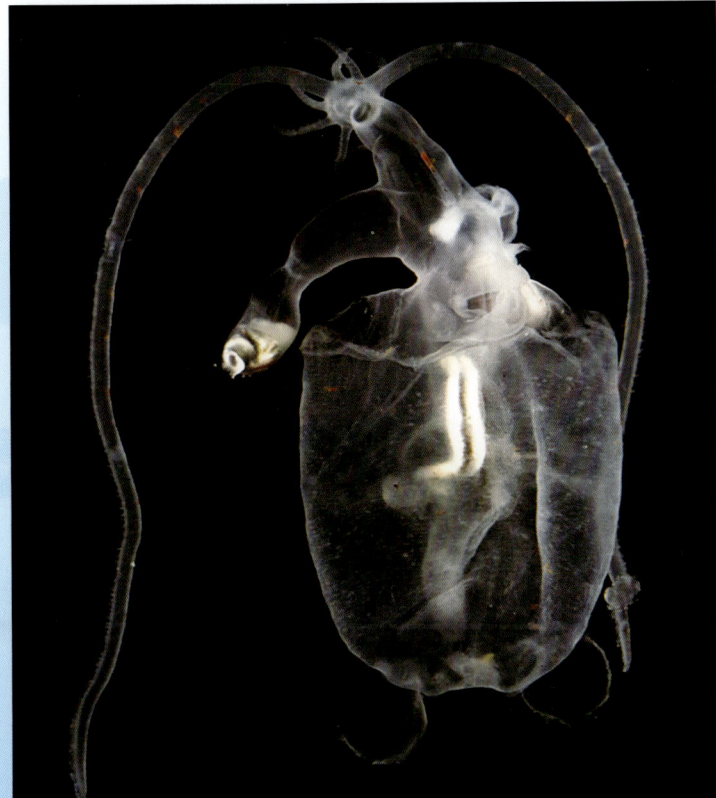

diese verletzt sind. Man nimmt an, dass seine Lebensspanne sehr kurz ist, vielleicht sogar nur ein Jahr umfasst. Da er in dieser kurzen Zeit ein enormes Körperwachstum durchläuft (von 0,1 g auf über 100 kg), hat er auch einen gewaltigen Nahrungsbedarf.

Vor Kalifornien werden Humboldt-Kalmare zum Verzehr geangelt, was ein einträgliches Geschäft ist, aber auch viel Geschick und Kraft erfordert und außerdem sehr gefährlich sein kann. Dazu werden leuchtende und mit Nadeln besetzte Köder, sog. jigs, verwendet. Die anbeißenden und sich windenden Kalmare werden rasch von ihren Artgenossen angegriffen, so dass für den Angler oftmals nicht mehr viel übrig bleibt. Darüber hinaus werden die Tiere industriell gefischt und als Köder und Tierfutter verarbeitet.

Vor einigen Jahren haben Meeresbiologen damit begonnen, die Lebensweise der Tiere zu erforschen und stießen dabei auf neugierige und offenbar hochintelligente Wesen, die ihre Beute nicht unbedingt töten, sondern sich bei zu großen »Brocken« damit begnügen, Stücke herauszubeißen. Bei der Jagd arbeiten sie manchmal im Team. Flugkalmare der Gattung *Onychoteuthis* können sich auf der Flucht aus dem Wasser katapultieren und mehrere Meter durch die Luft springen.

Echte Kalmare

Aus der Familie der Echten Kalmare (Loligonidae) sind weltweit knapp 50 Arten bekannt. Die häufigste Art ist der bis zu 50 cm große Gemeine Kalmar (*Loligo vulgaris*), der im Atlantik von der Nordsee über das Mittelmeer bis vor Südwestafrika verbreitet ist. Etwas seltener ist der ähnliche Nordische Kalmar (*Loligo forbesi*), der vor allem im nördlichen Atlantik vorkommt. Beide Arten dringen in geringerer Zahl sogar in die Ostsee ein, besonders bei günstigen Strömungsverhältnissen. Sie erreichen aber nur ausnahmsweise die stärker ausgesüßten Seegebiete östlich der Lübecker Bucht.

Die Grundfarbe des Gemeinen Kalmars ist meist ein rosiges bis gelbliches Weiß mit einer dichten roten und purpurbraunen Sprenkelung. Die beiden Mantelflossen sind lang und setzen vor der Mitte des Rumpfes an, wodurch sie dem Hinterende eine Rautenform verleihen.

Gelegentlich ziehen Trawler seltsame, schleimige, unauffällig gefärbte Tiefseefische aus dem Wasser, die sich in höhere Wasserschichten verirrt haben. Ihre grotesken Körperanhänge und Proportionen stellen Anpassungen an einen Lebensraum dar, in dem ein Raubfisch nur selten Nahrung findet. Die auffälligsten dieser Anpassungen sind körpereigene Köder an Angeln, die aus einem Rückenflossenstrahl entstanden sind.

Mit leuchtenden Ködern locken die Bewohner der Tiefsee ihre Beute an.

Tiefseeangler: bizarre Gestalten aus der Finsternis

Evolution unter hohem Druck

Zu den Tiefseeanglern oder Eigentlichen Anglerfischen (Unterordnung Ceratioidei) zählen über 150 Arten aus elf Familien. Sie leben 300–4000 m unter dem Meeresspiegel und gehören zur Ordnung der Armflosser oder Anglerfischartigen (Lophiiformes). Dieser Name weist auf zwei Besonderheiten hin: Die Brustflossen sind zu kurzen Schreitorganen umgewandelt; allerdings schwimmen die meisten Tiefseeangler im freien Wasser, so dass man ihre »Ärmchen« wohl als Hinweis auf bodenbewohnende Vorfahren deuten muss. Und bei den Weibchen ist der vorderste Strahl der Rückenflosse zu einem langen Fortsatz geworden, an dessen Ende ein mehr oder weniger fischähnliches, oft

Tiefseeangler
Ceratioidei

Klasse Knochenfische
Ordnung Armflosser
Familie über 150 Arten in 11 Familien
Verbreitung Tiefsee
Maße meist kleine Fische, Länge: max. 20 cm, Männchen erheblich kleiner als die Weibchen
Nahrung Fische, Männchen häufig parasitierend das Blut der Weibchen

leuchtendes Gebilde hängt: ein Köder, mit dem in den Weiten der Tiefsee andere Fische angelockt werden.

Wegen ihres fremdartigen Aussehens hielt man Tiefseefische lange für besonders urtümliche Tiere. Ihre Evolution ist im Einzelnen schwer nachzuzeichnen: Man findet kaum Fossilien aus der Tiefsee und auch nur selten intakte rezente Exemplare. Der Peitschenangler (*Himantolophus groenlandicus*), der 1976 ein paar Tage im Aquarium überlebte und dort den Gebrauch der Angel demonstrierte, war eine echte Sensation. So viel ist jedoch klar: Es handelt sich keineswegs um »altertümliche« Wesen, denn es war viel Zeit nötig, sich an das schwierige Leben in der Tiefsee mit ihrem hohen Wasserdruck, dem Nahrungsmangel, der Kälte und der Dunkelheit anzupassen.

Riesige Mäuler, leuchtende Köder

Die meisten Tiefseeangler bleiben wegen der Nahrungsarmut recht klein. Allerdings können ihre Opfer durchaus größer sein als sie selbst: Im gedehnten Magen eines nur 8 cm messenden *Melanocetus johnsoni* fand man einmal einen doppelt so langen Laternenfisch. In einem biomassearmen Lebensraum wie der Tiefsee wäre es fatal, eine Mahlzeit nur wegen ihrer Größe des Weges ziehen lassen zu müssen; daher sind Kiefer und Verdauungstrakt auf große Fänge ausgelegt. Durch ihre Gestalt und Flossenformen zum langsamen Schwimmen verurteilt, locken die Angler ihre Beute an, saugen sie in ihr riesiges, mit vielen scharfen Zähnchen besetztes Maul und deponieren sie dann in ihrem dehnbaren Magen.

Die Angeln können mehrfache Körperlänge erreichen; die leuchtenden Köder werden oft fisch-, garnelen- oder wurmartig bewegt. Bei einigen Arten sitzen die Leuchtorgane zum Anlocken der Beute auch an anderer Stelle. So haben die Linophrynidae lange, verästelte und leuchtende Kinnbärte, die zudem mit einem empfindlichen Tastsinn ausgestattet sind. Bei der Gattung *Thaumatichthys* wird das ständig aufgerissene Maul selbst zur Lichtfalle, denn die Leuchtzellen befinden sich im Oberkiefer des Fisches.

Männchen im Schlepptau

Da nur die Weibchen Angeln haben, stellt sich die Frage, wovon männliche Tiefseeangler leben. Ihr Energiebedarf ist geringer, denn sie bleiben viel kürzer als ihre Partnerinnen und sind zudem von schlanker Gestalt; man spricht von Sexualdimorphismus. Bei einigen Familien schmarotzen die Zwergmännchen ein Leben lang an den Weibchen. Während ihrer Jugend entsteht aus vergrößerten Hautzähnen eine Beißzange. Sie heften sich – vermutlich chemisch angelockt – an ein junges Weibchen an, das dann an der Andockstelle vermehrt Gefäße ausbildet, fast wie in einer Gebärmutter. Diese verschmelzen mit denen des Männchens, so dass es über das Blut des Weibchens mit Nährstoffen versorgt wird. Aus dem ersten Rückenflossenstrahl entsteht ein Basalknochen, mit dem das Männchen den Druck auf die Anheftungsstelle und damit die Blutzufuhr modulieren kann. Seine Augen, die Zähne und der Darm verkümmern; die Kiemen bleiben jedoch funktionsfähig. Beim Riesen- oder Grönlandangler (*Ceratias holboelli*), der in allen drei Ozeanen in 1500–2500 m Tiefe vorkommt, bringen es die Männchen auf nur 8–18 cm, während die Weibchen gut 1 m erreichen können. Am Bauch eines nur 7 cm großen Weibchens der Art *Edriolychnus schmidti* fand man gleich drei Männchen von je 1,8 cm Länge. Bei anderen Tiefseeanglern sind die Männchen zwar ebenfalls zwergenhaft, aber sie ernähren sich selbst.

Das Anheften an die Weibchen ist eine Anpassung an die unendlichen Weiten der Tiefsee, in denen eine spätere P nersuche chancenlos wäre. Über die Eiablage weiß man wenig, aber die Brut lebt in den oberen Wasserschichten von Krebschen und anderem Zooplankton. Schon die Larven der Weibchen bilden Angelansätze aus. Mit etwa 8 mm Länge werden die Männchen schlanker, die Weibchen kugeliger; nach der Metamorphose sinken die jungen Angler allmählich ab. Sie haben keine Schwimmblasen und regeln ihren Auftrieb vermutlich über ihr Unterhautgewebe.

Bei einigen Tiefseeanglern sind die kleinen Männchen fest mit dem Weibchen verwachsen.

Massenstrandungen bei Walen

Massenstrandungen von Walen finden in den Medien immer große Beachtung. Groß ist auch das Engagement, mit dem versucht wird, die Tiere wieder in tiefere Gewässer zu schleppen. Dabei sind Strandungen zwar seltene, aber keineswegs unnatürliche oder neuzeitliche Erscheinungen. Auch geht von diesem Phänomen keine Gefahr für den Fortbestand aus, von Walfang, Treibnetzen und der Verschmutzung der Meere dagegen umso mehr.

Strandungen von toten oder lebenden Einzeltieren sind meist die Folge von Krankheit oder Verletzungen. Bei Massenstrandungen handelt es sich aber um ein Ereignis, das auf Fehlleistungen lebender Tiere zurückzuführen ist und deren Ursachen bis heute nicht eindeutig geklärt sind. Betroffen sind auch nicht alle Arten, sondern vor allem Zahnwale, die in der Hochsee und zudem in

genes Echolotsystem. An flachen Küsten und in sehr weichen oder aufgewühlten Sedimenten versagt jedoch dieses System. Andere natürliche Ursachen wären Krankheiten oder Parasitenbefall in den Gehörgängen und im Mittelohr. Die sog. akustische Meeresverschmutzung, verursacht vom motorisierten Schiffsverkehr, von Peilgeräten beim Fischfang und vom militärischen

größeren Schulen leben, z.B. Pottwale, einige Grind- und Schwertwale sowie mehrere Delfinarten. Zahnwale in küstennahen Lebensräumen scheinen vor Massenstrandungen weitgehend gefeit zu sein und Bartenwale sind überhaupt nicht betroffen.

Zahlreich sind die Hypothesen, mit denen versucht wird, dieses Phänomen zu erklären. Sie reichen von reichlich fantastischen Ansätzen wie kollektiver Selbstmord, über Mondphasen als Verursacher bis hin zu wissenschaftlich fundierten Erklärungen wie der Magnetnavigationstheorie. Der Nachweis von Magnetit – eine kristalline Eisenverbindung, die sensibel auf magnetische Felder reagiert – im Schädel und Gehirn unterstützt die Vermutung, dass einige Wale das Magnetfeld der Erde zur Navigation nutzen, um zu ihren Futterplätzen an den Eisgrenzen oder zu den Paarungsgebieten in wärmeren Gefilden zu gelangen. Massenstrandungen treten sehr häufig dort auf, wo natürliche Magnetfelder durch geologische Gegebenheiten gestört werden und die Linien des Erdmagnetfeldes direkt auf die Küste zulaufen. Besonders verhängnisvoll für die Wale sind buchtenreiche Küsten.

Zur Orientierung verlassen sich Zahnwale – ähnlich wie Fledermäuse – auf ihr körperei-

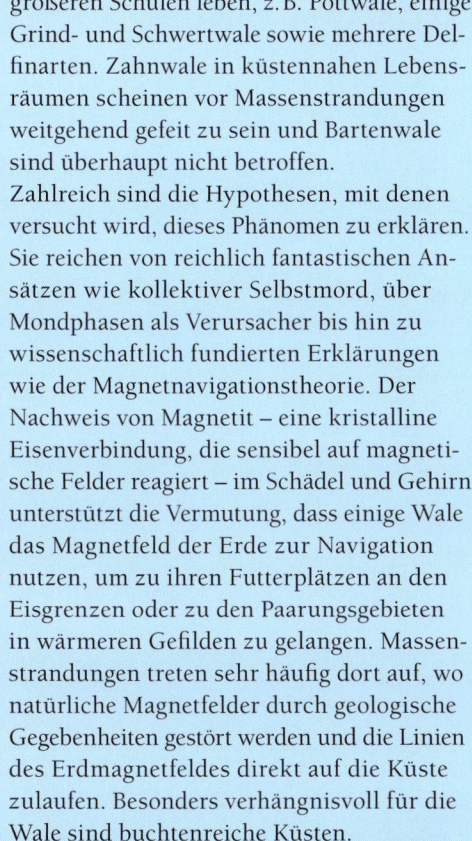

Sonar, kann die Echobilder der Umgebung verzerren und die Tiere fehlleiten.

Bei Walen, die in engen sozialen Bindungen leben, gibt immer nur das Leittier den Orientierungston ab, alle anderen Gruppenmitglieder folgen ihm gleichsam blind – auch ins Verderben. Nicht jede Massenstrandung endet zwangsläufig mit dem Tod aller Individuen. Unter günstigen Umständen können sich einzelne Tiere selbst aus ihrer misslichen Situation befreien und mit der nächsten Flut das offene Meer erreichen. Die meisten gehen jedoch qualvoll an Überhitzung zu Grunde oder ersticken, weil ihre Lungen durch das eigene Körpergewicht zerquetscht werden.

Helfer versuchen, gestrandete Wale bis zur nächsten Flut vor dem Austrocknen zu schützen.

Bei großen Tieren kommt meist jede Hilfe zu spät.

Hierfür trägt eindeutig der Mensch die Verantwortung: Hoffnungslos hat sich ein Wal in einem Treibnetz verfangen.

KORALLENRIFFE

Farbenfrohe Unterwassergärten

Die ersten Korallenriffe entstanden schon vor 2 Mrd. Jahren. Die Ansprüche der riffbildenden Organismen an ihre Umgebung blieben bis in unsere Zeit unverändert: warmes, klares, lichtdurchflutetes Wasser. Besonders ausgedehnte Riffbildungen befinden sich daher vor allem in den Tropen und Subtropen an den Ostküsten der großen Kontinente. Auswirkungen des globalen Klimawandels wie Meerwassererwärmung und -versauerung sowie die Häufung zerstörerischer tropischer Wirbelstürme bedrohen diesen einzigartigen Lebensraum.

Korallen: Leben in der Kolonie

Die Baumeister des Großen Barriereriffs vor der Nordostküste Australiens, die dieses gut 2000 km lange, größte aller Korallenriffe errichtet haben, sind nur wenige Zentimeter groß und gehören zur Klasse der Blumentiere (Anthozoa). Die fest verankerten Korallen bestehen nur aus drei Teilen: einem länglich sackförmigen Körper, einer Mundscheibe und einem oder mehreren Tentakelkränzen. Ihre bunten Farben verleihen ihnen einzellige Algen, die Zooxanthellen, die als Symbionten in den Zellen vieler Korallen leben. Nach unten scheiden die typischen Riffkorallen ein napfförmiges Kalkskelett ab, das ihren Körper umschließt und in das sie sich bei Gefahr zurückziehen können. Aus diesen Kalknäpfen entstehen baum- oder geweihförmige Palisaden, massive, oft von Rinnen durchzogene Wälle und Hügel oder andere Formen, aus denen im Lauf von Jahrmillionen die Riffe emporwachsen. In den Korallengärten präsentiert sich ein farbenfrohes, vielgestaltiges Tierleben. Es wimmelt vor metallisch glänzenden Fischen der sonderbarsten Formen und Farben.

Korallenriffe bergen mit ihren vielfältigen Lebensbedingungen einen ungeheuren Artenreichtum und bieten eine leuchtende Farbfülle.

Mit Algenkraft zum Kalkskelett

Als der französische Naturforscher Jean André Peyssonel 1723 erkannte, dass die von Seefahrern mitgebrachten Korallen Tiere sind, glaubte ihm das zunächst niemand. In der Tat deutet beim ersten Hinsehen einiges darauf hin, dass es sich um Pflanzen handelt: Die Korallen sitzen fest auf dem Meeresgrund, vermehren sich durch Knospung und ihre bunten Tentakel sehen oft aus wie Blütenblätter. Außerdem brauchen die meisten Korallen das Sonnenlicht zum Wachsen: in den Zellen der Korallen leben Algen (Zooxanthellen). Deshalb gedeihen sie nur in Tiefen bis 100 m, viele nur im klaren Wasser tropischer Ozeane. Bei Sonnenlicht wächst das Kalkskelett bis zu 14-mal schneller als im Dunkeln. Das Zusammenleben (Symbiose) mit den Zooxanthellen fördert das Wachstum der Korallen und diese Algen verhelfen ihnen auch zu ihrer Farbenpracht. Einige Arten, wie die Kaltwasserkoralle *Lophelia*, haben keine Symbionten; dadurch wachsen sie zwar nur langsam, können jedoch auch weitaus größere Tiefen besiedeln.

Welchen Nutzen die Algen von der Symbiose haben, ist klar: In den Hautzellen der Koralle sind sie sicher vor den meisten Fressfeinden; außerdem fällt dort Nahrhaftes aus dem Stoffwechsel der Koralle für sie ab. Unklar war hingegen lange, ob die Koralle von der Energieproduktion aus Licht (Photosynthese) der eingeschlossenen Algen profitiert. Inzwischen weiß man, dass die Korallen aus den Algen stammende Kohlenhydrate – vor allem den Zucker Glucose – und Fette wie das Glycerin in ihr Gewebe aufnehmen. Auch die für das Kalkskelett der Koralle nötige Ausscheidung von Aragonitkristallen ist direkt mit der Photosynthese der Algen gekoppelt.

Die Korallen sind durchaus wählerisch, was ihre Algenpartner betrifft. Sie werfen ihre bunten »Angestellten« etwa bei einer Temperaturerhöhung des Meerwassers um nur 0,5 °C hinaus und ersetzen sie, soweit möglich, durch andere. Die Symbiose ist in der Evolution wahrscheinlich deshalb entstanden, weil sie den Korallenpolypen erlaubte, im nährstoffarmen Meerwasser der Tropen eine extrem hohe biologische Produktivität

zu entwickeln. Heute sensibilisiert diese Anpassung dieses Ökosystem bereits für geringfügige Erwärmungen des Meerwassers durch den Klimawandel.

Aufbau der Korallen

Die Blumen- oder Korallentiere (Anthozoa) sind mit ca. 5000–6000 Arten die vielfältigste Klasse der Nesseltiere (Cnidaria). Im Prinzip bestehen sie nur aus einer einzigen, von zwei Zellschichten umgebenen Leibeshöhle, dem Gastralraum. Zwischen den beiden Zellschichten, dem inneren Ento- und dem äußeren Ektoderm, liegt eine zellenlose, gallertige Stützschicht, die Mesogloea.

Der Gastralraum wird oft von Zwischenwänden in mehrere Taschen geteilt, die sog. Septen. Je nach Anzahl dieser Septen zerfällt die Klasse Anthozoa in zwei Unterklassen, die sechsstrahligen Hexacorallia und die achtstrahligen Octocorallia. Hexacorallia besitzen meist glatte Tentakel, Octocorallia dagegen gefiederte. Bei vielen Korallen verlaufen entlang der Septen Muskelstränge, mit denen sie sich blitzschnell zusammenziehen können. Manche können ihre Mundscheibe mit den Tentakeln bei Gefahr ganz in den Gastralraum

Die gelbe Krustenanemone (Parazoanthus axinellae) überzieht als Kolonie einen Schwamm.

hineinstülpen und sich mit einem Ringmuskel zuschnüren.

Das geschlossene napfförmige Kalkskelett, das die sechsstrahligen Steinkorallen mit ihrer Fußscheibe nach unten ausscheiden, besteht aus Aragonit, einem faserigen Kristall des Calciumcarbonats. Die Vertreter der achtstrahligen Octocorallia dagegen bilden in ihrer Mesogloea Skelettnadeln (Spiculae) aus, die teils aus Aragonit, teils aus Horn bestehen.

Leben in der Kolonie

Korallen vermehren sich überwiegend ungeschlechtlich durch Knospung, indem sie seitlich Tochterpolypen ausstülpen. Die Larve der Steinkoralle *Pocillopora* z. B. bildet schon elf Wochen, nachdem sie sich festgesetzt hat, 24 Polypen aus. Manche Arten leben als Einzelkorallen, d. h., die Tochterpolypen trennen sich vom Muttertier. Bei stockbildenden Korallen bleiben die Tochtertiere über Ausläufer ihres Gastralraums mit dem Muttertier – und mit den Geschwisterpolypen – verbunden. So kommt jede in der Kolonie verdaute Beute allen angeschlossenen Polypen zugute. Über die Jahre entstehen Kolonien aus oft hunderttausenden von Einzeltieren. Zwei Dinge sind rar im Riff: fester Untergrund und Sonnenlicht. Um diese Ressourcen wird gekämpft, oft auch zwischen den Ko-

rallen, wenn zwei Kolonien zusammentreffen. Manche Korallen versuchen, durch schnelleres Wachstum an den Spitzen der Zweige dem Nachbarn das begehrte Sonnenlicht zu nehmen. Langsamer wachsende Korallen wehren sich, indem sie Gewebsfäden aus dem Gastralraum nach außen stülpen und damit das Zellgewebe zu nah gerückter Nachbarn teilweise auflösen und verdauen.

Laichzeit

Einmal aber muss der erste Polyp einer Kolonie sich an einer freien Stelle des Meeresbodens niedergelassen haben. Hier kommt die Fortpflanzung ins Spiel. Wenn in manchen Frühlingsnächten nach Vollmond die See ruhig ist, findet unter Wasser ein besonderes Schauspiel statt. Millionen von Korallen stoßen gleichzeitig riesige Mengen von Eizellen und Spermien aus, die einander im freien Wasser befruchten. Alsbald schlüpfen Planulalarven, scheibenförmige Wesen, die sich mit einem Wimpernsaum fortbewegen. Am Ende ihrer Entwicklung setzen sie sich an geeigneter Stelle fest und wandeln sich zum Polypen um, der späteren Koralle. Außerhalb des Frühjahrs schwimmen gelegentlich Spermien mit dem Wasser in den Gastralraum und befruchten dort einzelne

Eizellen. Die Planulalarven werden anschließend im Gastralraum ausgebrütet und später ausgestoßen. Die Geschlechtszellen wachsen übrigens direkt im Gastralraum der Koralle.

Mit Nesselkapseln Beute machen

Der Name Nesseltiere kommt von den Nesselkapseln. Mit diesen komplizierten Waffen im Ektoderm vor allem der Tentakel können die Nesseltiere Beutetiere lähmen und töten. Werden die Kapseln berührt, feuern sie Geschosse ab, die selbst den Chitinpanzer von Krebsen durchschlagen und ein Nesselgift einsprühen. Andere Kapseln stoßen Fäden aus, die das Beutetier fesseln. Passt die gelähmte Beute nicht durch die Mundöffnung, wird sie außerhalb des Gastralraums mittels ausstülpbarer Schläuche angelöst und verdaut.

Die Tote Mannshand gehört zu den Weich- oder Lederkorallen.

Das rote Achsenskelett der Edelkoralle wird gern zu Schmuck verarbeitet.

Muränen: nachtaktive Spürnasen

Als nachtaktive Jäger sind Muränen tagsüber in Korallenriffen ein seltener Anblick. Dann ruhen sie in ihren Verstecken, z. B. engen Felsspalten, in die sie ihre schlanken, aber sehr muskulösen Körper geschickt hineinzwängen. In der Abenddämmerung gehen sie in Bodennähe auf Fisch- oder Krebstierjagd oder sie warten, bis die Beute, die sie mit dem Geruchssinn orten, an ihrem Versteck vorbeikommt.

Aalartige Jäger

Wahrscheinlich geht so manche Seeschlangen-Sage auf Begegnungen mit Muränen zurück, denn gelegentlich kommen die kapitalen, angeblich bis zu 3 m langen, oft bunt gemusterten Knochenfische an die Meeresoberfläche und stecken den Kopf aus dem Wasser.

In der Paarungszeit sind manche Muränen so erregt, dass sie Menschen attackieren. Auch die Unsitte vieler unbedarfter Taucher, die scheuen Tiere zu füttern, führt immer wieder zu Unfällen. Dabei sind die Bisse bis auf wenige Ausnahmen ungiftig, doch können die Wunden stark bluten und sich entzünden.

Muränen sind von schlangenförmiger Gestalt und tragen keine Brust- und Bauchflossen, ihre Haut ist dick und schuppenlos, ihr Körper vor allem am Hinterende seitlich abgeflacht und sie haben über hundert Wirbel.

Die auf Krabben und Garnelen spezialisierten Arten erkennt man an kleinen, stumpfen Zähnen, mit denen sie die Panzer ihrer Beute knacken können. Die Fisch fressenden Arten verfügen über ein sehr scharfes Gebiss, das aber besser zum Zuschnappen als zum Beißen oder gar Kauen geeignet ist. Daher schlingen sie kleine Beute ganz hinunter; aus großen Tieren reißen sie Happen heraus.

Die meisten der etwa 120 Muränenarten leben mit Vorliebe in Korallenriffen, aber auch auf Felsböden und an Felsküsten, wo sie genügend Rückzugsmöglichkeiten finden.

Knotentricks und Landgänge

Da es ohne festen Halt schwer ist, ein großes Stück Fleisch zu zerlegen, wenden einige Muränen einen raffinierten Trick an: Sie verbeißen sich in ihr Opfer, bilden am Schwanzende einen Knoten und lassen diesen nach vorne wandern. Schließlich pressen sie den Knoten gegen die Beute und ziehen den Kopf durch die Schlinge zurück, wobei sie einen Brocken Fleisch mitreißen.

Dieser sog. Knotentrick wurde tatsächlich auch in Aquarien immer wieder beobachtet – etwa bei der nur 75 cm langen Schneeflocken- oder Sternmuräne (*Echidna nebulosa*), die in Gezeitentümpeln, Lagunen und anderen flachen Riffbereichen bis zu 15 m Tiefe heimisch ist, wo sie Krebse erbeutet. Um von einem Gezeitentümpel in den nächsten zu gelangen, verlässt sie kurzfristig sogar das Wasser. Männchen und Weibchen sehen ungefähr gleich aus und über ihr Fortpflanzungsverhalten ist – wie bei den meisten Muränen – so gut wie nichts bekannt.

Bei der Zebramuräne (*Gymnomuraena zebra*) hat man beobachtet, dass sich die Tiere in der Balz aufrichten, einander mit weit aufgerissenen Mäulern umschlingen und dabei den Laich und den Samen ins Wasser abgeben. Dies geschieht immer in den Mittagsstunden. Die Eier – bei großen Arten wie der Riesenmuräne (*Gymnothorax javanicus*) sind es 200 000–300 000 Stück – werden ins Freiwasser abgegeben und treiben frei im Plankton; aus ihnen schlüpfen sog. Weiden-

blatt- oder Leptocephalus-Larven. Lange Zeit hielt man die blattförmigen Larven, die im freien Wasser schwimmen, für eine eigene Fischart.

Geschlechtsumwandlung und Mimikry

Einzigartig ist der Geschlechts- und Farbwechsel der Geister- oder Nasenmuräne (*Rhinomuraena quaesita*): Wenn die schwarzen Jungtiere etwa 65 cm lang sind, färben sie sich leuchtend hellblau mit gelben Flossen und Kopfspitzen und werden zu Männchen. Sobald diese dann ungefähr 94 cm Länge erreicht haben, verwandeln sie sich in reingelbe Weibchen. Früher hielt man die Männchen und Weibchen für getrennte Arten. Auch die Jungtiere wurden als eine eigene Art angesehen. Ihren Namen verdanken sie den blattartig vergrößerten Hautlappen an der Nase, die ihnen im Verbund mit der Leuchtfarbe und dem stets weit offenen Maul wirklich etwas Gespenstisches verleihen.

In den Riffen haben sich mehrere interessante Wechselbeziehungen zwischen Muränen und anderen Tieren entwickelt. So wagen sich Putzergarnelen und Putzerfische auch an riesige Arten wie die Leopardenmuräne oder Große Netzmuräne (*Gymnothorax favagineus*) heran, die 2,5 m lang werden kann und andere Garnelen und Fische frisst. Sogar im offenen Maul kann man die Putzer manchmal Nahrungsreste aufpicken sehen. Auch die empfindlichen Kiemen der Netzmuränen werden so von Hautparasiten befreit. Andere Muränen fressen sogar Putzerfische.

Der Echte oder Augenfleck-Mirakelbarsch (*Calloplesiops altivelis*) imitiert, wenn er sich bedroht fühlt, die markante Weißpunkt- oder Weißmaulmuräne (*Gymnothorax meleagris*): Er stellt sich mit dem Kopf voran in ein Loch, spreizt die Flossen ab und zeigt seinen Augenfleck am Körperende. Da er ähnlich hell gesprenkelt ist, wirkt er dann wie eine junge Weißpunktmuräne, die den Kopf aus ihrer Felsspalte steckt.

Der Kopf mit dem großen Maul voller kleiner, spitzer Zähne, den runden Glotzaugen und den röhren- oder blattartig erweiterten Nasenlöchern bietet einen Schrecken erregenden Anblick.

Muränen
Muraenidae

Klasse Knochenfische
Ordnung Aalartige
Familie Muränen
Verbreitung tropische und subtropische Meere
Maße Länge: bis 3 m
Nahrung Fische, Krebse
Zahl der Eier bis 300 000

Anemonenfische:
Wohngemeinschaft im Korallenriff

Besonders interessante Bewohner der tropischen Korallenriffe sind die Anemonenfische, auch als Clownfische bekannt. Zum einen besitzen sie als protandrische Hermaphroditen die Fähigkeit der Geschlechtsumwandlung vom Männchen zum Weibchen. Zum anderen bilden sie mit Seeanemonen eine Lebensgemeinschaft zu beiderseitigem Vorteil und sind daher ein Musterbeispiel für symbiontische Partnerschaften.

Im Schutz der Wirtsanemone

Die Anemonenfische (Amphiprion) gehören zu den Riffbarschen und sind in den Korallenriffen zwischen dem Roten Meer und Hawaii (Pazifik) beheimatet. Die 27 Arten der Gattung *Amphiprion* leben in Symbiose mit zehn Arten von Seeanemonen (Aktinien).

Bei Seeanemonen handelt es sich nicht um Meerespflanzen, sondern um Tiere. Die nicht zu eigenständigen Bewegungen fähigen Blumentiere heften sich meist mit einer Fußscheibe auf dem Untergrund fest und führen ein relativ sesshaftes Leben. Ihr Körper hat einen einzigen Hohlraum mit einer Köperöffnung, die von zahlreichen mit Nessel-

Anemonenfische
Amphiprion

Klasse Knochenfische
Ordnung Barschartige
Familie Riffbarsche
Verbreitung Korallenriffe des tropischen Indopazifiks
Maße Länge: 7–15 cm
Nahrung Zooplankton, Algen
Zahl der Eier bis 500
Höchstalter über 10 Jahre

kapseln bestückten Fangarmen oder Tentakeln umgeben ist. Bei jeder chemischen oder mechanischen Reizung schleudern die Kapseln widerhakenbesetzte Miniharpunen mit einem Gift aus, das kleinere Beutetiere lähmt und auch eine wirksame Waffe bei der Abwehr von Angreifern ist. Nicht so bei Anemonenfischen. Sie wohnen zwischen den Fangarmen und schlafen im Magenraum der Wirte, ohne von dem Nesselgift behelligt zu werden. Auf diese Weise genießen sie Schutz vor Fressfeinden. Im Gegenzug säubern und verteidigen die kleinen Fische ihr »lebendes« Revier durch Anschwimmen, Warnlaute und Zurschaustellung ihrer gefärbten Körper.

Rätselhafte Immunität

Warum die Anemonenfische vom Gift der Aktinien verschont bleiben, ist noch nicht eindeutig geklärt. Eine Theorie besagt, dass die Seeanemonen einen bestimmten Hemmstoff ausscheiden, der ihre eigenen Tentakeln davor schützt, sich gegenseitig zu nesseln. Diesen Schleim verstreicht der Fisch an seinem Körper, indem er sich wiederholt an einzelnen Tentakeln reibt. Eine andere Erklärung geht davon aus, dass die Anemonenfische selbst einen Stoff ausscheiden, der das Ausschleudern der Nesselkapseln verhindert. Dafür spricht auch, dass der Fisch nach längerer Abwesenheit trotz vorsichtiger Berührung von der Wirtsanemone zunächst genesselt wird, einige Zeit später aber nicht mehr. Der Fisch muss sich offenbar jedes Mal neu immunisieren, bevor er wieder in den Tentakelwald eintauchen kann. Kranke und geschwächte Clownfische werden von der Anemone jedenfalls getötet und gefressen.

Fortpflanzung

Anemonenfische verbringen die meiste Zeit in der unmittelbaren Umgebung ihrer Wirtsanemone. Bei der Jagd nach Ruderfußkrebschen und anderen kleinen Planktonorganismen entfernen sie sich nicht mehr als 1–2 m von ihrer Seeanemone. Beim geringsten Anzeichen von Gefahr kehren sie auf direktem Weg zwischen die Tentakel ihrer Wirtin zurück. Die Fische leben entweder paarweise

oder in kleinen Gruppen, bestehend aus nur einem Weibchen und mehreren Männchen. Das Weibchen ist das größte und dominanteste Tier der Gruppe. Ist ein geeigneter Lebensraum gefunden, laichen die Fische etwa alle zwei Wochen am Fuß der Anemone. Das Männchen befruchtet die bis zu 500 Eier und betreibt aktive Brutpflege, indem es das Gelege durch Flossenbewegungen mit frischem Wasser versorgt. Bereits nach weniger als zwei Wochen schlüpfen die etwa 3–4 mm großen Larven. Sie werden von der Strömung fortgetragen und treiben die nächsten zwei bis drei Wochen im offenen Meer.

Als Männchen geboren

Aus den Eiern des Anemonenfisches schlüpfen ausschließlich männliche Jungfische, die sowohl die Anlagen von weiblichen wie männlichen Keimdrüsen tragen. Stoßen sie bei der Suche nach einem Zuhause auf eine unbewohnte Seeanemone, entwickeln sie sich zum Weibchen. Ist eine Wirtsanemone bereits mit einem Weibchen besetzt, müssen sich alle anderen Jungfische als sexuell inaktive Männchen dem weiblichen Tier unterordnen. Nur wenn dem Weibchen etwas zustößt, verwandelt sich das ranghöchste, fortpflanzungsfähige Männchen innerhalb weniger Wochen in ein »neues« Weibchen. Die unterentwickelten Eierstöcke des Fisches reifen heran, seine Hoden degenerieren. Dieser hormonell gesteuerte Vorgang ist ohne Einfluss auf die äußere Erscheinung. Das zweitgrößte Männchen innerhalb der Gruppe steigt ebenfalls eine Hierarchiestufe nach oben und übernimmt die Rolle des männlichen Partners. So müssen die Anemonenfische, die keine besonders schnellen Schwimmer sind, auf der Suche nach einem geeigneten Partner ihre schützende Behausung nicht verlassen.

Anemonenfische und Seeanemonen sind ein Musterbeispiel für symbiontische Partnerschaften im Korallenriff.

Putzerfische und andere Lippfische: vom Geben und Nehmen

Die farbenprächtigen Lippfische sind mit den Papageifischen verwandt. Wie diese schwimmen sie durch synchrones Schlagen der Brustflossen, während das Körperende meist passiv nachgeschleppt wird. Es gibt über 600 Arten, die in allen tropischen und gemäßigten Meeren leben. Ihr Größenspektrum reicht von wenigen Zentimetern bis über 2 m. Nur wenige Arten sind Pflanzenfresser, viele suchen an Riffen und Felsen nach Beute – größtenteils Schalentieren, deren Panzer sie mit ihren Schlundzähnen knacken und zerkleinern. Nicht selten werden die Jungtiere oder Weibchen für eine andere Art gehalten als die Männchen, denn die Färbung kann sich beträchtlich unterscheiden.

Lippfische sind tagaktiv und werden erst spät nach Tagesanbruch munter.

Geschlechtsumwandlung nach Bedarf

Die tropischen Lippfische (Labridae) sind sog. protogyne Zwitter, d. h., aus einem Weibchen kann bei Bedarf ein »sekundäres« Männchen werden. Es gibt auch primäre, also als solche geborene Männchen, deren Fortpflanzungsorgane etwas anders gebaut sind.

Die tagaktiven Lippfische laichen gerne am äußeren Riffabhang ab, wenn die Ebbe eingesetzt hat. Dabei finden sich jüngere Tiere oft in dichten Schwärmen zusammen, die sich zur Oberfläche schieben und nach der Abgabe der Eier und des Spermas blitzschnell ins Riff zurückfliehen. Ältere Exemplare bilden hingegen Paare; aneinandergeschmiegt schwimmen beide an die Oberfläche, laichen ab und schnellen ans Riff zurück. Die Larven bleiben etwa einen Monat planktonisch; wenn sie ca. 1 cm lang sind, lassen sie sich im Riff nieder.

Andrang an der Putzerstation

Entdeckt wurde die Symbiose, bei der Lippfische abgestorbene Hautfetzen und Parasiten von größeren Rifffischen absammeln, an der Meerschwalbe oder dem Gemeinen Putzerfisch (*Labroides dimidiatus*). Der etwa 10 cm lange Fisch hält sich meist paarweise an festen Plätzen auf, den Putzerstationen. Wenn an der Putzerstation großer Andrang herrscht, warten auch ansonsten unverträgliche Fische wie Barsche und Dicklippen friedlich, bis sie an der Reihe sind.

Selbst große und aggressive Fische wie Muränen, Haie und Mantas verharren während der Hautpflege wie in Trance in merkwürdigen Stellungen, beispielsweise senkrecht aufgerichtet oder auf der Seite liegend. Ihre Atmung verlangsamt sich bei der Putzprozedur. Die Meerschwalben betrillern die Haut ständig mit den Bauchflossen, um anzuzeigen, wo sie gerade tätig sind.

Beim Achselpunkt-Lippfisch (*Bodianus axillaris*) leben die erwachsenen Tiere von Schnecken, Muscheln und Krebsen. Sie knacken deren Schalen auf, indem sie die Beute gegen Steine schleudern. Diese Lippfische fressen sogar Seeigel, denen sie vor dem Verzehr die Stacheln ausreißen; ihre Jungen sammeln hingegen Parasiten von großen Fischen ab.

Riesen und Nachahmungskünstler

Kaum zu glauben, dass die zierlichen Putzer zur selben Familie gehören wie der grünliche Napoleon-Lippfisch (*Cheilinus undulatus*), der bis zu 2,3 m lang und 190 kg schwer wird. Ausgewachsene Exemplare leben meist allein und haben ein breites Nahrungsspektrum; Menschen werden sie trotz ihres gewaltigen Mauls nicht gefährlich. Ihr Verwandter, der Rotbrust-Lippfisch (*Cheilinus fasciatus*), zieht gerne mit bodenwühlenden Fischen oder Tauchern mit, da diese mit ihren Bewegungen Nahrung für ihn freilegen.

Viele Lippfische können sich in den Boden eingraben. Der Bijouteriefisch (*Coris frerei*) stürzt sich auf der Flucht senkrecht in den Sand und »schwimmt« dann unterirdisch weiter, so dass sein Verfolger ihn nicht erwischen kann. Zum Schlafen graben sich die Tiere ebenfalls in den Sand ein. Auch bei dieser Art sehen die Jungfische ganz anders aus: Sie sind orangerot mit grellweißen Flecken und Bändern – eine Färbung, die ihrem Schutz dient. Denn durch diese sog. Somatolyse (Gestaltauflösung) gehen ihre Konturen nahtlos in das Muster des bunten Riffs über, so dass sie von Feinden schlecht erkannt werden. Auch durch Mimikry lässt sich die Gefahr verringern, gefressen zu werden. Die Jungtiere des Bäumchen-Lippfischs (*Novaculichthys taeniourus*) ahmen hüpfend ein in den Wellen schaukelndes Algenstück nach. Junge Blatt-Schermesserfische (*Xyrichtys pavo*) halten sich im Seichtwasser auf. Sie sind farblich sehr variabel und imitieren abgestorbene Blätter, indem sie sich knapp über dem Grund seitlich liegend mit der Strömung treiben lassen.

Lippfische
Labridae

Klasse Knochenfische
Ordnung Barschartige
Familie Lippfische
Verbreitung küstennahes Wasser aller Weltmeere
Maße Länge: 6 cm bis 2,3 m
Nahrung Wirbellose, Fischlaich, kleine Fische

Ein Putzfisch reinigt die Kiemen eines Mappa-Kugelfisches (Arothron mappa).

Garnelen: Meister der Anpassung

Wie die Langusten, Taschenkrebse und Hummer zählen die Garnelen zur großen Ordnung der Zehnfußkrebse (Decapoda). Die ersten drei Beinpaare dienen als Kieferfüße der Nahrungsaufnahme, am langen Hinterleib tragen sie außerdem Schwimmfüße. Die meisten Garnelen leben in tropischen Gewässern. Vor allem in den Riffen ist ihre Fülle schier unüberschaubar, so hat man gute Chancen, neue Arten zu entdecken. Nicht nur der Formen- und Farbenreichtum ist beeindruckend, auch die Vielfalt der Lebensstile.

Mimikry und Tarnkleider

Man muss schon sehr genau hinsehen, um z. B. eine Steingarnele der Gattung Sicyonia vom Untergrund zu unterscheiden: Ihr dicker, harter Panzer ist mit Warzen und Höckern übersät, so dass sie wirklich wie ein Stein aussieht. Noch besser ist die Seenadelfisch-Garnele (*Tozeuma*) getarnt: Mit ihrer augenartigen Zeichnung am Hinterende und der lang gestreckten Gestalt imitiert sie die mit den Seepferdchen verwandten Fische. Ja, sie bewegt sich sogar rückwärts, mit dem »Auge« voran.

Die Garnelen der Gattung Hippolyte leben auf Tangen und Grünalgen und sind – je nach der Farbe »ihrer« Pflanze – grün, braun oder rötlich. Nach Möglichkeit suchen sie ein Tangwedel mit der passenden Farbe aus; wenn das nicht geht, färben sie sich durch das Ausbreiten und Zusammenziehen von Pigmentzellen, sog. Chromatophoren, in der Oberhaut um. Schwimmen sie nachts auf Nahrungssuche aufs Meer hinaus, sind sie – wiederum passend – durchscheinend und blassblau gefärbt. Die nur 2 cm lange Seeigel-Partnergarnele (*Stegopontonia commensalis*) hat sich in Farbe und Gestalt perfekt an ein Leben zwischen den Stacheln schwarzer Seeigel angepasst. Ihr schlanker, schwarzer Leib wird durch einen weißen Längsstreifen optisch aufgelöst, so dass man sie kaum erkennt, wenn sie sich an einen Stachel schmiegt.

Einer der wichtigsten Dienstleister am Riff ist die Weißband-Putzergarnele.

Am gedeckten Tisch

Oft ist es gar nicht leicht herauszufinden, ob die Garnele dem Organismus, auf dem sie sich bevorzugt aufhält, nützt, schadet oder neutral gegenübersteht. Bei vielen Vergesellschaftungen mit Schwämmen, Seerosen, Seeanemonen, Korallen oder Fischen scheint es sich um Kommensalismus (Nahrungsnutznießertum) zu handeln, also eine für die Garnele vorteilhafte und für den Wirt unbedeutende Beziehung. Wie der aus dem Lateinischen abgeleitete Begriff verrät, sitzt die Garnele gewissermaßen einfach mit am gedeckten Tisch.

Die Art *Periclimenes anthophilus* ist mit Seerosen vergesellschaftet; sie klettert unbeschadet auf deren Tentakeln herum und sammelt Nahrungsteilchen. Ihr Panzer ist mit dem vom Nesseltier abgesonderten Schleim überzogen, der das Abfeuern der Nesselkapseln chemisch verhindert. Bei Gefahr klammert sie sich mit dem dritten Laufbeinpaar an einem Tentakel fest, streckt die Scherenbeine vor, legt die langen Antennen nach hinten und macht sich – da sie bis auf wenige dünne weiße Streifen und Punkte durchsichtig ist – nahezu unsichtbar.

Ihre Verwandte, die Imperatorgarnele (*Periclimenes imperator*), nimmt z. B. auf einer Seewalze eine ganz andere Färbung an als auf einem Federstern oder einer Schnecke; sie ernährt sich vor allem von Partikeln, die der schleimigen Haut des jeweiligen Wirts anhaften. Auf der Nacktschnecke *Hexabranchus sanguineus* (Spanische Tänzerin) hält sich die Imperatorgarnele in der Nähe der Kiemen auf, wo sie von Kotpillen und Schleim lebt. Es gibt sogar Garnelen, die sich auf Quallen spezialisiert haben.

Lebenslange Ehen

Die Scherengarnelen, die an den ersten drei Laufbeinpaaren Zangen tragen, suchen schon sehr jung einen Geschlechtspartner und wachsen mit ihm gemeinsam auf. Nach einem rhythmischen Hochzeitstanz deponiert das kleine Männchen sein Sperma in einer Tasche des Weibchens. Dieser Vorrat reicht für mehrere Laichabgaben. Die Eier trägt das Weibchen an den Hinterleibsfüßen mit sich herum. Die Gebänderten Scherengarnelen (*Stenopus hispidus*) bieten von ihrem Höhleneingang aus durch Winken ihre Putzdienste an und bearbeiten ihre »Kunden« immer paarweise. Bei der Gattung *Spongicola* dringen stets zwei Jungtiere in einen Schwamm ein. Später können sie nicht mehr hinaus, da die Lücken im Schwammskelett zu klein sind. Ähnlich isoliert lebt die Art *Paratypton siebenrocki*: Sie lässt sich paarweise in Korallenzysten oder -gallen einschließen.

Symbiosen

Einer der wichtigsten Dienstleister am Riff ist die Weißband-Putzergarnele (*Lysmata amboinensis*). Sie putzt besonders große, stationäre Fische wie Muränen und Zackenbarsche. Auch Pedersons Putzergarnele (*Periclimenes pedersoni*) winkt von ihrem Wirt aus mit den Antennen Kunden herbei; bis zu 26 Tiere teilen sich eine Anemone und leben dabei in einer strikten Rangordnung. Wie die Putzerfische dürfen sie in den Mäulern nach Nahrung suchen, ohne selbst vertilgt zu werden. Wenn sich Muränen und Putzergarnelen eine Höhle teilen, schützen die Muränen ihre Nachbarn vor Angriffen.

Zu den auffälligsten Garnelen gehört die Gebänderte Scherengarnele mit ihrer rotweißen Färbung und ihren weißen Antennen.

Die auffällig gefärbte Kardinals- oder Kaisergarnele gehört zu den Putzergarnelen.

Drückerfische sind häufig leuchtend gefärbt und auffallend gemustert, wie der Gestreifte Drückerfisch.

Drückerfische: Riffbewohner mit Sperrmechanismus

Bereits James Cook, der englischer Seeoffizier, kannte Drückerfische. Als sein Schiff am 4. Mai 1770 in der australischen Botany Bay ankerte, fingen seine Matrosen zahlreiche kleine Fische. Cook schrieb in sein Tagebuch, sie hätten diese Art wegen der außergewöhnlich dicken Haut Lederjacken getauft. Tatsächlich ist die Haut mit gegeneinander beweglichen Knochenplatten gepanzert. Die Drücker sind daher keine besonders guten Schwimmer: Die zweite Rücken- und die Afterflosse werden wellenförmig geschlagen; die Brustflossen dienen als Höhen-, die Schwanzflosse als Seitenruder.

Getarnt in Algen und Seegraswiesen

Die Schwesterfamilie der Feilenfische (Monacanthldae) hat Ihren Lebensraum ebenfalls hauptsächlich in den tropischen Korallenriffen. Von den Drückern unterscheiden sie sich durch ihre kleinen rauen Schuppen, die ihnen den Namen eintrugen, das weniger kräftige Gebiss, ein noch kleineres Maul, einen einzigen aufstellbaren Rückenflossenstrahl, die lang gestreckte Gestalt und die besondere Fähigkeit zum Farbwechsel.

Feilenfische sind Meister der Tarnung und somit in Seegraswiesen und Tangfeldern schwer zu entdecken.

Drückerfische
Balistidae

Klasse Knochenfische
Ordnung Kugelfischverwandte
Familie Drückerfische
Verbreitung in den warmen Regionen der drei Ozeane, meist in Korallenriffen oder Küstenstreifen, selten im offenen Meer
Nahrung alle Meerestiere, auch Muscheln, Seeigel und Korallenpolypen

Ein Gewehrabzug aus Stachelstrahlen

Ihren Familiennamen verdanken die Drückerfische ihrer ersten Rückenflosse, die aus drei mit Flossenspannhaut verbundenen Stachelstrahlen besteht. Der erste Stachel ist besonders groß und kann aufgestellt werden. Die Basis des zweiten arretiert ihn dann und er kann nur wieder umgelegt werden, wenn der Fisch den dritten Strahl mit Hilfe eines Beugemuskels umlegt. Die Vorrichtung erinnert stark an den Abzug oder Drücker eines Gewehrs und ermöglicht es dem Fisch, sich auf der Flucht und beim nächtlichen Ruhen in einer Felsspalte oder zwischen den Ästen eines Korallenstocks festzuklemmen. Dabei wird zugleich ein Bauchstachel abgespreizt. Der Fisch sitzt dann so fest, dass man ihn nicht hinausziehen kann.

Charakterfische der Riffzonen

Die Drückerfische (Balistidae) leben in etwa 30 Arten in den wärmeren Teilen der drei großen Ozeane. Viele sind eng an bestimmte Riffzonen gebunden und gelten daher als deren Leitformen oder Charakterfische. Die meist einzeln lebenden, tagaktiven Bodenbewohner sind standorttreu und wechseln ihre Verstecke nur, wenn sie wegen ihres Wachstums nicht mehr hineinpassen. Körperbau und Verhalten sind an ein Leben in Küstennähe angepasst; nur wenige Arten bevorzugen das offene Meer.
Am Kopf sitzt ein ausgesprochen kleiner Mund; einige Arten wie der Rotzahn-Drückerfisch (*Odonus niger*) täuschen aber durch eine dunkle Zeichnung eine viel größere Mundspalte vor. Der bis zu 50 cm lange Rotzahn ist der Charakterfisch der Außenhänge unterhalb der Riffkante; mit seiner dunklen Färbung ist er dort im Schlagschatten kaum zu erkennen. In großen Gruppen steht er im freien Wasser vor dem Riff, fängt Plankton und frisst Schwämme. Feinde werden durch lautes Zähneknirschen bedroht; mithilfe der Schwimmblase können außerdem Knurr- und Grunzlaute erzeugt werden.
Mit ihren starken Kiefern und den meißel- und plattenförmigen Zähnen können Drücker auch härteste Nahrung wie Korallen, Mu-

scheln, Krebse und Stachelhäuter knacken. Im Sandboden versteckte Beute legen sie frei, indem sie sie mit einem kräftigen Wasserstrahl »freipusten«. Für die wehrhaften Diademseeigel haben sie zwei Spezialtechniken entwickelt: Der Orangestreifen-Drückerfisch (*Balistapus undulatus*) beißt die langen Stacheln an einer Seite stückweise ab, hebt seine Beute an den stabilen Stachelbasen hoch und lässt sie aus etwa 1 m Höhe fallen. Während der Seeigel langsam zu Boden sinkt, beißt der Drücker in die ungeschützte Unterseite. Der Blaue Drückerfisch (*Pseudobalistes fuscus*) pustet die Seeigel hingegen auf dem Sand um. An der Unterseite hat der Seeigel viel kürzere Stacheln, die leicht zerquetscht werden können.

Gefährlicher Beschützerinstinkt

Die Hochdruck-Wasserstrahlen werden auch beim Bau der Nestmulden eingesetzt, die einen Durchmesser von 1–2 m erreichen: Der Sand wird nach außen geblasen, Steine und Korallenschutt nimmt der Drücker ins Maul und lässt sie am Rand fallen. Die klebrigen Eier legt er meist in der Dämmerung kurz vor Neumond als scheibenförmige Masse in die Mulde. Bis zum Schlüpfen werden sie bewacht und mit sauerstoffreichem Wasser angeblasen.
Berüchtigt sind die bis zu 75 cm langen Grünen Riesendrückerfische (*Balistoides viridescens*), die alles angreifen, was sich ihren Nestern nähert – auch von oben, so dass schon so mancher Taucher gebissen wurde. Zumeist starten die Tiere mit aufgestellten Rückenflossenstrahlen einen Scheinangriff, bei dem sie kurz vor dem Ziel abdrehen. Wenn sie Ernst machen, können sie Löcher in die Tauchausrüstung stanzen und stark blutende Wunden reißen.

Der Leoparddrückerfisch (Balistoides conspicillum) lebt in den Korallenriffen des Indopaziks.

Aufgrund der prächtigen Färbungen werden Drückerfische auch Picassofische genannt.

Die meisten Fische im tropischen Riff sind Fisch- oder Planktonjäger. Anders die Doktorfische aus der Ordnung der Barschartigen: Sie haben sich auf Algen spezialisiert, die vor allem auf lichtdurchfluteten Flachriffen wachsen. Ihre kleinen, schneidezahnähnlichen oder löffelförmigen Zähne eignen sich ideal zum Abschaben des pflanzlichen Überzugs von Korallen oder Sand. Die wichtigste Gattung der Doktoren, die auch Seebader oder Chirurgenfische genannt werden, ist *Acanthurus* mit etwa 40 Arten. Oft bilden die tagaktiven Tiere große Schwärme, um gegen stärkere Algenfresser wie die Riffbarsche zu bestehen.

Doktorfische: Ohne sie veralgt das Riff

Doktorfische
Acanthuridae

Klasse Knochenfische
Ordnung Barschartige
Familie Doktorfische
Verbreitung vor allem in Korallenriffen der tropischen Meere
Maße Länge: meist 20–30 cm, selten bis 60 cm
Nahrung Algen, teils auch Zooplankton

Vegetarier mit scharfen Messern

Fast alle Arten der drei Unterfamilien – Doktorfische im engeren Sinne (Acanthuridae), Nashornfische (Nasinae) und Prionurinae, leben im tropischen Indopazifik. Die eigentlichen Doktorfische haben einen hohen Rücken, einen seitlich abgeflachten Körper, ein kleines, endständiges Maul. Das scharfe Skalpell an der Schwanzwurzel ist in eine Kuhle eingeklappt und richtet sich bei Erregung auf. Damit dies nicht ständig geschieht, schwimmen die Doktoren fast nur mit den Brustflossen. Die Nashornfische sind gestreckter und manche Arten tragen im Alter einen Höcker oder ein Horn auf dem Kopf. Die Färbung kann sich mit der Tageszeit, Region und Stimmung ändern. Die meisten Seebader sind nur 20–30 cm, die größten der insgesamt 100 Arten 50–60 cm lang.

Revierförster und Räuberbanden

Je nachdem, welche Nahrung sie brauchen, wie stark die Konkurrenz ist und wie gut sie sich wehren können, verfolgen die Doktorfische im Riff unterschiedliche Strategien. Der bis zu 38 cm lange Gestreifte Doktorfisch (*Acanthurus lineatus*) bildet im brandungsreichen Außenriff Reviere von 4–12 m², in denen er entlang fester Routen patrouilliert. Nähert sich ein Artgenosse der Grenze, schwimmen die beiden wie zum Größenvergleich parallel, dann jagen sie sich Kopf an Schwanz immer schneller im Kreis, bis der Schwächere die Flucht ergreift. Das Leben in Harem-Kolonien, bei denen das Revier eines Männchens die mehrerer Weibchen umfasst, erleichtert die Verteidigung ergiebiger Algenrasen gegen Nahrungskonkurrenten. Die Gitterdoktorfische (*Acanthurus triostegus*) werden höchstens 27 cm lang, haben ein schwaches Skalpell und wechseln zwischen zwei Lebensweisen hin und her, die auch mit unterschiedlichen Färbungen einhergehen. Entweder verteidigen sie einzeln oder in kleinen Gruppen ein festes Revier oder sie bilden Fressgemeinschaften von bis zu 1000 Tieren, die langsam über den Grund ziehen und wie ein Heuschreckenschwarm

die Algenweiden anderer Doktorfische oder Riffbarsche plündern. Wenn sich keine Gelegenheit zur Bildung solcher Räuberbanden ergibt, ziehen sie auch in Schwärmen anderer Doktorfische mit.

Nur wenige Arten wie der Schwarzdorn-Doktorfisch (*Acanthurus mata*) haben sich auf Zooplankton spezialisiert, das sie im freien Wasser über dem Riff erbeuten. Der Gahhms Doktorfisch (*Acanthurus gahhm*) ist nicht wählerisch: Mit seinem kräftigen Muskelmagen kann er sowohl den Algenbelag von Sand- und Schuttböden als auch wirbellose Tiere verdauen und er frisst auch Zooplankton im freien Wasser. Gern schließt er sich Barrakuda-Herden an; in ihrem Schutz wagt er sich weit ins freie Wasser hinaus, wo es mehr Futter gibt.

Zwischen dem Korallenriff tummelt sich ein Schwarm leuchtender Doktorfische.

Hochzeit bei Vollmond

Das Fortpflanzungsverhalten ist am besten beim Manini untersucht, einer Unterart des Gitterdoktorfisches bei Hawaii. Mit sinkender Temperatur werden die Weibchen ab Dezember laichreif. Bei Vollmond halten die Maninis Hochzeit: Laichbereite Tiere schließen sich innerhalb des großen Schwarms zu kleinen Gruppen zusammen, die plötzlich nach oben schießen und Eier und Samen ausstoßen; danach mischen sie sich wieder unter den Schwarm. Die Larven schlüpfen bereits nach gut einem Tag. Wenn sie etwa 20 mm lang sind, wandeln sie sich in kleine, Fadenalgen fressende Doktorfische um. Nachdem sie zehn Wochen als Plankton umhergetrieben sind, begeben sie sich ins Flachwasser der Riffe.

Seeigel: wehrhafte Allesfresser

Mancher Badeurlauber hatte schon einmal eine unliebsame Begegnung mit Seeigeln, denn diese Tiere aus dem Stamm der Stachelhäuter heften sich gern an Felsen im seichten Flachwasser, wo man leicht in ihre Stacheln tritt. Die meisten Seeigel können in jede Richtung kriechen, tragen den Mund auf der Unterseite und den After in der Mitte der Oberseite. Mit ihren harten Zähnen und starken Kiefern verleiben sie sich alles ein, was ihnen unterkommt: Pflanzen, Tiere, Aas und Kot.

Stacheln und Greifzangen

Der Bauplan der Seeigel ist, wie Fossilienfunde zeigen, mindestens 600 Mio. Jahre alt. Etwa die Hälfte aller Arten, die sog. Regulären Seeigel, ist abgeplattet apfelförmig, die andere flach und asymmetrisch; dies sind die Irregulären Seeigel. In das Bindegewebe unter der Haut ist eine Kalzitschale aus Skelettplatten eingelagert, in denen mit halbkugeligen Gelenken die charakteristischen, muskelgesteuerten Stacheln verankert sind. Die großen Primärstacheln werden bei manchen Arten über 30 cm lang, die kleinen Sekundärstacheln sind schützend um ihre Basen arrangiert. Die Haut, die auch die Stacheln überzieht und nur an deren Spitzen abgerieben ist, trägt Wimpern, die die Oberfläche sauber halten, und Sinneszellen für mechanische, chemische und optische Reize. Meist kaum 1 cm lange Greifzangen (Pedicellarien) schnappen mit ihren mindestens drei Zangenbacken nach kleinen Tieren, die sich zwischen den Stacheln niederlassen wollen. Neben schnellen Klapp- und gezähnten Beißzangen gibt es ungezähnte Putzzangen und mit Drüsen verbundene Giftzangen. Sie werden nicht durch ein zentrales Nerven-

Seeigel haben mit ihrer fünfstrahligen Symmetrie keinerlei Bezug zu den uns Menschen vertrauten Bauplänen, bei denen man z. B. vorn und hinten unterscheiden kann.

system gesteuert, sondern arbeiten – wie die Stacheln bei der Feindabwehr – autonom. Ein Stoff in der Haut verhindert, dass der Reflex durch den eigenen Körper ausgelöst wird.

Laufen, graben, klettern, bohren

Anders als die Feindabwehr erfordert das Laufen eine Koordination der Stachel- oder Füßchenbewegung durch das zentrale Nervensystem. Die dehnbaren Füßchen sind Schläuche aus Bindegewebe und Längsmuskeln, die in fünf Doppelreihen durch Panzerporen an das Wassergefäßsystem im Innern angeschlossen sind und durch den Wasserdruck bewegt werden. Mit ihren Saugnäpfen können sich die Regulären Seeigel fest an den harten Untergrund heften. Auf den Stacheln an der Unterseite laufen sie schneller als auf den Saugfüßchen – bis zu 4 cm pro Sekunde.

Die stromlinienförmigen Irregulären Seeigel graben sich durch den Sand oder Schlick und setzen dazu nur ihre zu anliegenden Borsten modifizierten Stacheln ein. Die Füßchen würden im weichen Boden keinen Halt finden. Für die 4 cm, die ein langstachliger Regulärer Seeigel in einer Sekunde zurücklegt, brauchen Herzseeigel eine gute Viertelstunde. Unentbehrlich sind die Füßchen hingegen für den Kletterseeigel (*Psammechinus microtuberculatus*), der Polypenstöcke und Pflanzenstängel erklimmen kann. Vermutlich treibt ihn sein hoher Sauerstoffbedarf dazu, immer möglichst dicht an die Wasseroberfläche zu klettern. Auch alle Arten, die in der Brandungszone des Korallenriffs leben, benötigen starke Saugnäpfe, um nicht von den Wellen davongetragen oder umgeworfen zu werden. Außerdem bohren sich viele Seeigel mit ihren scharfen Zähnen selbst in härtesten Lava- oder Granitfels, ja sogar in Molenwände hinein, um der Brandung zu entgehen. *Heliocidaris erythrogramma* führt ein Eremitendasein: Er gräbt sich bereits in der Jugend ein und kann den Stein später nicht mehr verlassen, da er während seines Wachstums nur die Wohnhöhle, aber nicht den Eingang erweitert. Die Brandung schleudert genug Plankton in seine Höhle, um ihn zu ernähren. Doch gewöhnlich raspeln

Seeigel sind in vielen Formen und Farben in allen Meeren verbreitet

Seeigel mit ihren scharfen Zähnen Algen und festsitzende Organismen vom Untergrund ab. Dabei können die fünf strahlenförmig angeordneten Zähne des komplizierten Kieferapparates vorgestreckt, zurückgezogen und gegeneinander bewegt werden.

Die Mundöffnung der Seeigel ist zur Unterseite gerichtet und weist einen komplizierten Kieferapparat auf.

Schmarotzer, Untermieter und Gourmets

Trotz ihrer Putzzangen sind Seeigel einzigartige Biotope, in deren Stachelwäldern u. a. Kardinalfische, Partnergarnelen, Schnecken, Muscheln, Seepocken, Röhrenwürmer, Moostierchen, Schwämme, kleine Seewalzen und Seesterne leben. Ihre genaue Beziehung zum Wirt ist oft unbekannt.

Die Kardinalfische leben gut getarnt in kleinen Schwärmen zwischen den langen, spitzen Stacheln der Diademseeigel (Gattung *Diadema*) und lauern auf vorübertreibende Beute. Die Partnergarnelen gehen tags an den Ruheplätzen der Diademseeigel »an Land« und lassen sich nachts im Schutz ihrer Stacheln mit auf Wanderschaft nehmen. Viele Fische schätzen – wie übrigens auch die Japaner und andere Küstenvölker – die nahrhaften Eier- und Hodenstöcke der Seeigel. Sie blasen sie um oder lassen sie im freien Wasser fallen, um an die weiche Unterseite zu gelangen. Selbst starkes Gift wie das des Antillen-Diademseeigels (*Diadema antillorum*) schreckt sie nicht: Mindestens 15 Fischarten und einige Schnecken fressen diese Art. In der Gezeitenzone fangen Seevögel die Tiere und lassen sie im Flug auf Felsen fallen, um sie aufzubrechen.

Seeigel
Echinoidea

Stamm Stachelhäuter
Klasse Seeigel
Verbreitung Korallenriffe und Küstengewässer
Nahrung Algen, Aas und Detritus
Höchstalter 7 Jahre

Schnecken:
Leben auf großem Fuß

Schnecken – mit und ohne Gehäuse – sind im Meer nahezu allgegenwärtig, vor allem an den Küsten und Riffen. Die erfolgreiche Klasse der Gastropoda hat alle möglichen ökologischen Nischen erobert: Manche Arten leben im Seichtwasser in Assoziation mit Korallen, deren Polypen sie fressen. Andere machen sich über Stachelhäuter her, sogar über die wehrhaften, giftigen Dornenkronen und Feuerseeigel. Sie graben sich tags im Sand ein und fangen nachts Muscheln oder fressen Algen, Moostierchen, Schwämme und Manteltiere. Die Nahrung wird mit der Radula abgeschabt, der Raspelzunge, die bis zu 800 000 Zähnchen tragen kann. Kalkschalen der Beute werden mit säurehaltigem Speichel aufgelöst.

Zu den schönsten Schnecken gehört die Porzellanschnecke, deren Gehäuse wie mit Lack überzogen glänzt.

Vorder- und Hinterkiemer

Von den mehr als 40 000 Schneckenarten leben derart viele im Meer und ihr Formenreichtum ist so groß, dass jeder Versuch eines systematischen Überblicks scheitern muss. Daher sei nur erwähnt, dass sich die Klasse durch eine Drehung des Eingeweidesacks auszeichnet. Die meisten Vorderkiemerschnecken (Prosobranchia) tragen ein Gehäuse, die meisten Hinterkiemerschnecken (Ophistobranchia) sind nackt. Neuerdings werden die Hinterkiemer mit den Lungenschnecken (Pulmonata) zur Unterklasse Euthyneura (»gerade Nerven«) zusammengefasst und die Vorderkiemer wegen ihrer achtförmig gekreuzten Hauptnervenbahnen als Streptoneura (»gedrehte Nerven«) bezeichnet. Die Schalen der Vorderkiemer sind fast immer rechtsgewunden. Sie sind getrenntgeschlechtlich und leben als Algen-, Plankton- oder Aasfresser, Räuber oder Parasiten. Viele Arten werden wegen ihrer Gehäuse gesammelt, die dann als Schmuck oder Signalhörner dienen. Zu den Hinterkiemern zählen die Nacktkiemerschnecken, deren eigentliche Kiemen zurückgebildet und durch sekundäre Kiemen auf dem Rücken ersetzt sind. Sie tragen Rhinophoren am Kopf, faltige Tentakeln, die chemische Reize und Strömungen wahrnehmen. Alle Nacktkiemer sind Zwitter und Fleischfresser, oft ausgeprägte Spezialisten, die z. B. nur die Polypen einer Nesseltierart oder die Eier einer Fischart verzehren.

Gut getarnt …

Für die Schnecken im Riff gilt: Für uns auffällige Färbung kann dort perfekte Tarnung sein. Bei der Spindelkauri (*Volva volva*), die meist auf Gorgonien und Lederkorallen lebt und deren Polypen frisst, nimmt der Mantel sogar die Farbe des Wirts an. Die Weichkorallen-Baumschnecke (*Marionia distincta*) frisst Weichkorallen und tarnt sich auch als solche. Eine andere Möglichkeit der Tarnung besteht darin, das Gehäuse mit Algen oder Schwämmen bewachsen zu lassen. Auch Selbstverstümmelung ist eine weit verbreitete Methode zur Gefahrenabwehr. Der Schwammfresser (*Berthella martensi*) beispielsweise verwirrt seine Jäger, indem er seinen Mantel in drei Portionen abwirft; er regeneriert sich später. Der Schwarze Saftsauger (*Cyerce nigricans*), der von Algen lebt, kann seine blattförmigen Kiemen abwerfen. Die Große Harfenschnecke (*Harpa major*), deren Körper zu groß für ein Gehäuse ist, wirft in der Not einen Teil ihres Fußes ab.

… oder durch Gift geschützt

Andere Schnecken stoßen verwirrende, übel schmeckende oder gar giftige Substanzen aus, um nicht gefressen zu werden. Der bis zu 50 cm lange Riesenseehase (*Dolabella auricularia*) frisst nachts auf den seichten Riffspitzen Algen und sondert bei Störung aus einer Rückenpore eine purpurne Farbwolke ab, die von Fischen gemieden wird. Die auffällig gelbe Kleine Knorpelschnecke (*Notodoris minor*) kann auch tagsüber Schwämme erbeuten, weil Fische sie wegen ihres schlechten Geschmacks meiden. Einige Rückenschildschnecken stoßen Schwefelsäure aus, wenn Fische nach ihnen schnappen – und werden umgehend wieder fallen gelassen.

Viele marine Nacktschnecken sind extravagant in Farbe und Form, so auch die Spanische Tänzerin.

Schnecken
Gastropoda

Klasse Schnecken
Verbreitung neben Meeresschnecken auch Land- und Süßwasserschnecken
Maße Länge: unter 1 mm bis über 1 m
Nahrung meist Algen oder weiche Pflanzenteile, einige räuberische Arten

Kugelfische und Verwandte

Kofferfische, Igelfische und Kugelfische verweisen schon mit ihrem Namen auf ihr eigentümliches Aussehen. Alle drei Gruppen verbindet die Verwandtschaft in der Ordnung Tetraodontiformes (Kugelfischartige). Die meisten Arten bewohnen die Flachwasserregionen und Korallenriffe tropischer Meere, nur einige Angehörige aus der Familie der Kugelfische dringen auch in Brack- und Süßwasserbereiche vor. Sie alle haben nur wenig zu fürchten: Giftig, gepanzert oder gestachelt verleiden sie nahezu jedem Raubfisch gründlich den Appetit.

Igelfische haben eine mit derben Stacheln besetzte Haut und können sich in eine wehrhafte Kugel verwandeln.

Kugelfische: giftige Delikatessen

Die Kugelfische (Familie Tetraodontidae) sind mit etwa 90 Arten die artenreichste Gruppe der Tetraodontiformes. Ihre lederartige, sehr widerstandsfähige Haut ist nackt; ihre Schuppen sind auf kurze Stacheln oder körnchenartige Erhebungen reduziert. In Erregung bläht ein Kugelfisch seinen Körper zu einer unförmigen Kugel auf. Eine kräftige Muskulatur presst ruckweise Wasser aus der Mundhöhle in eine sackartige Erweiterung des Magens. Starke Ringmuskeln am Übergang zum Magen und am Mageneingang verhindern das Rückfließen des Wassers, das unter beachtlichem Druck die aufgeblähte Körperhaut fast zum Zerreißen spannt. In derselben richten sich nun die vielen, normalerweise versteckten, kurzen Stacheln auf. Zur Verteidigung stößt der Kugelfisch das eingepumpte Wasser als scharfen Strahl wieder aus. Einige Kugelfische enthalten das hochwirksame Gift Tetrodotoxin. Das schützt sie jedoch nicht vor ihrem ärgsten Feind, dem Menschen. Vor allem in Japan gelten einige Arten, sachgerecht zubereitet, als Spezialität. Auch in der Schwimmweise unterscheiden sich die Kugelfische von den meisten anderen Fischen. Als Antriebsorgane dienen die Brustflossen, die wie kleine Propeller mit hoher Frequenz bewegt werden. Die zweite Rückenflosse (die erste ist reduziert) und die Afterflosse schwirren zur Unterstützung mit. Der Schwanzstiel und die Schwanzflosse dienen als Steuerruder. Auf diese Weise ist ein Kugelfisch als sog. Gondoliereschwimmer zwar nicht schnell, aber äußerst manövrierfähig. Er kann sich sogar auf der Stelle um die eigene Achse drehen, kontinuierlich rückwärtsschwimmen und geschickt auf- und absteigen. Diese Wendigkeit kommt vor allem den riffbewohnenden Arten im Spaltengewirr der Korallenfelsen zugute.

Mit ihrem kräftigen Gebiss sind Kugelfische vorzüglich auf das Zerbeißen hartschaliger Nahrung eingerichtet. Sie zermalmen die Panzer von Krebsen, knacken Muscheln und Schnecken und brechen sogar Stücke aus Korallenstöcken.

hornartige Auswüchse über den Augen. Der Vierhorn-Kofferfisch (*Ostracion quadricornis*) trägt vier solcher Hörner in der Kopfgegend, der doppelt gehörnte Kuhfisch (*Lactoria cornuta*) jeweils zwei an Stirn und Bauch. Die harte Panzerung macht die Kofferfische gegen Angriffe zumindest kleinerer Räuber relativ sicher, doch ist es nicht ihr einziger Schutz. Einige Arten sondern bei Bedrohung hochgiftigen Schleim über die Haut ab. Sie ernähren sich u. a. von bodenlebenden Wirbellosen und Krebsen.

Der Kugelfisch verändert nur bei Gefahr seine Gestalt.

Der Kuhfisch ist ein Vertreter der Kofferfische.

Kofferfische: schwimmende Ritter

Kofferfische (Familie Ostraciidae) tragen unter der schuppenlosen Haut einen Panzer, der aus sechseckigen Knochenplatten zusammengefügt ist. Die schützende Rüstung lässt nur Öffnungen für Augen, Maul, After und Flossen frei. Selbst die Kiemendeckel, die bei anderen Fischen zur Bewegung des Atemwassers dienen, sind starr. Daher heben und senken Kofferfische beim Atmen den Mundboden, um so das Wasser an den Kiemen vorbeizupumpen. Durch lebhaftes Flossenspiel wird der starre Körper wie bei Kugelfischen sehr geschickt hin und her bewegt.

Die Knochenpanzer haben meist einen viereckigen Querschnitt, können aber auch drei- oder fünfkantig sein. Einige der über 30, meist lebhaft gefärbten Arten haben

Igelfische: wehrhafte Stachelkugeln

Igelfische (Familie Diodontidae) sind den Kugelfischen in vieler Hinsicht sehr ähnlich. Wie jene schwellen die erwachsenen Tiere bei der geringsten Provokation an und verwandeln sich so in eine runde Stachelkugel. In normaler Schwimmhaltung ist bei den Gattungen *Diodon* und *Atinga* von dem wehrhaften Kleid nicht viel zu sehen, denn die Stacheln werden eng anliegend und nach hinten gerichtet am Körper getragen. Nur bei den kleineren Arten der Gattung *Chilomycteris* stehen sie ständig starr vom Körper ab. Doch wird den Igelfischen ihr Verteidigungsverhalten zum Verhängnis, wenn der Mensch ihnen nachstellt. Denn sie gelten im aufgeblasenen Zustand als besonders dekorativ und werden daher in großer Zahl gefangen, präpariert und als Souvenirs an Touristen verkauft.

Kugelfische
Tetraodontidae

Klasse Knochenfische
Ordnung Kugelfischartige
Familie Kugelfische
Verbreitung in tropischen Meeren, meist in Küstennähe
Maße Länge: 2–120 cm
Nahrung Muscheln, Schnecken, Korallenpolypen, Krebse, aber auch Würmer, Schwämme und andere kleine Meerestiere

Unterwasserwunder Großes Barriereriff

Das Große Barriereriff vor der Nordostküste Australiens ist das größte Korallenriff der Erde und zugleich das größte Bauwerk, das von Lebewesen errichtet worden ist. Was für die Entdeckungsreisenden in früheren Zeiten eine nahezu unüberwindliche Hürde darstellte, ist heutzutage ein Paradies für Segler, Taucher und Schnorchler, die sich über und unter Wasser von dem einzigartigen Formen- und Farbenreichtum des Riffs faszinieren lassen.

Am Großen Barriereriff stoßen Taucher auf eine faszinierende Unterwasserwelt.

*Das Große Barriereriff –
ein Komplex unterschied-
lich geformter Riffarten.*

Das Labyrinth des 2000 km langen Großen Barriereriffs – englisch Great Barrier Reef – besteht aus schätzungsweise 2500 einzelnen Riffen, Lagunen und 600 Inseln und verläuft mehr oder weniger parallel zur australischen Ostküste von Kap York im Norden bis knapp unterhalb des südlichen Wendekreises bei Lady Elliott Island. Im Laufe von Millionen Jahren haben sog. riffbildende Korallen auf dem Kontinentalschelf ein einzigartiges Naturphänomen geschaffen, das sich über rd. 200 000 km² erstreckt. Teile des Riffs liegen ganz in der Nähe der Küste, andere einige hundert Kilometer meerwärts.
Sein heutiges Erscheinungsbild wurde stark von den eiszeitlichen Schwankungen des Meeresspiegels beeinflusst: Bei sinkendem Meeresspiegel fielen die alten Fundamente trocken, wurden abgetragen und tief von den Flüssen der Great Dividing Range aus dem Hinterland eingeschnitten. Deren Verlauf ist noch heute an den Kanälen erkennbar, welche die einzelnen Riffe voneinander trennen. Der steigende Meeresspiegel überflutete den Festlandsockel erneut und bot den Korallen die Möglichkeit zu neuer Bautätigkeit oder er isolierte kleinere Bergrücken vom Festland als kontinentale Eilande. Die Inseln, die meist zwischen den Korallenbänken und der Küste liegen, weisen daher keine einheitliche Vegetation auf. Auf einigen gibt es Regenwälder, fast alle aber haben ausgedehnte Sandstrände. Insgesamt bildet die einzigartige Korallenlandschaft Lebens-

raum für eine höchst vielfältige Tier- und Pflanzenwelt: Über 4000 Arten von Meeresschnecken, Muscheln, Krebstieren, Schwämmen, Seesternen und Seeigeln sowie 1400 Fischarten verwandeln das Riff in einen farbenprächtigen Unterwassergarten. Bunte Kaiserfische flitzen flink und wendig zwischen den Korallenzacken umher, Riffhaie durchstreifen majestätisch die Gewässer, Moränen lauern in zahlreichen Riffspalten, Rochen ruhen im Flachwasser und Dugongs weiden auf Seegraswiesen. Suppen- und Echte Karettschildkröten nutzen die Inselstrände zur Eiablage und die Lagunen an den Korallenküsten sind begehrte Brutstätten für Seevögel.
Doch wie so viele andere »irdische Paradiese« ist auch das Große Barriereriff bedroht. Zu den größten Gefahren gehören neben der – u. a. vom Stressfaktor Meerwassererwärmung ausgelösten – Korallenbleiche und der zeitweilig übermäßigen Vermehrung der Korallen fressenden Dornenkronen-Seesterne (*Acanthaster planci*) die Überdüngung des Meeres, die in unmittelbarer Nähe des Riffs liegenden Erdölvorkommen und der zunehmende Tourismus. Zum Schutz hat die australische Regierung den Großteil des Riffs, seit 1981 Weltnaturerbe, zum Nationalpark erklärt.

Das Große Barriereriff erstreckt sich entlang der australischen Ostküste.

SCHELFMEER

Produktiver Lebensraum

Um die Kontinente zieht sich eine Zone flacher Meeresbereiche, die über weite Strecken kaum tiefer als 200 m sind – die sog. Schelfmeere. Der Schelf bildet praktisch die Fortsetzung der Kontinente unter Wasser. Erst am Rand des Schelfs fällt der Meeresboden am sog. Kontinentalhang relativ steil auf mehrere Kilometer Tiefe ab. Obwohl Schelfmeere nur etwa 8 % der Meeresfläche einnehmen, sind sie einer der vielfältigsten Lebensräume. Denn im flachen Wasser reicht das Sonnenlicht bis zum Boden, so dass sowohl das im Wasser treibende Plankton als auch am Boden wachsende Algen Energie aus der Sonne gewinnen können. Gleichzeitig werden sie durch die nahe Küste ausreichend mit mineralischen Nährstoffen versorgt.

UND KÜSTENGEWÄSSER

Schelfmeere: produktive und vielfältige Lebensräume

Um die Kontinente herum befindet sich ein Saum flacher Meere, die sog. Schelfmeere, in denen der Boden über weite Strecken kaum abfällt. Erst in einiger Entfernung von der Küste beginnt der Kontinentalhang; das Gefälle nimmt zu und der Meeresboden fällt relativ steil von weniger als 200 m auf 3 km Tiefe ab. Der Grund für dieses geologische Phänomen liegt im Aufbau der Erdkruste: Kontinentale Kruste und ozeanische Kruste sind chemisch unterschiedlich aufgebaut und bilden keine Mischform. Wo die dickere kontinentale Kruste in die dünnere ozeanische Kruste übergeht, entsteht also eine deutliche Stufe – der Kontinentalhang. Doch der Wasserstand der Meere ist so hoch, dass auch der unterste Teil der kontinentalen Kruste überflutet ist – und genau dieser Bereich ist das flache Schelfmeer. Schelfmeere werden auch als neritische Zone (Flachmeerbereich) bezeichnet; gleichzeitig gehören sie zur epipelagischen Zone, also den oberen Schichten des Meeres mit Tiefen bis zu 200 m. Die Lebensräume des Meeresbodens rechnet man hingegen zum Sublitoral.

In den lichtdurchfluteten Regionen der Schelfmeere gedeihen ausgedehnte Seegrasmatten.

Wechselhafte Verhältnisse

Die Lebensbedingungen in den Schelfmeeren sind sehr variabel. In diesen flachen Regionen wirken sich Wind, Wellen und andere Einflüsse von der Oberfläche unmittelbar bis zum Meeresboden aus. Zudem sind Schelfmeere oft durch Buchten, Landvorsprünge oder Inseln in kleinere Bereiche gegliedert, so dass die Wassereigenschaften und Lebensbedingungen regional stark variieren können. Ein Extremfall ist die Ostsee, die nur durch enge Meeresstraßen mit den Weltmeeren Wasser austauschen kann.

Während die Oberflächentemperatur auf hoher See im Jahreszyklus meist nur um wenige Grad Celsius schwankt, müssen die Bewohner der Schelfmeere mit großen Schwankungen zurechtkommen: Treibeis im Winter und mehr als 20°C Wassertemperatur im Sommer sind in der Ostsee nicht ungewöhnlich.

Auch der Salzgehalt ist sehr variabel und kann sich einerseits durch Verdunstung, andererseits durch Süßwassereintrag vom Land stark verändern: Im Mündungsbereich großer Flüsse wie der Elbe oder dem Rhein ist das Meerwasser noch hunderte von Kilometern weit deutlich verdünnt.

Nahrungsreichtum

Das pflanzliche Plankton oder Phytoplankton, das durch Photosynthese aus Sonnenlicht organisches Material erzeugt und damit in allen Weltmeeren die Grundlage der Nahrungspyramide darstellt, findet in den Schelfmeeren hervorragende Lebensbedingungen. An Sonnenlicht herrscht nahe der Oberfläche kein Mangel. Und während in der Hochsee

Am Meeresboden festgewachsene Pflanzen bieten vielen Tieren einen idealen Lebensraum.

das Planktonwachstum oft dadurch begrenzt wird, dass essenzielle Spurenelemente (etwa Eisen) in der lichtdurchfluteten Oberflächenschicht, der sog. photischen Zone, nicht ausreichen, sind diese biolimitierenden Substanzen in den Schelfmeeren meist in genügender Menge vorhanden: Von der nahen Küste werden durch Flüsse und auch durch den Staub der Luft Mineralien eingetragen. So ist die Produktivität des Planktons in den Küstenregionen wesentlich höher als in den meisten Hochseeregionen.

Die Schelfmeere zeichnet ein weiterer Faktor aus. Sie sind so flach, dass das Sonnenlicht meist bis zum Meeresboden für die Photosynthese ausreichend ist. Daher überleben auch am Boden festgewachsene, mehrzellige Pflanzen. Seegrasmatten und Tangwälder aus riesigen Algen bieten nicht nur Nahrung, sondern auch Schutz für Tiere.

Dank des Nahrungsreichtums und der relativ kleinräumig gegliederten und vielfältigen Lebensräume ist also sowohl die Produktivität als auch die Artenvielfalt der Schelfmeere oft sehr hoch. Nicht nur Meerestiere nutzen dieses Potenzial. Da die Küste nicht fern ist, finden auch vom Land abhängige Tiere wie Seevögel oder Robben hier ihre Nahrung.

Wegen ihrer Produktivität sind Schelfmeere reich an Fischen und anderen Meerestieren.

Ohrenquallen: im freien Wasser schwebend

Vielen Urlaubern ist nicht bekannt, dass die Ohrenqualle, die ihnen oft nur als unansehnlicher Geleeklumpen am Strand begegnet, für Menschen völlig ungefährlich ist, da ihre Nesselfäden die menschliche Haut nicht durchdringen. Welch eigentümlichen Lebenszyklus sie durchlaufen und wie viel Plankton sie vertilgt hat, bevor sie vor unseren Augen auf dem Sand verendet ist, ahnen die wenigsten.

Mit wehenden Fahnen

Die Ohrenquallen (*Aurelia aurita*) gehören zur Ordnung der Fahnenquallen und zur Klasse der Scheibenquallen. Ihr transparenter, oft rötlich oder blauviolett angehauchter Schirm erreicht einen Durchmesser von max. 40 cm. Die Fahnenquallen verdanken ihren Namen den Hautstreifen, welche die vier zu langen Mundarmen ausgezogenen Kanten des Mundrohres säumen und sich fahnenartig kräuseln. Die meisten der rd. 50 Arten leben pelagisch – also schwebend – in den oberen Wasserschichten. Allerdings können sich die Quallen durchaus aktiv und sehr ausdauernd fortbewegen, indem sie den Schirm rhythmisch zusammenziehen.

Der Schirm ist mit einer knorpelartigen Gallerte gefüllt, die ihm mechanische Widerstandskraft verleiht. Der Rand ist durch Kerben in acht Lappen gegliedert, die auch die Sinneskörper enthalten: Riechgruben, Gleichgewichts- und Lichtsinnesorgane. Die Schwerkraft wird mithilfe von »Kristallpendeln« geortet, sog. Statocysten, deren Verschiebung bei einer Schräglage im Wasser von den Sinneszellen wahrgenommen wird. Während die meisten Scheibenquallen mit einfachen Augenflecken auskommen, die nur Helligkeitsunterschiede registrieren, trägt die Ohrenqualle zusätzlich auf jedem ihrer acht Sinneskolben ein Grubenauge, das ein genaueres Richtungssehen ermöglicht.

Eifrige Planktonfresser

Dank ihrer Körpersymmetrie kann die Ohrenqualle ohne Verzögerung auf Futter oder Gefahren aus allen Richtungen reagieren; mangels eines Gehirns arbeiten ihre Teile dabei weitgehend autonom. Kleine Fische,

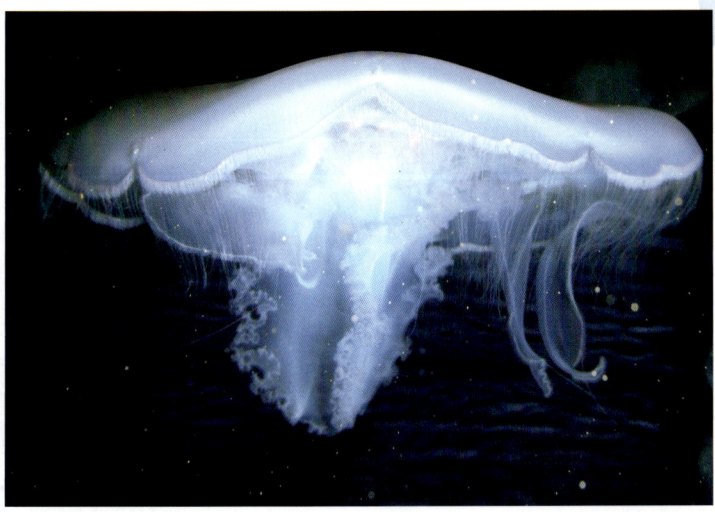

Den Mund der Ohrenquallen umgeben sehr viele kurze und wenig nesselnde Tentakeln.

Würmer, Krebschen, Schneckenlarven und anderes mittelgroßes Plankton werden mit dem schwachen Nesselgift gelähmt, mit den Mundarmen in den kreuzförmigen Mund an der Schirmunterseite befördert und durch Verdauungssäfte zersetzt, die aus den Drüsenfilamenten der vier Magenscheidewände abgesondert werden. Ein dichtes Netzwerk von Kanälen strahlt vom Magenraum bis zum Schirmrand aus und verteilt die Nährlösung. Einzeller und andere kleine Partikel werden von der ganzen Körperoberfläche eingefangen: Sie bleiben am Schleim haften und werden von Wimpern zum Schirmrand transportiert: Von dort gelangen sie durch Wimpergräben in acht Futtergruben, die zwischen den Sinneskolben liegen. Sind diese voll, strudeln die Mundarme die Nahrung zum Mund.

Vermehrung in Küstennähe

Die Ohrenqualle hat vier ohren- oder bogenförmige, bunte Keimdrüsen, die in den Magen hineinragen. Zur Paarungszeit stoßen die getrenntgeschlechtlichen Tiere ihre Ei- und Samenzellen durch den Mund aus. Das im Wasser befruchtete Ei entwickelt sich zunächst zu einer sog. Planula-Larve, die gut eine Woche planktonisch lebt, sich dann auf einem Tangwedel, einem Fels oder einer Muschelschale festsetzt und verwandelt. Der 2–7 mm kleine Polyp, der nun entsteht, gedeiht in 1–20 m Tiefe. Nur in den oberen Wasserschichten treiben genug Einzeller, Kleinkrebse und Schneckenlarven, die er mit seinen 4–16 Tentakeln ergreifen und verspeisen kann. Es folgt eine ungeschlechtliche Vermehrung: Die Tentakel bilden sich zurück und nahe der Mundscheibe entstehen durch ringförmige Einschnürung nach und nach bis zu 30 sog. Ephyra-Larven, die sich ablösen und durch Schläge ihrer Randlappen davonschwimmen.

Profiteure unserer Misswirtschaft?

Dieser Zyklus aus beweglichen und festsitzenden Stadien wird in kühlen Gewässern einmal im Jahr durchlaufen und sorgt – im Verbund mit den jahreszeitlichen Meeresströmungen – für regelmäßige »Quallenblüten«. Aus vielen Gegenden wird zudem über eine nahezu plageähnliche Zunahme mancher Quallenarten berichtet.

Für diese Entwicklung sind z. T. die Menschen selbst verantwortlich: Quallen sind nicht nur Fressfeinde oder Beute von Fischen und anderen Meerestieren (sie werden u. a. von Meeresschildkröten, Fledermausfischen und Sonnenbarschen verspeist), sie sind vor allem Nahrungskonkurrenten. Wird der Bestand an großen Räubern am Ende der Nahrungskette durch Überfischung reduziert, so bleibt mehr Futter für die Nesseltiere übrig. Außerdem gelangen durch Abwassereinleitung zahlreiche anorganische und organische Nährstoffe in die Küstengewässer, mit denen das Plankton geradezu gedüngt wird, so dass auch die Quallen durch das große Nahrungsangebot bestens gedeihen.

Ohrenqualle
Aurelia aurita

Klasse Scheiben- oder Schirmquallen
Ordnung Fahnenquallen
Familie Ulmaridae
Verbreitung im amerikanischen und europäischen Küstenbereich des Atlantiks
Maße Schirmdurchmesser bis 40 cm
Nahrung Plankton, Würmer, Krebschen, Schneckenlarven und kleine Fische bis etwa 5 cm Länge
Geschlechtsreife mit etwa 9 Monaten
Zahl der Jungen 30–50

Die Sepia, einen Kopffüßer aus der Familie der Sepiidae, bekommt man selten zu Gesicht, selbst wenn man im Urlaub vor der Küste schnorchelt. Denn fast alle der etwa 80 Arten bleiben nach Möglichkeit am oder im Boden, an den sie sich farblich und sogar von der Hautstruktur her anpassen.

Die Sepia: Chamäleon des Schelfs

Optimale Anpassung

Die Sepien, die zur Ordnung der Zehnarmigen Tintenschnecken (Decabrachia) gehören, können die Pigmentzellen in ihrer Haut zusammenziehen und ausdehnen. Wie bei den Chamäleons drückt sich so ihre Stimmung aus. Darüber hinaus können sich Tintenfische rasch an ihren aktuellen Untergrund anpassen. Das geht so weit, dass ihre Haut Grübchen, Warzen oder Runzeln ausbildet, wenn die Umgebung eine raue Textur hat.

Zur Anpassung an den Untergrund können Sepien ihre Farbe wechseln.

Außerdem graben sie sich in den Sand ein, indem sie ihre Flossensäume schütteln, in die so geschaffene Grube sinken und sich vom aufgewirbelten Material bedecken lassen. So entziehen sie sich ihren zahlreichen Fressfeinden und lauern Krebsen und Fischen auf. Diese ergreifen sie mit ihren beiden langen Fangarmen, die – anders als die restlichen acht Arme – in Taschen versenkt sind und bei Bedarf abrupt hervorschnellen. An ihren verdickten Endkeulen sitzen besonders viele Saugnäpfe, in denen durch Muskel-

kontraktion ein Unterdruck aufgebaut wird. Der harte »Papageienschnabel« aus Chitin knackt Krebspanzer, Muschel- und Schneckenschalen mühelos auf.

Verdunkelungstaktik

Wenn die Sepie vom Boden aufsteigt, setzt sie zum Schwimmen neben kaum merklichen Flossenbewegungen auch das Rückstoßprinzip ein: Zwischen Kopf und Rumpf ragt ein schlotartiger Trichter hervor, durch den das Wasser aus den Kiemen ausgestoßen wird. Indem sie ihn in eine bestimmte Richtung hält, bestimmt die Sepie ihren Kurs, durch den Druck regelt sie ihr Tempo.
Noch ist unklar, ob Sepien tatsächlich – wie in Aquarien beobachtet – nachtaktiv sind: Das passt schlecht zu ihren exzellenten, zum Farbsehen fähigen Augen mit den markanten omegaförmigen Pupillen, die ihnen im Finstern nicht helfen würden. Entweder ist ihnen die künstliche Beleuchtung vieler Aquarien zu grell, so dass sie sich gegen ihre Natur tags verkriechen, oder sie orientieren sich im Meer mit einem anderen Sinn. In Frage käme das erst kürzlich bei Sepien und Kalmaren entdeckte Seitenlinienorgan, das die Druckwellen ortet, die von anderen Schwimmern ausgehen. Augen wie Seitenlinien sind Musterbeispiele für Konvergenz, also die Evolution ähnlicher Strukturen in unterschiedlichen Tierklassen.
In der Not stößt eine Sepie durch ihren Trichter die in Darmdrüsen produzierte Tinte aus, die nicht nur das Wasser, sondern auch den Geruchssinn des Angreifers trübt.

Paarung und Fortpflanzung

Sepien sind getrenntgeschlechtlich und gehen in der Fortpflanzungszeit nach einer Balz des Männchens zumeist eine Saisonehe ein. Bei der Paarung schwimmen die beiden Kopf an Kopf, das Männchen hält das Weibchen mit einigen Armen fest. Ein weiterer Arm ist darauf spezialisiert, das aus seinem Trichter austretende Samenpaket aufzunehmen und in der Nähe des Mundes der Partnerin abzulegen. Dort werden die Spermien in Taschen deponiert.

Kurz darauf legt das Weibchen seine Arme zu einer Röhre zusammen und stößt nach und nach bis zu 260 Eier aus, die es mit zwei Schnüren an einem Tangwedel oder Ähnlichem befestigt. Aus den Eiern schlüpfen später fertige kleine Tintenfische; Larvenstadien gibt es nicht.

Die acht Kopfarme des Gemeinen Tintenfisches sowie die verbreiterten Spitzen der beiden Fangtentakel sind mit Saugnäpfen besetzt.

Schmetterlinge des Meeres

Eng mit den Sepien verwandt, aber erheblich kleiner sind die Sepioliden. Schon an ihrer plumpen Gestalt erkennt man, dass die Angehörigen dieser Familie noch stärker an ein Leben am Boden angepasst sind als die stromlinienförmigeren Sepien. Auch haben sie keine durchgehenden Flossensäume, sondern zwei »Flügelchen« am Rumpf, mit denen sie schlagen. Die Art *Stoloteuthis leucoptera* trägt sogar den Namen Schmetterlingstintenfisch. Die im Atlantik lebende *Sepiola atlantica* und die Mittelmeersepiole *Sepiola rondeletti* werden jeweils nur 4 cm lang. Alle *Sepiola*-Arten haben Leuchtorgane in der Nähe ihrer Tintenbeutel, die diese Lichtquellen bei Gefahr abdecken können. Um Fressfeinde – neben Haien und Rochen auch etliche räuberische Fische der Küstenzone – abzulenken, stoßen auch sie Tintenwolken aus, die in etwa ihre Körpergestalt haben sollen. Wenn möglich, graben sie sich aber blitzschnell ein. Um im lockeren Sand zu verschwinden, setzen sie die Flossen fast wie Spaten und den Trichter wie ein Gebläse ein. Steine, die im Weg liegen, werden mit den Armen gepackt und beiseitegeschleppt.

Kraken:
kluge Burgenbauer

Die achtarmigen Kopffüßer leben in der Regel am Grund flacher
Meeresbereiche. Zwar können sie durch Rückstoß schwimmen –
manche Arten pressen Wasser durch ihren Trichter, andere schlagen
ihren Schirm, der aus den Häuten zwischen ihren Armen gebildet
wird, rhythmisch zusammen –, aber lieber bewegen sie sich über
den Boden. Alle Arme sind an der Unterseite mit ungestielten Saugnäpfen besetzt, in denen durch Muskelkontraktion ein Unterdruck
aufgebaut wird, sobald sie Kontakt zu einer Fläche haben – sei es
Fels, ein Beutetier oder auch der Arm eines Tauchers. Die Arm-
muskulatur ist so stark, dass selbst ein ausgewachsener Hummer
mühelos mittendurch gerissen werden kann.

Kriechen, stelzen, notfalls schwimmen

Kraken (Familie Octopodidae) können in alle Richtungen kriechen; meist bewegen sie sich aber zur Seite, wobei der Kopf den höchsten Teil des Körpers darstellt. Die Arme werden ausgestreckt, saugen sich am Boden fest und ziehen sich zusammen. Auf diese Weise kann das Tier sogar das Wasser verlassen und sich an der Küste auch aus Gezeitentümpeln befreien. Beim Laufen werden die Armenden eingerollt und das Tier stelzt mit bis zu 2 m pro Minute über den Grund. Es schwimmt eigentlich nur, wenn es einem schnellen Feind zu entkommen oder ein schnelles Beutetier einzuholen gilt. Alle der etwa 200 Krakenarten ziehen sich tagsüber gern in Verstecke zurück. Wenn keine Felsspalten, Muschelschalen oder Schneckenhäuser zur Verfügung stehen, bauen sich manche selbst eine Burg, indem sie Steinchen einsammeln und zu einem Ringwall auftürmen. Man hat auch beobachtet, dass Kraken Steine wie Schilde vor sich hielten, wenn sie attackiert wurden. Dieser Werkzeuggebrauch und der gezielte Einsatz von Wasserstrahlen zur Reinigung eines Bodenareals gelten als Zeichen für Intelligenz, ebenso ihre Fähigkeit, in der Natur einer Beute, die aus ihrem Blickfeld geraten ist, den Weg abzuschneiden, wozu sie deren Handeln antizipieren müssen.

Erschöpfende Fürsorge

Der Gemeine Krake (*Octopus vulgaris*) lebt im Mittelmeer und in den wärmeren Küstenregionen des Atlantiks. Mit seinen veränderlichen Gelb-, Braun- und Grautönen ist er gut getarnt. Er frisst, was er bekommen kann: Krebse, Krabben, Muscheln, dösende Fische, aber auch Aas.
In den meisten Gebieten gibt es zwei Laichzeiten. Bei der Befruchtung halten die Partner Abstand; das Männchen übergibt dem Weibchen sein Spermienpaket mit einem spezialisierten Arm. Das Weibchen legt bis zu 150 000 etwa 2 mm lange Eier, die es an Schnüren in Höhlen oder Spalten aufhängt und während der 25–65 Tage währenden Brutzeit säubert und mit frischem Atemwasser bespritzt. Ohne diese Brutpflege würden die Eier verpilzen. Das Weibchen nimmt während der ganzen Zeit keine Nahrung zu sich und stirbt zumeist anschließend. Die Larven leben zunächst einen Monat lang planktonisch, was auch dazu führt, dass sie durch die Strömung verbreitet werden.

Verwandlungskünstler

Schon normale Kraken passen sich durch Farb- und Texturänderungen der Haut gut an ihren jeweiligen Lebensraum an, aber eine kürzlich in indonesischen Gewässern

entdeckte Art hat die Imitation auf die Spitze getrieben. Der »mimic octopus« ahmt mehrere andere Tiere nach, die seinen Fressfeinden weniger bekömmlich erscheinen: ein in der Natur bisher einmaliger Fall. Am liebsten verwandelt er sich in eine gestreifte Seezunge, indem er sich ganz platt macht, die Arme aneinanderlegt, so dass ihre Streifen aneinander anschließen, und mit flossenähnlichen Wedelbewegungen der Armspitzen flach über den Grund gleitet. Um eine gefürchtete Seeschlange zu imitieren, steckt er sechs seiner langen Arme in ein Sandloch und streckt die beiden restlichen in entgegengesetzte Richtungen. Schlängelbewegungen und eine klare Bänderung machen die Täuschung perfekt.

Kraken verstecken sich tagsüber in Höhlen.

Kraken
Octopodidae

Klasse Kopffüßer
Ordnung Achtarmige Tintenschnecken
Familie Octopodidae
Verbreitung weltweit in allen Meeren
Maße Länge: 10 cm bis 3 m
Gewicht bis etwa 5 kg
Nahrung Krebse, Muscheln, Schnecken, auch Fische und Aas
Geschlechtsreife mit über 1 Jahr
Zahl der Eier etwa 150 000
Höchstalter 2–3 Jahre

Grauwale:
Fernreisende mit festem Fahrplan

Grauwale (*Eschrichtius robustus*) sind die einzige Walart, die ausschließlich in Schelfmeeren und in unmittelbarer Küstennähe lebt. Ihr Vorkommen beschränkt sich auf eine Population an der Ostküste des Nordpazifiks. Die an der westlichen Pazifikküste vor Russland und Korea lebende Population umfasst weniger als 300 Tiere.

Schiefergraue Riesen

Grauwale erreichen eine Körperlänge von etwa 12 bis 15 m, wobei die Weibchen durchschnittlich 10 % größer als die Männchen werden, und wiegen ausgewachsen 14–34 t. Sie sind von gedrungener Form, dabei aber deutlich schlanker als die anderen Bartenwale. Der schmale Oberkiefer mit den 140 bis 180 weißlich gelben Bartenplatten auf jeder Seite ist leicht gebogen und überragt den Unterkiefer. Die Barten sind nur rd. 40 cm lang und nicht sehr elastisch. Anstelle

einer Rückenfinne besitzen die Grauwale eine Leiste mit mehreren Beulen auf dem hinteren Drittel des Rückens. Ihre Körperfarbe ist schiefergrau. Allerdings sind sie von zahllosen hellen Flecken übersät, die von Seepocken und Kieselalgen herrühren: Der Grauwal ist wie kein anderer Wal von Parasiten besiedelt. Grauwale bekommen höchstens alle zwei Jahre ein Junges, wobei die Tragzeit 13,5 Monate beträgt. Anschließend werden die Kälber sieben Monate lang gestillt. Mit etwa acht Jahren und einer Länge von 11 m erreichen die Jungtiere ihre Geschlechtsreife, körperlich ausgewachsen sind sie erst mit rd. 40 Jahren. Mit Ausnahme des Schwertwals haben sie keine natürlichen Feinde.

Dank der Kraft seiner Fluke kann der Grauwal aus dem Wasser schnellen.

Seepocken siedeln am Kopf eines Grauwals.

Reiseweltmeister

Grauwale zeigen von allen Walen das zuverlässigste Wanderungsverhalten. Den Sommer verbringen die Tiere in der arktischen Tschuktschen-, Bering- und Beaufortsee. Mitte Oktober, wenn ihre Nahrungsreviere zufrieren, sammeln sie sich in der Nähe der Aleuteninsel Unimak, um nach Süden aufzubrechen. Allerdings treten sie nicht alle gleichzeitig die Reise an. Als Erste machen sich die trächtigen Kühe auf den Weg, ihnen folgen die übrigen erwachsenen Tiere. Den Abschluss bilden die noch nicht geschlechtsreifen Jungtiere. Die Tiere schwimmen, oft nur wenige hundert Meter vom Ufer entfernt, die gesamte nordamerikanische Westküste entlang bis hinunter in den Golf von Niederkalifornien im Nordwesten Mexikos. Dabei legen sie täglich eine Strecke von etwa 180 km zurück. In den seichten und warmen Salzwasserlagunen des Golfes bringen die Weibchen ab Ende Dezember ihre Jungen zur Welt. Bei der Geburt sind diese fast 5 m lang und wiegen ca. 1 t. Etwas abseits von den Müttern paaren sich derweil die Bullen mit den nicht trächtigen Kühen. Ende Februar machen sich die Grauwale wieder in Richtung Arktis auf: zuerst die gerade begatteten Weibchen, dann die Männchen und die Jungtiere, als Letzte die Kühe mit den neugeborenen Kälbern. Der Rückweg in den Norden folgt einer küstenferneren Route als der Hinweg und geht auch deutlich langsamer vonstatten. Die Tiere haben seit Beginn ihrer Wanderung vor fünf Monaten praktisch keine Nahrung mehr zu sich genommen und fast ein Drittel ihres Gewichts verloren. Entsprechend geschwächt und zusätzlich noch durch die zu säugenden Neugeborenen gebremst, schaffen sie nur noch Tagesstrecken von 80 km. Ende Mai treffen sie wieder bei den Aleuten ein. In den folgenden Monaten widmen sie sich in den kalten und nahrungsreichen Gewässern der Arktis fast ausschließlich der Nahrungsaufnahme, bis sie am Ende des Sommers wieder auf Wanderschaft gehen. Insgesamt legen die Grauwale so jedes Jahr fast 18 000 km zurück, die mutmaßlich längste Wanderung, die überhaupt ein Säugetier jährlich unternimmt. Allerdings absolvieren nicht alle Grauwale die gesamte Route. Einzelne Tiere verbringen den Sommer in Gefilden vor der kanadischen Küste.

Pflügen des Meeresbodens

Grauwale habe eine besondere Form der Nahrungsaufnahme entwickelt. Zum Fressen tauchen sie auf den Meeresgrund hinab und durchwühlen die oberen Sedimentschichten nach Krabben, Borstenwürmern, Weichtieren und Krebstieren, hauptsächlich Flohkrebsen (*Amphipoda*), die den größten Teil ihrer Nahrung ausmachen. Dazu legen sie den Kopf auf die Seite – wie die ungleichmäßige Abnutzung der Barten zeigt, ist es gewöhnlich die rechte – und durchpflügen mit geöffnetem Maul den Boden, eine dicke Schlammwolke hinter sich herziehend. Anschließend tauchen sie auf und pressen das Wasser und den Schlick mit der Zunge wieder heraus. Die in den kurzen, rauen Barten hängen gebliebene Nahrung wird heruntergeschluckt, bevor nach einigen Atemzügen der nächste Tauchgang folgt. Beim Durchpflügen hinterlassen sie im Meeresboden tiefe Rinnen.

Grauwal
Eschrichtius robustus

Klasse Säugetiere
Ordnung Wale
Familie Grauwale
Verbreitung flache Küstenregionen des Nordpazifiks
Maße Länge: 12–15 m
Gewicht 14–34 t
Nahrung kleine Krebse und Fische
Geschlechtsreife mit etwa 8 Jahren
Tragzeit 13,5 Monate
Zahl der Jungen 1
Höchstalter 70–80 Jahre

Mit den Barten, die an den Rändern ausgefranst sind, filtern Bartenwale die Nahrung aus dem Wasser.

An Land können sich Seehunde nur mühsam fortbewegen.

Der Seehund: Spagat zwischen Meer und Land

Die bekannteste Robbe ist der Seehund (*Phoca vitulina*) mit seinem charakteristischen runden Kopf und den großen dunklen Augen. Der Meeressäuger lebt jedoch nicht nur in der Nordsee und im Wattenmeer, sondern ist in Schelfmeeren und seichten Küstengewässern auf der gesamten Nordhalbkugel verbreitet.

Seehund
Phoca vitulina

Klasse Säugetiere
Ordnung Raubtiere
Familie Hundsrobben
Verbreitung Schelfmeere und Küstenregionen der Nordhalbkugel, gerne mit trockenfallenden Sandbänken
Maße Kopf-Rumpf-Länge: 130-190 cm
Gewicht Männchen 100 kg, selten bis 200 kg, Weibchen 45–80 kg
Nahrung Fische, Tintenfische, Krebse
Geschlechtsreife mit 6 Jahren
Tragzeit etwa 11 Monate
Zahl der Jungen 1, selten Zwillinge
Höchstalter 35 Jahre

Schwimmen, tauchen, robben

Wie die Wale und die übrigen Robben (Pinnipedia) stammen auch die Seehunde von vierbeinigen Landsäugetieren ab. Im Gegensatz zu den ausschließlich im Wasser lebenden Walen müssen sie jedoch den Spagat zwischen den beiden so unterschiedlichen Lebensräumen Meer und Land meistern. So wurden im Lauf der Evolution ihre Extremitäten immer flossenähnlicher und sie entwickelten einen stromlinienförmigen Körper, um dem Wasser möglichst wenig Widerstand beim Schwimmen zu bieten. Oberarme und Oberschenkel sind stark verkürzt und liegen im Rumpf, während die Vorder- und Hinterfüße zu Flossen umgebildet wurden und als Antriebs- und Ruder-

organe dienen. Mit Höchstgeschwindigkeiten bis zu 35 km/h können die eleganten Taucher hinter Fischen herjagen. Und auch die wildwasserähnlichen Strömungen in Prielen und Seegatts, den Flussrinnen zwischen Inseln, stellen für die Tiere kein Hindernis dar. Ganz anders das Erscheinungsbild an Land: hier rutschen und robben sie mühsam vorwärts, indem sie sich vorschieben und mit einer Art Katzenbuckel das Hinterteil nachziehen. Im Gegensatz zu den aus Zirkusauftritten bekannten Seelöwen können Seehunde ihre Hinterflossen auch nicht unter den Rumpf stemmen und ihre Vorderflossen sind so verkürzt, dass sie den Körper nicht anheben können. Wegen ihrer unbeholfenen Fortbewegung an Land liegen die Tiere meist am Steilufer der Sandbänke, von wo aus sie bei einer Störung schnell ins schützende Wasser eintauchen können. Dabei klatschen sie laut mit ihren Flossen auf das Wasser, um gleichzeitig unaufmerksame Artgenossen zu warnen.

Unterwasserjäger

Seehunde fressen mehrere Kilogramm Nahrung am Tag, vor allem Plattfische, die sie in den tiefen Wattströmen und in der Nordsee erjagen. Beim Tauchgang verschließen sich automatisch die Nasenlöcher. Damit ihre Lungen in größeren Wassertiefen nicht vom Druck zusammengepresst werden, müssen die Robben vor dem Untertauchen ausatmen. Bei allen Unterwasseraktionen muss daher Sauerstoff gespart und gespeichert werden. So sinkt der Herzschlag von 150 bis auf zehn Schläge pro Minute. Organe, die für den Tauchgang nicht unmittelbar benötigt werden, sind zur Entlastung des Herzens weniger durchblutet. Zur Blutspeicherung füllen sich spezielle Blutgefäßerweiterungen mit sauerstoffreichem Blut. Ohnehin verfügen Seehunde über ein großes Blutvolumen: im Verhältnis zum Körpergewicht etwa drei Viertel mehr als der Mensch. Ihre Blutkörperchen enthalten wesentlich mehr Hämoglobin, ihre Muskeln mehr Myoglobin, beides Sauerstoff bindende Moleküle.

Gegen die Auskühlung im Wasser bietet der schnell durchnässte Pelz den Tieren kaum Schutz, die Isolation erfolgt über eine 1–5 cm dicke Speckschicht. Nach dem Gegenstromprinzip verhindern gegenläufige kleine Arterien und Venen, dass über die Flossen, die zu ihrer Beweglichkeit speckfrei sein müssen, Körperwärme abgegeben wird.

Seehunde sind ausgezeichnete Schwimmer und Taucher, die mit großem Geschick Fische erbeuten.

Geburt an Land

Im Sommer finden sowohl der Fellwechsel als auch die Geburt der jungen Seehunde an Land statt. Die Seehundjungen haben kein Wärme isolierendes Haarkleid, sondern ein glattes kurzhaariges Fell. Seehunde gebären auf Sandbänken, die nur bei Ebbe trockenfallen. Bereits mit Eintreffen der nächsten Flut müssen die Neugeborenen deshalb in der Lage sein zu schwimmen. Daher wird ihr nach Robbenart embryonal angelegtes Säuglingsfell noch im Mutterleib abgestoßen. Es würde sich nur wie ein Schwamm mit Wasser vollsaugen und der Nachwuchs würde im Wasser erfrieren.

Da für die Geburt nur ein Gezeitenzyklus zur Verfügung steht, muss alles sehr schnell gehen. Das Junge kommt in der Regel per Sturzgeburt zur Welt. Anschließend wird das Junge erstmals gesäugt. Verliert das Junge den Kontakt zur Mutter etwa im Sturm oder aufgrund von Störungen durch Touristen, macht es sich durch heulende Rufe (»Heuler«) bemerkbar. Meist eilt die Mutter schnell herbei. Nach gut vier Wochen wird das Junge entwöhnt und muss sich selbstständig ernähren.

Seehunde sind nicht nur auf Sandbänken, sondern auch an Felsküsten in den nördlichen Meeren anzutreffen.

Silbermöwen fliegen langsam, aber ausdauernd. Fische erbeuten sie im Sturzflug.

Die Silbermöwe gilt als klassisches Beispiel für eine Ringart. Ihr Verbreitungsgebiet reicht entlang der Küsten um die gesamte nördliche Halbkugel und zugleich von der europäischen Atlantikküste durch das Mittelmeer und Zentralasien, wo sie an Flüssen und Seen brütet, bis zum nördlichen Pazifik. Damit sieht ihr Areal annähernd wie ein doppelter Ring aus. Dort, wo das Gebiet an den »Enden« überlappt, nämlich in Nordwesteuropa, verhalten sich die Populationen wie zwei getrennte Arten, d.h., ihre Angehörigen verpaaren sich nicht mehr miteinander und werden dann Silber- und Heringsmöwe genannt.

Die Silbermöwe: flexibel und extrem anpassungsfähig

Silbermöwen sind die häufigsten Großmöwen an den mittel- und nordeuropäischen Küsten.

Eine typische Möwe

Wie kein anderer Vogel verkörpert die Silbermöwe (*Larus argentatus*) die Natur der Küsten, die sie sowohl dem Land- als auch dem Schiffsreisenden anzeigt. Ihre lauten, hallenden Rufe gehören zur Atmosphäre am Meer wie die Wellen und der Wind.

Diese kräftige weiße Möwe mit dem silbergrauen Rücken und ebensolchen Flügeloberseiten ist vielleicht der häufigste Vogel der europäischen Küsten. Man schätzt ihren Bestand dort auf rd. 800 000 Paare, mit steigender Tendenz seit Beginn des 20. Jahrhunderts. Außerhalb der Brutzeit dringt sie auch ins Binnenland ein, streift aber vor allem in küstennahen Meeresgewässern umher, nach Süden bis etwa zum 20. Breitengrad, manchmal auch bis zum Äquator.

Vom Baltikum bzw. von Finnland aus ostwärts bis Nordamerika brütet die Silbermöwe auch in der Tundra, in Mooren, an Flüssen und Seen. Manche Brutplätze an innerasiatischen Steppenseen liegen sogar über 2000 m hoch. Bei der Brutplatzwahl ist sie nicht wählerisch: Sie brütet auf Felshängen und -geröll, in Dünen oder auf Strandwiesen, auf Klippen, Hausdächern und – besonders in Nordamerika – sogar auf Bäumen.

Kein Kostverächter

Die Silbermöwe frisst nahezu alles Tierische und Pflanzliche, das sie bewältigen kann. Das Spektrum reicht von Fischen, Hohltieren, Krebstieren, Mollusken und Stachelhäutern über Insekten, Spinnentiere und Regenwürmer bis hin zu Reptilien, Vögeln, Säugern sowie Samen und Früchten. Dabei werden nicht nur lebende Tiere gefangen, sondern auch Aas genommen. An vielen Orten lebt die Silbermöwe heute überwiegend von Abfällen des Menschen, besonders im Winter. Große Möwenansammlungen sind oft an Müllplätzen sowie um Fischfabriken und Schlachtereien herum zu sehen. Auch gibt es kaum ein Schiff, dem nicht wenigstens zeitweise – selbst auf hoher See – Silbermöwen folgen, die darauf warten, dass nahrhafte Abfälle über Bord gehen. Gern sucht sie auch gepflügte Felder, Kläranlagen und Muschelfarmen auf.

Clevere Kleptoparasiten

Oft sieht man die Möwen, wie sie unter lautem Geschrei anderen Seevögeln – kleineren Möwenarten, Seeschwalben, Raubmöwen, Alken, Kormoranen, auch Enten – die mühsam erjagte Beute abnehmen. Dieses Verhalten wird als Kleptoparasitismus bezeichnet (von griechisch »klepto« für stehlen). Gern plündern sie auch die Nester anderer Vögel. Muscheln, Krebse und Seeigel lässt die Silbermöwe aus der Luft auf einem harten Untergrund zerschellen, um an die Weichteile zu kommen. Beim Fischen packt sie die Beute mit dem Schnabel an der Wasseroberfläche, manchmal stößt sie auch aus der Luft bis etwa einen halben Meter tief ins Wasser hinein. Man vermutet, dass nur die unterseits weißen Altvögel, nicht aber die graubraunen Jungen frei über dem Wasser Fische jagen, weil diese einen dunklen Vogel leicht wahrnehmen können und dann flüchten. Die Vögel sind auch nachts aktiv, insbesondere wenn auf nahrungsreichen Wattflächen die Ebbephase in diese Zeit fällt.

Roter Fleck als Bettelsignal

Silbermöwen brüten einzeln und in Kolonien, die mehrere tausend Paare umfassen können. Beide Altvögel bauen ein Nest aus Gräsern, Moosen und anderen Pflanzenteilen, meist an einer übersichtlichen Stelle am Boden. Zum Balz- und Paarverhalten gehören u.a. Rufe und Rituale, die als Jauchzen, Katzenruf bzw. Stößeln, Grasrupfen und Buckeln bezeichnet wurden. Meist werden zwei oder drei Eier gelegt und von beiden Geschlechtern 26–32 Tage bebrütet. Die Küken beginnen im Alter von wenigen Tagen zu laufen, können schwimmen und verlassen bei Gefahr bereits das Nest. Wenn die Eltern zum Füttern landen, picken die Küken auf den roten Fleck kurz vor der Unterschnabelspitze des Altvogels. Er dient als optisches Signal und ohne das Picken würgen die Erwachsenen keine Nahrung für die Jungen aus. Nach etwa sechs Wochen fliegen die Jungen, doch werden sie von den Eltern noch etwa vier Wochen gefüttert, bevor sie sich zu größeren Schwärmen zusammenfinden. Erst mit fünf bis sechs Jahren erreichen sie die Geschlechtsreife.

Silbermöwe
Larus argentatus

Klasse Vögel
Ordnung Wat- und Möwenvögel
Familie Möwen
Verbreitung nördliche Halbkugel
Maße Länge: 60 cm; Spannweite: etwa 145 cm
Gewicht etwa 1,5 kg
Nahrung Allesfresser: meist Muscheln und Krebse, aber auch Fische, Insekten, Samen, Früchte, Abfälle und Aas
Geschlechtsreife mit 5–6 Jahren
Zahl der Eier 2–3
Höchstalter über 30 Jahre

Seeotter: die Förster der Tangwälder

Einst in den nordpazifischen Küstenregionen von den Kurilen über Alaska bis nach Kalifornien weit verbreitet, wurden Seeotter wegen ihres samtigen, rotbraunen bis tiefschwarzen Pelzes gnadenlos verfolgt und fast ausgerottet. Nachdem sich die Bestände durch strenge Schutzmaßnahmen im letzten Jahrhundert wieder erholen konnten, droht nun erneut Gefahr: Schwertwale machen aus Mangel an ihren bevorzugten Beutetieren, den Robben, zunehmend Jagd auf sie.

Zurück ins Meer

Seeotter (*Enhydra lutris*), auch Meerotter oder Kalan genannt, sind fleischfressende Raubtiere, deren Vorfahren vom Land ins Meer »zurückgekehrt« sind. Ihr Lebensraum sind Flachwassergebiete an Felsküsten, vorzugsweise im Bereich von Tang- bzw. Kelpwäldern. Diese Wälder »schützt« der Seeotter durch seine kulinarische Vorliebe für Seeigel, denn diese ernähren sich von den Wurzeln der Tange und zerstören sie dadurch. Die Meeressäuger sind kräftig gebaut und erreichen im Durchschnitt eine Länge von 1,3 m; kräftige Männchen wiegen bis zu 40 kg. Durch den Körperbau mit dem kurzen, stumpfnasigen Kopf, dem leicht kellenartig abgeflachten Schwanz und den nach hinten versetzten Hinterbeinen, deren Zehen mit Schwimmhäuten verbunden sind,

Seeotter verbringen einen Großteil ihres Lebens in Rückenlage auf dem Meer treibend.

ähneln sie äußerlich den Ohrenrobben. Wie bei diesen sind auch bei den Seeottern die äußeren Ohrmuscheln sehr klein und verschließbar – eine nützliche Anpassung an das Leben im Meer. Im Gegensatz zu anderen Meeressäugern besitzen Seeotter jedoch keine typische Speckschicht, die sie vor Wärmeverlust im kalten Wasser schützt. Dafür haben sie ein außerordentlich dichtes Haarkleid, in dem sich eine wärmeisolierende Luftschicht bildet, die auch unter Wasser erhalten bleibt. Voraussetzung dafür ist, dass der feine Pelz mit bis zu 150 000 Haaren pro cm² stets gut gebürstet wird und eine zusammenhängende Decke bildet. Die so eingeschlossene Luftschicht ist auch eine exzellente Schwimmhilfe, da sie im Wasser für Auftrieb sorgt. Seeotter sind geschickte Schwimmer: Kopf und Schultern ragen aus dem Wasser, während sie mit kräftigen Paddelschlägen ihrer Hinterbeine für schnellen Vortrieb sorgen. Beim Tauchen gleiten sie mit angelegten Beinen unter Schlängelbewegungen des ganzen Körpers vorwärts. Die Tiere können im Extremfall bis zu fünf Minuten unter Wasser bleiben und knapp 100 m tief tauchen. Doch am liebsten betätigt sich der Seeotter als Rückenschwimmer, wobei er fast regungslos auf dem Meer treibt. Vorzugsweise in dieser Pose verbringen die Tiere auch die Nacht. Damit sie während des Schlafens nicht abgetrieben werden, »vertäuen« sie sich in einer Art Bett aus Tangpflanzen. Nur bei außergewöhnlich rauer See suchen sie Schutz an Land.

Steine als Werkzeug

Auch die Nahrung nehmen Seeotter in Rückenlage zu sich. Um im bis zu 10 °C kalten Wasser ihre Körpertemperatur konstant zu halten, müssen Seeotter täglich 20–30 % ihres Körpergewichts fressen. Auf ihrem Speiseplan stehen vor allem Seeigel, aber auch Seesterne, Meeresschnecken und Krebse, die sie mit ihren berührungsempfindlichen Barthaaren am Meeresgrund aufspüren und dann an die Wasseroberfläche holen. Oben angekommen, lagern sie die häufig im Dutzend mitgebrachten Seeigel in seitliche Fellfalten ein, die sich in Rückenlage durch die locker am Körper hängende Haut bilden. Geknackt werden die Stachelhäuter mithilfe des kräftigen Gebisses, dem auch Krebspanzer normalerweise nicht standhalten. Wenn sich Beute- und Schalentiere als besonders hartnäckig erweisen, rückt der Seeotter ihnen geschickt mit einem Stein zu Leibe. Dazu hält er das Objekt seiner Begierde mit den kurzen Vorderpfoten fest und schlägt es kraftvoll gegen einen auf seinem Bauch platzierten Stein, bis die Schale oder der Panzer zerbricht. Unter Wasser dient der Stein gelegentlich als Hammer, den der Seeotter gezielt gegen die Kante des Schalentieres schlägt, um es aus dessen Verankerung zu lösen. Einen besonders günstig geformten Stein wirft der Seeotter nicht weg, sondern bewahrt ihn für die nächsten Einsätze auf.

Mutterbrust als Kinderstube

Die Paarung findet – Bauch an Bauch – im Wasser statt. Dabei dreht sich das Paar in regelrechter Umarmung häufig um die Längsachse und taucht gelegentlich auch unter. Nach etwa acht Monaten Tragzeit bringt das Weibchen im Regelfall jedes Jahr ein Junges zur Welt. Bei der Geburt ist der Körper des Jungen von einem dichten, hellbraunen Fell bedeckt und die Augen sind bereits geöffnet. Solange der Nachwuchs noch nicht schwimmen kann, hält die Mutter ihn meist in der Rückenlage mit ihren Vorderpfoten auf ihrer Brust. Während der Nahrungssuche lässt sie das Junge an der Wasseroberfläche treibend zurück; bei Gefahr klemmt sie schnell ihren Sprössling unter eine Vorderpfote und bringt ihn tauchend in Sicherheit. Erst nach sechs bis acht Monaten wird das Junge entwöhnt.

Der Seeotter schlägt die Muschel so lange gegen den Stein, bis die Schale zerbricht.

Getarnte Grazien:
Seepferdchen und Verwandte

Junge Seepferdchen können sofort nach dem Schlüpfen schwimmen.

Statt eines simplen Mauls haben sie eine röhrenförmige Saugpipette; statt Rippen tragen sie eine Art Außenskelett aus Panzerringen und harten Hautplatten – hinter dem wissenschaftlichen Namen Syngnathidae für die Familie der Röhrenmünder verbergen sich die wohl bizarrsten Fischgestalten der marinen Welt: Seenadeln, Seepferdchen und die australischen Fetzenfische, die mit ihren blattartigen Körperanhängen wie eine treibende Tangpflanze aussehen.

Seepferdchen
Hippocampus

Klasse Knochenfische
Ordnung Stichlingsartige
Familie Seenadeln
Verbreitung weltweit in tropischen und gemäßigten Meeren
Maße Länge: 13 mm bis 35 cm
Nahrung meist kleine Krebse und Fischlarven
Geschlechtsreife mit 3 bis 9 Monaten
Brutzeit etwa 2–5 Wochen
Zahl der Eier meist etwa 200
Höchstalter 4 Jahre, in Menschenobhut 7 Jahre

Perfekte Lauerjäger

Seepferdchen (*Hippocampus*) bewohnen ruhige, flache Küstengewässer mit Korallenriffen oder mit Seegräsern und Tangen. Dort verstecken sie sich im reichen Bewuchs und passen ihre Farben der Umgebung an. Mitunter gleiten sie auch direkt am Boden, wo sie sich reglos mit ihrem Greifschwanz an Steinen und Schwämmen und anderen Substraten festhalten. Denn nur ihre perfekte Tarnung ermöglicht diesen schlechten Schwimmern eine lauernde Jagdweise. Ihre Beute erfassen sie mit den einzeln beweglichen Augen – um sie dann im rechten Moment blitzschnell durch ihren Röhrenmund einzusaugen. Unmittelbar nach dem Einsaugen treten Nahrungsteilchen als Wolke aus den seitlichen Kiemenöffnungen wieder aus. Meist besetzen Seepferdchen paarweise klar begrenzte Wohnreviere und die Bindung zwischen Männchen und Weibchen ist so stark, dass bald nach dem Verlust des Partners auch der Überlebende zugrunde geht. Den Großteil des Tages halten sich beide Partner getrennt in ihrem Revier auf, doch pflegen viele Arten ein morgendliches Begrüßungsritual: Das Weibchen ergreift mit seinem Schwanz den Ankerplatz des Männchens, worauf beide wie an einer Reckstange darum herumschwingen. Dann fassen sie einander beim Schwanz und »flanieren« ein wenig umher.

Männer kriegen Kinder

Einzigartig unter allen Wirbeltieren ist, dass bei den Syngnathidae, also den Seepferdchen, Seenadeln, Fetzenfischen und Nadelpferdchen, die Männchen die Eier am Körper aufnehmen und in einem eigenen Organ ausbrüten. Das Balzspiel der Seepferdchen ist intensiv und lang. Oft sind die Partner erst nach Stunden paarungsbereit. Das Weibchen zeigt dies an, indem es seine Schnauze steil nach oben und den Schwanz senkrecht nach unten streckt. Auf dieses Zeichen hin biegt das Männchen seinen Schwanz wie ein Klappmesser vor und zurück und pumpt auf diese Weise frisches Wasser durch seine Bruttasche hindurch, um sie zu spülen. Dann richtet auch das Männchen seine Schnauze gen Himmel, worauf das Weibchen die kurze Legeröhre (den Ovipositor) ausstülpt, an die Bauchtasche des Männchens andockt und schubweise seine etwa 200 Eier hineinpresst. Sobald dies geschehen ist, löst sich das Paar und das Männchen spritzt nun seine Spermien in den Beutel, um die Eier zu besamen. Die Eier nisten sich in der anschwellenden Innenhaut der Bauchtasche ein. Über deren reich verzweigtes Blutgefäßnetz werden die Keimlinge mit Sauerstoff, Calcium und anderen Aufbaustoffen versorgt.
Die Eier entwickeln sich, je nach Wassertemperatur, in zwei bis fünf Wochen zur

Seepferdchenpaar (Hippocampus comes) bei der Balz

Schlupfreife. Eines Nachts setzen dann beim Männchen regelrecht Wehen ein. Durch »Klappmesserbewegungen« pumpt es Wasser in seinen Beutel hinein und wieder hinaus – so werden die jungen Seepferdchen hinausgeschleudert. Die Winzlinge sind sofort selbstständig. Je nach Art und Größe bringen Seepferdchen 1–1500 Nachkommen pro Brut hervor, bei den meisten Arten sind es 100–200 Jungtiere. Ihre Sterblichkeit ist sehr hoch: Bis zu 99 % gehen zugrunde oder werden erbeutet, bevor sie nach drei bis zwölf Monaten geschlechtsreif werden. Sie halten sich zunächst im freien Wasser auf, leben also pelagisch, und müssen »im Futter« schwimmen, um zu überleben. Zudem muss die Beute für sie zu verdauen sein, d. h., die Panzerung der bevorzugten Kleinkrebslarven darf nicht zu stark sein, sonst verhungern die jungen Seepferdchen mit vollem Bauch. Die durchschnittliche Lebenserwartung der Seepferdchen beträgt etwa vier Jahre.

Das Zwergseepferdchen imitiert perfekt seine Umgebung.

Ein Zwerg in Gorgonien

Das Zwergseepferdchen *Hippocampus bargibanti* hat seinen Lebenszyklus aufs engste mit Gorgonien-Korallen verknüpft. Man kennt den bis zu 2 cm langen Winzling nur von Korallenbeständen der Gorgonien-Gattung *Muricella*. Mit Tuberkeln und Farbspielen kann diese Art ihre Wirtspolypen derart echt nachahmen, dass die ersten Exemplare dieses Seepferdchens erst bemerkt wurden, als man ihre Wirtskoralle gesammelt und in ein Aquarium verfrachtet hatte.

Seepferdchen in der Nordsee

Als einzige Seepferdchenart gelangte das Kurzschnauzen-Seepferdchen *Hippocampus hippocampus* bis in die Seegraswiesen der deutschen Nordseeküste. In den 1930er Jahren zerstörte eine Pilzkrankheit dort die meisten Seegraswiesen. Mit ihnen verschwanden auch die etwa 15 cm hohen und mit ihrer graugrünen, bräunlichen oder graugelben Farbe recht unscheinbaren Seepferdchen, die ihren Lebensraum verloren hatten. Die übrig gebliebenen Seegraswiesen befinden sich im Gezeitenbereich des Wattenmeeres und fallen im Rhythmus von Ebbe und Flut trocken. Daher können Seepferdchen dort nicht überleben. In letzter Zeit breiten sich Seegraswiesen auch wieder in tiefer gelegenen Uferzonen aus, so dass gelegentlich wieder Seepferdchen gefangen werden, die wohl von ihrer bisherigen Verbreitungsgrenze, dem Ärmelkanal, in die Nordsee verdriftet werden.

Feinde

Selbst die hervorragend getarnten Seepferdchen und Seenadeln haben Fressfeinde, z. B. Anglerfische der Gattung *Antennarius* und Plattkopffische (*Platycephalus spp.*). Sie sind gleichfalls Lauerjäger, die still am Boden liegen oder zwischen Korallen und Tangen auf Beute warten. Darüber hinaus suchen Zwergpinguine auf ihren Unterwasserausflügen an den südaustralischen Küsten gezielt nach jungen Seepferdchen. Die Überreste großer Arten wie *Hippocampus ingens* wurden auch schon in Mägen von Thunfischen gefunden.

Lebende Nadeln

Seenadeln leben vor allem an tropischen und subtropischen Küsten, doch haben die rd. 230 Arten praktisch alle Lebensräume ruhiger Küstengewässer bis in gemäßigte Breiten erobert. So kommt die unscheinbare Kleine Seenadel (*Syngnathus rostellatus*) in der Ostsee auch in ausgesüßten Regionen zwischen Pflanzen vor. Und in Mittel- und Südamerika leben die Arten der Gattung *Pseudophallus* sogar in Flüssen. Süßwassernadeln kennt man auch aus Ostasien und Australien. Prinzipiell verhalten sich Seenadeln ähnlich wie Seepferdchen: Gut getarnt liegen sie auf der Lauer und saugen Zooplankton in ihr Röhrenmaul. Die größte bekannte Seenadel *Leptoichthys fistularius* versteckt sich im breitblättrigen Seegras (*Zostera*) an südaustralischen Küsten; sie wird bis 65 cm lang. Viele Seenadeln befreien andere Fische von Parasiten. Beispielsweise betreibt *Doryrhamphus janssi* paarweise im Schutz von Höhlen und unter Tischkorallen »Putzerstationen«, die bei der Fischnachbarschaft bekannt sind.

Auch die Seenadeln vollführen einen Balztanz: Männchen und Weibchen schmiegen sich dabei lotrecht schwimmend in S-Kurven eng aneinander und überkreuzen sich. Das Männchen stößt das Weibchen mit dem Maul am Bauch an; dieses legt daraufhin mit einer Legeröhre Eier in die Bruttasche des Männchens, wo sie befruchtet werden. Viele Seenadel-Männchen haben jedoch keine ausgeprägten Taschen, um die Eier aufzunehmen. Die Brut wird von zwei Längsfalten der Haut oder gar nur von Vertiefungen gehalten. Mit kreiselnden Tanzbewegungen sorgt das Männchen dafür, dass sich die Eier in Reihen ordnen. Das Ganze beginnt von vorn, bis die Bruttasche voll ist. Nach zwei Wochen Brutzeit öffnet sie sich und Dutzende winziger, fadendünner Seenadeln schwimmen davon.

Auch die Schwarzbrust-Seenadel (Corythoichthys nigripectus) ist ein Bewohner von Korallenriffen.

Fetzenfische

Nur zwei Arten dieser bis etwa 40 cm langen, zunächst kaum als Fisch zu erkennenden Gebilde gibt es weltweit: den Seedrachen (*Phyllopteryx taeniolatus*) und den Fetzenfisch (*Phycodurus eques*), auch als Großer Fetzenfisch bekannt. Sie leben in Tangwäldern, Riffen und vor Mündungstrichtern von Flüssen der südaustralischen Küsten. *Phyllopteryx taeniolatus* ist auch im freien Wasser zu beobachten.

Da sich die Tiere mit ihren beiden winzigen Rückenflossen nur langsam vorwärtsbewegen können, benötigen sie in ihrem Lebensraum ruhiges Wasser. Zwei Brustflossen sorgen für Stabilität und fein justiertes Ansteuern der Beute. Starke Strömungen würden die farbenprächtigen Tiere bald aus ihrem Lebensraum abtreiben und zur leichten Beute werden lassen. Allerdings sind sie wie die Seepferdchen und ihre Verwandten mit Panzerplatten bewehrt und sie tragen zusätzlich spitze Dornen auf dem Körper verteilt, so dass sie für einen Angreifer keine leichte Beute sind.

Mit ihrem zerklüfteten »Pflanzenlook« können sie sich gut getarnt an frei schwimmende Kleinkrebse annähern, die zu ihrer Lieblingsbeute gehören. Außerdem nehmen sie auch Krabben und Garnelen vom Boden auf. Anders als die Seepferdchen bilden Fetzenfische und Seedrachen gern kleine Gruppen. Sie schwimmen waagerecht und nutzen ihren Schwanz nicht zum Festhalten oder Greifen. Dafür brüten die Männchen an der Unterseite des Schwanzes die bis zu 300 Eier offen aus, wobei jedes Ei in eine Hautmulde eingebettet ist.

Der Fetzenfisch lebt nur vor den Küsten Australiens.

Die verspielten und geschickten Publikumslieblinge, die in Zoo und
Zirkusarena alle möglichen Gegenstände auf der Nase balancieren,
sind meist Kalifornische Seelöwen. Wie die Löwen der Savanne
gehören sie zu den echten Raubtieren, was man ihrem Gebiss auch
ansieht. Und wie ihre Namensvettern haben auch die Seelöwenmänn-
chen, die erheblich größer und schwerer sind als die Weibchen, eine
Mähne und können brüllen, sogar unter Wasser.

Seelöwen: Leben in zwei Elementen

Seelöwen
Otariini

Klasse Säugetiere
Ordnung Raubtiere
Familie Ohrenrobben
Verbreitung nordameri-
kanische Pazifikküste,
Galapagosinseln, austra-
lische Südküste
Maße Kopf-Rumpf-Länge:
bis 3,5 m
Gewicht Männchen etwa
500 kg
Nahrung Krill, Schwarm-
fische, Tintenfische, Krebse,
auch Pinguine und andere
Robben
Geschlechtsreife Männ-
chen mit 3–8 Jahren, Weib-
chen mit etwa 4 Jahren
Tragzeit meist 11–12, selten
bis zu 18 Monate
Zahl der Jungen 1
Höchstalter über 20 Jahre

Kaltwasser-Raubtiere

Die Seelöwen haben von allen Robben die
stärkste Bindung an das Festland. Zwar sind
auch ihre Körper stromlinienförmig, aber
sie haben kein so dichtes Fell wie die Seebären,
tauchen nicht so tief wie z. B. die Seeelefanten,
haben keine so stark zu einem Paddel verwachsenen Hinterzehen wie die Hundsrobben
und auch einen dünneren Blubber – so heißt
die isolierende Fettschicht, mit der sich die
Meeressäuger vor Auskühlung schützen.
Dennoch sind auch die fünf Seelöwenarten
nur in kühlen Gewässern beider Erdhalb-
kugeln und an deren Küsten heimisch.

Hier sitzen sie während der Wurf- und Paarungszeit dicht gedrängt auf Klippen, Inseln
und Stränden. Nicht nur die Geselligkeit,
auch der Bau ihrer Hinterfüße, die kräftige
Muskulatur der Gliedmaßen und die starke,
bewegliche Halswirbelsäule schützen sie an
Land vor Fressfeinden. Vor allem die bis zu
3,5 m langen, hoch aufragenden Männchen
halten die Umgebung gut im Blick und zur
Not können die Tiere auf unebenem Gelän-
de schneller laufen als ein Mensch.
Ein Bulle des Steller'schen Seelöwen (*Eume-
topias jubatus*) im Nordpazifik kann über
eine halbe Tonne wiegen, doppelt so viel
wie die Weibchen. Bei den Kalifornischen

*Kalifornische Seelöwen
können problemlos bis
zu 40 m tief tauchen.*

Der Steller'sche Seelöwe ist im Nordpazifik beheimatet.

Seelöwen (*Zalophus californianus*) sind die Männchen mit maximal 275 kg sogar dreimal so schwer wie ihre Partnerinnen. Diese werden schon wenige Tage bis Wochen nach der Geburt wieder empfängnisbereit, weshalb die Bullen rechtzeitig an den Wurfplätzen auftauchen, Reviere erobern und möglichst viele Weibchen zu begatten versuchen.

Sehen und hören an Land und im Meer

Seelöwen müssen sich an Land und im Meer zurechtfinden, was wegen der sehr unterschiedlichen physikalischen Eigenschaften von Luft und Wasser nicht einfach ist. Wie alle Wasserraubtiere haben sie große Augen mit stabilen Hornhäuten, die in den Polargebieten viel mehr UV-Strahlung abbekommen, als das menschliche Auge vertrüge. Dieses sieht im Wasser nicht scharf, da die Hornhaut, die sich zum Fokussieren krümmt, etwa denselben Brechungsindex hat wie Wasser. Die Robben dagegen haben große, stärker gekrümmte Linsen entwickelt. Auch die Netzhaut ist gut an das Zwielicht im Meer angepasst: Sie enthält viel mehr lichtempfindliche Stäbchen als Farben registrierende Zäpfchen. Nicht sonderlich tief tauchende Arten, wie die meisten Seelöwen, reagieren zudem besonders gut auf das grüne Licht der seichten Küstengewässer. Außerdem befindet sich am Augenhintergrund eine reflektierende Schicht, die jeden Lichtstrahl zweimal durch die Netzhaut schickt. Landsäuger wie der Mensch hören unter Wasser schlecht, da der Schall über den Schädelknochen transportiert und dabei verzerrt wird. Bei den Robben gibt es außer einer schmalen Brücke keinen Knochenkontakt zwischen Schädel und Innenohr und das Schläfenbein ist so gebaut, dass beide Ohren den Schall getrennt erhalten und die Tiere die Richtung der Schallquelle orten können. Fein entwickelt sind auch die Tasthaare auf der Oberlippe, mit denen die Tiere bei schlechter Sicht den Vibrationen im Wasser nachspüren, die ihre Beute erzeugt.

Ausgehungert und vergiftet

Sie haben kein begehrtes Fell und die Jagd ist vielerorts streng reglementiert; dennoch sind die Bestände der Steller'schen Seelöwen stark zurückgegangen. Der Hauptgrund ist vermutlich die Überfischung der Meere. Der Rückgang kann auch mit PCB (polychlorierten Biphenylen) und Pestiziden wie DDT zusammenhängen, die sich in der Nahrungskette anreichern.

Seebären

Neben den Seelöwen gehören der Nördliche Seebär (*Callorhinus ursinus*) und acht Südliche Pelzrobben oder Seebären (Gattung *Arctocephalus*) zur Familie der Ohrenrobben. Allen gemeinsam sind die kleinen Ohrmuscheln und die Fortbewegung: Ohrenrobben schwimmen vor allem mit den Vorderflossen, während bei den Hundsrobben die Hinterflossen für den Vortrieb sorgen. Dafür können Ohrenrobben ihre Hinterfüße an Land unter den Körper ziehen und so auf allen vieren recht flott gehen.

Bei Pelzrobben, hier der Nördliche Seebär, besteht das Fell aus Oberhaaren und einer dichten Unterwolle.

Etwa 440 000 km misst die Küstenlinie der Kontinente, rechnet man die vielen, weit verstreuten Inseln dazu, sind es mehr als 1 Mio. km. Damit gehört der Küstenbereich zu den am weitesten verbreiteten Lebensräumen auf der Erde, obwohl er nicht viel Fläche einnimmt. An den Küsten berühren sich die Elemente Wasser, Erde, Luft und manchmal auch das Feuer eines Vulkans. Flache Sandstrände, schroffe Felsklippen, Wattenmeer und Mangrove, Dünen, nebel-verhangene Wüsten, eisbepackte Tundren, Flussdeltas und -ästuare sind die Heimat vieler unterschiedlicher Tiere und Pflanzen.

KÜSTEN-
UND UFERBEREICHE

Felsige Küsten bilden sich überall dort, wo die See keinen Sand oder Schlick anspült, sondern lockeres Material vom anstehenden Gestein abwäscht. Und in manchen Regionen der Welt ist das Meer in felsige Gebiete und Gebirge vorgedrungen, denn seit den Eiszeiten steigt der Wasserspiegel. Oft trifft die Brandung auf Urgestein wie Granit oder Sedimentgesteine, die einst vom Meer überdeckt waren und sich nun aus dem Wasser gehoben haben. Für die Lebewesen spielt es offenbar kaum eine Rolle, welches Gestein die Küste formt. Viele nutzen die Felsen nur als Verankerungsort, wie Muscheln, Seepocken oder Großalgen. Immensen Einfluss auf die Lebensweise haben jedoch die stark wechselnden Bedingungen, mit denen Tiere und Pflanzen in der Uferzone zurechtkommen müssen, denn im Rhythmus von Ebbe und Flut befinden sie sich unter Wasser oder auf dem Trockenen. **Nur wenige verlassen die Gezeitenzone zeitweise, um nicht in Extreme zu geraten, wie etliche Schleimfische und Krebse.**

Algen und Seesterne können auch bei Trockenfallen der Felsküste überleben.

Felsküsten im Rhythmus der Gezeiten

Fächerfische (Istiopho ...) sind geschickte Jäger der O... ansicht.

Gleiche Besiedlungsstreifen

Erst im Verlauf des 20. Jahrhunderts haben Biologen erkannt, dass sich die Lebenswelt der Meeresufer weltweit prinzipiell nach dem gleichen Muster einteilen lässt, und zwar nach der Entfernung vom Wasser. Im Zusammenspiel mit dem Untertauchen bzw. Trockenfallen des Ufers im Rhythmus der Gezeiten ergeben sich horizontale Besiedlungsstreifen, die in der Vertikalen jeweils durch vorherrschende Leitarten speziell angepasster Tiere und Pflanzen gekennzeichnet sind. Diese Leitarten variieren natürlich von Küste zu Küste, sie gehören aber jeweils der gleichen Tier- bzw. Pflanzengruppe an. So dominieren an Felsufern, die stark der Brandung ausgesetzt sind, Seepocken aus der Gruppe der Rankenfußkrebse (Cirripedia) mit ihren weißen Gehäusen, doch bilden am Ufer des Atlantiks andere Arten die weißen Krustenbänder als am Pazifik oder an der Nordsee.

An Küsten mit großem Tidenhub können sich solche Besiedlungsstreifen auf mehrere Meter Höhe ausdehnen. Wo gar kein Wechsel von Ebbe und Flut erkennbar ist, reduzieren sie sich hingegen auf wenige Zentimeter oder entfallen ganz. So fehlt z. B. in den Tropen vielerorts die Zone der Tange. Dort sind praktisch alle Felsküsten warmer Meere mit Korallenriffen bedeckt. Sie bilden eigene Ufergesellschaften aus; sterben die Korallen, so dominieren am Ufer ähnliche Gemeinschaften von Tangen und Schnecken wie bei den beschriebenen Zonen gemäßigter bis kalter Meere. Die Ausdehnung der Besiedlungszonen hängt auch wesentlich von der Form der Küste ab: Wo eine schroffe Klippe senkrecht ins Meer stürzt, sehen die lebendigen Bänder anders aus als an flachen, weiten Uferzonen.

Die Spritzwasserzone

Die höchstgelegene Zone des Ufers ist die Spritzwasserzone, auch Supralitoral genannt. Sie liegt oberhalb der Hochwasserlinie und wird nie vom Wasser bedeckt, jedoch zeitweise durch Gischt und Sprühnebel befeuchtet. Hier können sich bereits salztolerante Flechten (z. B. die Gattung *Verrucaria*) halten und den Fels mit gelben, orangen, schwarzen oder graugrünen Fladen überziehen. An westeu-

ropäischen Felsküsten bildet auch die Grünalge *Prasiola* mit ihren nur zentimeterhohen grünen Schirmchen dichte Kolonien. Auch Blaualgen siedeln hier. Von dieser Nahrung zehren die marine Assel (*Ligia oceanica*) und kleine Strandschnecken wie *Littorina saxatilis* als typische Bewohner der Zone. Sie schützen sich in Spalten und Überhängen vor dem Austrocknen.

In dieser »Kampfzone« zwischen marinen Lebewesen und Landlebewesen treten die stärksten Schwankungen von Temperatur, Salzgehalt und Feuchte der gesamten Uferzone auf, zudem die höchste Lichtintensität; außerdem nagt die Brandung am Fels. Nur wenige Tierarten leben deshalb im Supralitoral. Sie haben gepanzerte, kompakte Körper bzw. Schalen gegen die Brandung und das Ausdörren und sind nur zu günstigen Zeiten aktiv.

Die Gezeitenzone

Unterhalb des Supralitorals folgt die Gezeitenzone, auch Eulitoral genannt. Sie reicht von der Hochwasserlinie bis zur unteren Niedrigwasserlinie und wird oft noch in oberes, mittleres und unteres Ufer unterteilt. Im Prinzip herrschen hier die gleichen widrigen Bedingungen wie im Supralitoral. Doch arbeitet hier die Brandung mit voller Wucht am Fels bzw. seinen Bewohnern, deren Bestreben sein muss, nicht von der See aus ihrer Umgebung fortgespült oder beschädigt zu werden. So verwachsen im oberen Eulitoral Seepocken

Die Pflanzen in der Spritzwasserzone werden nicht vom Wasser bedeckt, sondern nur durch die Gischt befeuchtet.

und Großalgen mit dem Untergrund. Erstere schützen sich mit massiven Gehäusen, die Algen dagegen mit Kalkeinlagen und einer besonders derben, zähen Schutzschicht (Cuticula). Diese Zone besiedeln auch größere Strandschnecken, Kreisel- und Napfschnecken (*Patella*), die sich festheften und z. T. bei Ebbe ihr Gehäuse verschließen oder sich verbergen. Im mittleren Uferbereich verdrängen oft Muschelbänke, z. B. von der Miesmuschel (*Mytilus edulis*), die Großalgen als Leitform. Auch hier finden sich wieder Napf- und Kreiselschnecken, jedoch andere Arten als im oberen Bereich. In wassergefüllten kleinen Gruben, Tümpeln und Höhlen überdauern kleine Käferschnecken (Polyplacophora) die Ebbe. Diese urtümlichen Tiere tragen ein Gehäuse aus mehreren Plättchen, so dass sie von oben wie Asseln aussehen. Anemonen ziehen bei Ebbe ihre Tentakel ein, sacken zu einem schrumpligen, flachen Zylinder zusammen und sondern Schleim ab; so reduzieren sie den Wasserverlust auf ein Minimum. Im unteren Eulitoral treten wieder Großalgen auf, darunter auch große Tange wie *Laminaria* in atlantischen Meeren oder *Macrocystis* im Pazifik. Sie werden von verschiedenen Schnecken beweidet, darunter eine Strandschnecke: *Littorina littoralis* ahmt mit ihrem Gehäuseumriss die Blasen z. B. des Knotentangs *Fucus nodosum* nach. Zu diesen treten räuberische Tiere wie die Wellhornschnecke *Buccinum undatum* oder Seesterne und Hummer. Festsitzende Borstenwürmer (Polychaeta) leben an lichtgeschützten Stellen des Bodens.

Die Bewohner des Eulitorals haben gegenüber jenen des Supralitorals den großen Vorteil, dass sie in einem festen Rhythmus aktiv sein können, denn die Flut kommt ganz regelmäßig wieder. So richten sich die Tiere an der Überdeckung ihres Lebensraumes mit Wasser aus. Auch jahreszeitliche Wanderungen kommen vor. Die Strandkrabbe *Carcinus maenas* wandert z. B. im Juni vom tiefer gelegenen Sublitoral in das Eulitoral des Helgoländer Felswatts und knackt dort vor allem Miesmuscheln. Die Jagdphasen beschränken sich auf die Zeit der Überflutung. Im September zieht sie sich wieder aus dem Felswatt zurück in die tiefer gelegene Zone des Sublitorals, die immer unter Wasser liegt.
Während der Ebbe stochern Watvögel und Möwen in Gezeitentümpeln und auf den algenbewachsenen Felsblöcken nach Schnecken, Muscheln, Krebstieren und kleinen Fischen.

Fische in felsigen Gezeitenzonen

Schleimfische der Familie Blenniidae sind weltweit typische Bewohner von Felsküsten aller gemäßigten und tropischen Meere. In den Tropen leben etliche farbenprächtige Arten auch in Korallenriffen. Arten der Gattung *Blennius* leben oft in der Gezeitenzone des Atlantiks, des Mittelmeeres und des Schwarzen Meeres. Dort besetzen diese kleinen Bodenfische Reviere, beispielsweise in algenbewachsenen Schotterhalden, wo die meisten Arten von Muscheln, Schnecken und

Die Gemeine Strandkrabbe ist eine Schwimmkrabbe der europäischen Meere und der Ostküste Amerikas.

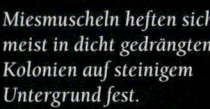

Krebschen leben. Viele Arten halten sich auch bei Ebbe in Gezeitentümpeln oder wassergefüllten Spalten auf und bleiben so in ihrem Areal. Andere ziehen während der Ebbe in tiefere Uferbereiche und können über 50 m weit zu ihrem Revier zurückfinden. Die Männchen legen in Nischen und Spalten Nester an und betreiben Brutpflege. Einige Arten können dank ihrer dicken schützenden Schleimschicht auch etliche Stunden sehr gut auf dem Trockenen überleben.

lachses (*Pollachius virens*) mit Beginn der Flut in großen Schulen aus tiefer gelegenen Küstenabschnitten in die nun mit Wasser überdeckten Felswattgebiete. Dort verteilen sich die Fische zwischen den Pflanzen, wobei sie dicht bewachsene Stellen bevorzugen. So können sie auch von jagenden Vögeln wie Möwen und Alken nur schwer entdeckt werden. Bei abfließendem Wasser sammeln sich die Tiere wieder und schwimmen im Schutz des Schwarms in tiefer gelegene Zonen.

Miesmuscheln heften sich meist in dicht gedrängten Kolonien auf steinigem Untergrund fest.

Manche Vertiefungen an Felsküsten gehen auf Schnecken zurück, die mit den Algen auch das Gestein abraspeln.

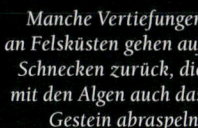

Weitere Fische, die im Felslitoral leben, sind Butterfische, Meergrundeln, Schildbauch-Fische und bestimmte Seenadeln. Sie alle tragen entweder gar keine oder stark zurückgebildete Schuppen. Dafür ist die Haut dieser Fische ledrig derb oder hart, um Verletzungen durch Wellenschlag vorzubeugen. Die meisten harren während der Ebbe in den kollabierten Blattwedeln von Tangen, in Gesteinsspalten oder eingegraben in den Bodengrund aus. So sind sie vor dem Austrocknen, der Sonne und Temperaturschwankungen geschützt. Die mit *Fucus*-Tangen bewachsene Gezeitenzone von Felsküsten dient während der Flut vielen Jungfischen als Rückzugsgebiet vor Fressfeinden, zugleich suchen sie dort ihre Nahrung: Plankton sowie am Boden lebende Krebse, Schnecken und Muscheln. So wandert beispielsweise der Nachwuchs des See-

Schorre oder Felswatt

Wo felsige Steilküsten bzw. Klippen seit langer Zeit von Wind und Wellen angenagt werden, bildet sich seewärts vor den Klippen eine Abrasionsplatte, die Schorre. Dieses Plateau ist der übrig gebliebene Stumpf der Klippe, die von der Brandung abgetragen oder abradiert wurde: Die Steilküste weicht also mit der Zeit zurück. Die felsige Platte liegt im Gezeitenbereich und wird im Rhythmus von Ebbe und Flut vom Meer bedeckt. Der felsige Grund fällt bei Ebbe weithin trocken. Deshalb wird auch von Felswatt gesprochen. Im Gegensatz zu anderen felsigen Küstentypen entfällt beim Felswatt die Spritzwasserzone, also der oberste, dem Land zugewandte Uferabschnitt. Ansonsten lassen sich auch an diesem Ufertyp die Besiedlungszonen des Eulitorals erkennen.

Nahezu jeder, der schon einmal an einem Felsstrand war, kennt die Gemeine oder Große Strandschnecke mit ihrem typischen kugelförmigen, 3 bis 4 cm großen Gehäuse, das bräunliche Streifen auf hellerem Grund zeigt. Gemeinsam mit verwandten Arten sitzen diese Weichtiere oft dicht gedrängt in Nischen und Ritzen auf felsigem Grund. Ihr Aktivitätsrhythmus ist an den ständigen Wechsel von Überflutung und Trockenliegen angepasst. Ihre leeren Gehäuse findet man aber auch – von Wellen und Sand bleich geschmirgelt – an Sandstränden.

Die Strandschnecke: Kosmopolit an felsigen Küsten

Ein unverzichtbarer Schutz für die Strandschnecken ist ihr widerstandsfähiges Gehäuse.

In der Gezeitenzone der Weltmeere

Strandschnecken der Gattung *Littorina* sind mit etlichen Arten an den Felsküsten der meisten Weltmeere zu Hause. Die ursprünglich an europäischen Küsten verbreitete *Littorina littorea*, so der wissenschaftliche Name der Gemeinen Strandschnecke, hat auch die Ostküste Nordamerikas erobert, wohin sie verschleppt wurde.

Diese Strandschnecken sind ganz überwiegend Weidegänger, die sich in der Gezeitenzone vom Algenüberwuchs der Felsen ernähren; gelegentlich werden aber auch Krebstiere wie Seepocken verzehrt. Die u-förmige Kriechspur, die sie bei der Nahrungssuche hinterlassen, lässt vermuten, dass sie sich an der Sonne orientieren: Sie beginnen ihren Weidegang zur Sonne hin und kehren mit der Sonne im Rücken wieder zum Ausgangspunkt zurück. Wichtig für das Leben in der Gezeitenzone ist ihr dickes, hartschaliges Gehäuse. Es schützt die Strandschnecken, wenn sie einmal von der Brandung losgerissen werden. Werden sie an Land gespült, können sie ihr Gehäuse mit einem Deckel fest verschließen und sich so vor Austrocknung schützen. Zudem ist ihre Kieme zurückgebildet, dafür aber ihre Mantelhöhle sehr gut durchblutet, so dass die Tiere vermutlich auch Luft atmen können.

Nischenbildung unter engen Verwandten

Ihren amphibischen Lebensraum zwischen Wasser und Land teilt sich die Gemeine Strandschnecke in der Nordsee mit zwei nahen Verwandten, der Kleinen oder Felsenstrandschnecke (*Littorina saxatilis*) und der Stumpfen Strandschnecke (*Littorina obtusata*). Die ökologischen Ansprüche dieser drei Arten sind ähnlich, aber nicht gleich, was sich besonders in ihrer Fortpflanzungsweise zeigt. Jede Art bevorzugt einen anderen »Sitzplatz« am felsigen Ufer.

Die häufige Gemeine Strandschnecke lebt sowohl über als auch unter dem Wasserspiegel in der Gezeitenzone (Eulitoral). Sie gibt ihre Eier in einer Gallertmasse bei Flut ins freie Wasser ab, wo sie verdriften. Die Larven entwickeln sich als Teil des Planktons. Die

Stumpfe Strandschnecke lebt bevorzugt unterhalb der Gezeitenzone (Schelfzone, Sublitoral), wo sie sich vor allem auf großen Tangwedeln wie *Fucus*, eine Braunalgengattung, aufhält und sie abweidet. Wie ihre größere Verwandte legt sie Eier, die sie in einer Gallertmasse sorgfältig an die Tangpflanzen ihrer Umgebung klebt. Die Jungen schlüpfen als fertige Schnecken.

Die nur 6–8 mm Gehäusehöhe erreichende Felsenstrandschnecke lebt an der europäischen Atlantikküste, doch trifft man sie gelegentlich auch an deutschen Küsten. Sie besiedelt vor allem die Spritzwasserzone von der Hochwasserlinie bis mehrere Meter über dem

An geschützten Küsten besiedelt die Gemeine Strandschnecke die verschiedensten Oberflächen.

Wasserspiegel (Supralitoral). Dort lebt sie in Felsnischen und Ritzen. In dieser wechselnd feuchten und trockenen Umgebung atmet sie mit einer einfachen Lunge. Wie alle Strandschnecken ist die Art getrenntgeschlechtlich und hat eine innere Befruchtung. Im Gegensatz zu ihren Verwandten entwickelt sie die befruchteten Eier in einem zur Brutkammer modifizierten Eileiter und entlässt dann quasi lebend gebärend fertige Schneckchen (Ovoviviparie). Die Jungtiere leben deutlich näher an der Wasserkante als die Erwachsenen. Dort sind die Temperaturunterschiede geringer und es ist gleichmäßiger feucht als in den höher gelegenen Zonen. So ist die Gefahr auszutrocknen nur gering.

Da mehrere eng verwandte Arten ihren Lebensraum in benachbarten Zonen haben, ist die zwischenartliche Konkurrenz begrenzt.

Gemeine Strandschnecke
Littorina littorea

Klasse Schnecken
Ordnung Mittelschnecken
Familie Strandschnecken
Verbreitung Gezeitenzone vom Mittelmeer über den Nordatlantik bis zur westlichen Ostsee (Rügen)
Maße Länge: 1–2 cm
Nahrung Algen, kleine Krebse, Krebslarven, Detritus
Zahl der Eier bis 100 000 pro Jahr
Höchstalter 20 Jahre

Seepocken besiedeln nahezu alle felsigen Küsten weltweit, so dass sie fast jeder schon einmal gesehen hat. Es sind die kleinen runden Kalkschalen, die wie weiße Pocken fest mit Steinen, Schiffsrümpfen oder sogar anderen Lebewesen (z. B. Muscheln) verwachsen scheinen. Wer genau hinsieht, entdeckt Leben im Krater und denkt an eine Muschel. Doch gehören Seepocken zu den Krebstieren, genauer zu den Rankenfußkrebsen (Cirripedia). Diese geben nach dem Larvenstadium ihre freie Beweglichkeit völlig auf. Haben sie einen Platz zum Ansiedeln gefunden, verbinden sie sich mit dem Untergrund und verbringen den Rest ihres Lebens an diesem Ort.

Seepocken:
Felsküstenbewohner mit festem Platz im Leben

Die scharfkantigen Seepocken mit ihren kegelförmig abgestutzten Gehäusen gehören zu den Rankenfußkrebsen.

Krebse mit ungewöhnlichem Aussehen

Der weiche Körper der Seepocken (Balano-morpha) wird in der Regel durch drei paarig angelegte Kalkplatten umhüllt. Zwei Paare beweglicher Platten verschließen bei Bedarf die obere Öffnung des »Kraters«. Aus ihm ragen sechs Beinpaare, wenn die Seepocke Nahrung zu sich nimmt. Diese Beine, Cirri genannt, sind mit winzig kleinen Borsten besetzt. Sie filtern winzige Nahrungspartikel wie Einzeller, Algen und organische Teilchen aus dem Wasser und leiten sie wie auf einem Förderband zur Mundöffnung des Tieres. Während ihres gesamten sesshaften Lebens stehen Seepocken praktisch auf dem Kopf, denn mit ihm – genauer einer Kalkplatte unter dem Kopf – sind sie mit ihrem Untergrund verklebt. Die Krebstiere besitzen spezielle Drüsen, die einen sehr festen und widerstands-fähigen Zement absondern, mit dem sie auf dem von ihnen gewählten Ort andocken. Viele Seepocken, insbesondere die Art *Semibalanus balanoides*, leben an der Küste auf Felsen, die während der Ebbe trockenfallen. Sind Seepocken vorübergehend nicht von Wasser bedeckt, ziehen sie die Fiederbeinchen in ihren Panzer und verschließen die Öffnung. So bleibt ihr Körper im Inneren des Kalkpanzers auch während der Ebbe feucht.

Das Larvenstadium

In den 1850er Jahren stellte der Naturforscher Charles Darwin als Erster die Hypothese auf, dass es sich bei den Seepocken nicht um Muscheln handelte, wie bis dahin angenommen, sondern um Krebstiere. Seine für die damalige Zeit kühne Annahme begründete Darwin mit dem Aussehen und Verhalten der Tiere im Larvenstadium, das dem anderer Krebstiere gleicht.
Aus den Eiern, die sich im Innern der Schale der Seepocken, aber außerhalb ihres Körpers entwickeln, schlüpfen sog. Naupliuslarven. Diese schwimmen ins Meer heraus und werden zunächst Teil des Planktons, das ihnen zugleich gute Nahrungsgründe bietet. Die winzigen Naupliuslarven zeichnen sich durch einen dreieckigen Körper mit langem Schwanz, drei Gliedmaßenpaare und nur ein Auge

aus. Sie machen mehrere Häutungen durch und wandeln sich dann in Cyprislarven um, die einer kleinen zweischaligen Muschel ähneln. In diesem Larvenstadium nehmen die Tiere keine Nahrung zu sich und suchen nach einem guten Platz, um sich anzusiedeln.

Auf gute Nachbarschaft

Bei der Wahl eines geeigneten Untergrunds achten die Larven vor allem darauf, dass sich andere Seepocken in unmittelbarer Nähe befinden, denn die Nachbarschaft von Tieren der gleichen Art ist für die Fortpflanzung der sesshaften Rankenfußkrebse unabdingbar. Haben sie sich einmal an einem geeigneten Platz angeheftet, drehen sich die Krebslarven im Innern der Schale so, dass fortan ihr Rücken nach unten zeigt. Nun beginnt die Umwandlung (Metamorphose) der Larve zur erwachsenen Seepocke, die innerhalb kürzester Zeit abgeschlossen ist – bei manchen Arten innerhalb von 24 Stunden. Seepocken sowie die anderen Rankenfußkrebse sind nahezu die einzigen Krebstiere, die ihren Panzer ihr ganzes Leben lang behalten. Wenn sie wachsen, häuten sich die Seepocken im Inneren ihres Panzers und fügen dann den Kalkplatten einfach neues Material hinzu. In aller Regel sind Seepocken Zwitter, d. h., sie besitzen sowohl männliche als auch weibliche Geschlechtsorgane. Sie befruchten sich jedoch nicht selbst. Damit sie ihren Penis in den Mantelspalt des Nachbarn einführen und die dort befindlichen Eier befruchten können, hat das männliche Geschlechtsorgan mit etwa doppelter Körperlänge gigantische Ausmaße und zählt zu den längsten in der Tierwelt.

Seepocken und Seefahrt

Da sie sich auch auf Schiffsrümpfen nieder-lassen, sind Seepocken seit jeher bei der Schiff-fahrt unbeliebt. Forscher suchen schon seit langem nach einer Beschichtung, die die Ansiedlung der Larven verhindert und zu-gleich für die Tier- und Pflanzenwelt unbe-denklich ist. Denn die bis heute im Schiff-bau meist verwendeten Schutzanstriche mit TBT (Tri-Butyl-Zinn) sind schädlich für viele Meeresbewohner.

Seepocken
Balanomorpha

Klasse Krebstiere
Ordnung Rankenfußkrebse
Familie Seepocken
Verbreitung Felsküsten weltweit, aber auch auf Schiffsrümpfen, Treibgut und anderen Tieren
Maße Höhe bis 26 cm, Durchmesser bis 11 cm
Nahrung vor allem kleine Larven, aber auch Einzeller, Algen und Detritus

Felsklippen:
Leben in der Vertikalen

Blaufußtölpel brüten oft in riesigen Kolonien auf Küstenfelsen und fliegen auch gemeinsam auf Nahrungssuche.

Windgepeitscht und den Elementen ausgesetzt, wirken steil aus dem Meer aufragende, von der Brandung umtoste Klippen nicht gerade einladend. Genau das ist ein Grund, warum viele Meeresvögel in oft riesigen Kolonien auf solchen Felsen brüten: Sie bieten ihnen Schutz vor vierbeinigen Feinden. In solchen Vogelkolonien brüten oft mehrere Arten auf engstem Raum nebeneinander. Da die Arten aufgrund ihres Körperbaus unterschiedliche Ansprüche an ihr Nistareal stellen, kann man beobachten, dass sich die Vögel buchstäblich am Felsen einnischen und nicht um Nistplätze konkurrieren.

Brüten am Abgrund

Neben etlichen Hochseemöwen bilden die ebenfalls marinen Alkenvögel mit weltweit 22 bekannten Arten die spektakulärsten Seevogelkolonien, zumeist auf Felsklippen. Wo sie ungestört sind, brüten sie jedoch auch auf flachen, abgelegenen Inseln zwischen Felsblöcken, z. B. im Eismeer oder an Schärenküsten. Überhaupt leben die meisten Alken im hohen Norden. Nur wenige erreichen die gemäßigten Breiten, etwa die Britischen Inseln, das Mittelmeer oder das Japanische Meer. Nur sechs Arten leben in den atlantischen Meeren, die anderen 16 brüten im pazifischen Gebiet der Nordhalbkugel. Sie besetzen als unter Wasser jagende Fisch- und Krillfresser

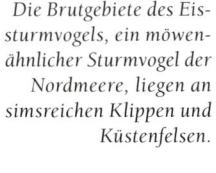

Die Brutgebiete des Eissturmvogels, ein möwenähnlicher Sturmvogel der Nordmeere, liegen an simsreichen Klippen und Küstenfelsen.

die ökologische Nische der Pinguine der Südhalbkugel, können jedoch alle auch in der Luft fliegen. Doch tragen ihre kurzen, schmalen Flügel schwer an den plumpen Körpern. Die einzelnen Arten bevorzugen jeweils deutlich verschieden zonierte Brutplätze im Fels. Die Gryllteiste (*Cepphus grylle*) brütet paarweise weit unten am Fuß der Felsen, jedoch oberhalb der Spritzwasserzone. Sie bevorzugt kleine Grotten unter Felsüberhängen oder legt ihre zwei Eier in Nischen, die sie ansatzweise auspolstert. Alken der pazifischen Gattung *Aethia* nutzen die Labyrinthe in großen Halden herabgestürzter Felsblöcke, um ihre Jungen aufzuziehen. Lummen der Gattung *Uria* brüten nur ein einziges Ei aus. Als Unterlage reicht ihnen ein offener Felssims von etwa 10–15 cm Breite, den die ungelenk-rasanten Schwirrflieger erstaunlich punktgenau anfliegen. Solche Plätze finden sie in mittleren bis oberen Bereichen der Felsklippen. Das Ei hat einen besonders spitzkegeligen Pol, es sieht daher wie eine Birne aus. Der Schwerpunkt liegt dadurch so günstig, dass das Lummenei auch auf glatter Unterlage nicht wegrollt und sich mit nur kleinem Kreis um seine Achse dreht. So fällt es nicht herab. Lummen bilden dichte Kolonien. An den Rändern brütet verstreut der Tordalk (*Alca torda*). Er bevorzugt Simse unter Felsvorsprüngen oder Halbhöhlen, um vor Wetter und Gicht geschützt zu sein.

Die nur etwa starengroßen Krabbentaucher (*Plautus alle*) brüten kolonieweise an Steilküsten des atlantischen Hohen Nordens und im Eismeer in Spalten und Nischen. Im Pazifik ersetzt ihn der in Gestalt und Lebensweise sehr ähnliche Silberalk (*Synthliboramphus antiquus*). Dieser zwergenhafte Krebsjäger scharrt sich meterlange Gänge oder nimmt ebenfalls mit Spalten vorlieb. Im Gegensatz zum Krabbentaucher bewohnt er nicht nur nordische Küstengewässer, sondern erreicht im Süden Japan und Korea.

Wo sich Erdabbrüche an den Klippenkronen gebildet haben, scharren Papageitaucher (*Fratercula arctica*) meterlange Röhren in den Untergrund. Denselben Platz an den Klippenkronen wählen auch etliche Sturmtaucher und Sturmschwalben aus der Gruppe der Röhrennasen. Auch sie graben sich Röhren oder nutzen die verlassenen anderer Tiere. Ein typischer Felsbrüter unter den Möwen ist die Dreizehenmöwe *Rissa tridactyla*. Sie baut ein richtiges Nest aus Pflanzenmaterial, z. B. Tangen oder Grashalmen, die sie mit Kot zu einem flachen Napf festtritt. Ihr genügen winzige Felsvorsprünge als Nistunterlage. Als körperlich schwächerer Vogel und Spätheimkehrer muss sie meist mit den exponierten Punkten der Klippenwände vorliebnehmen. Als hoch manövrierfähiger Flieger landet sie jedoch sicher und punktgenau.

Der ähnlich gefärbte Eissturmvogel ist etwas größer und wesentlich schwerer. Dieser Albatrosverwandte kehrt früher als die anderen Klippenbrüter zum Brutplatz zurück und beherrscht dann pro Paar etliche Meter recht breiter Simse. So verdrängt ein Paar dieser schmalflügeligen Flieger etliche Paare anderer Felsbrüter wie die Trottellumme. Eissturmvögel suchen möglichst geschützte Bereiche in der Klippe, unabhängig von der Höhe im

Auch die Gryllteiste findet sich zur Brutzeit an steilen Felsküsten ein. Als Brutplatz bevorzugt sie kleine Grotten unter Felsüberhängen.

Die steilwandigen Fjorde entstanden durch Überflutung glazialer Trogtäler.

Fels. Den breiten, freien Sims brauchen sie zum sicheren Landen. Wie die anderen Sturmvogelarten kann auch der Eissturmvogel nicht vom ebenen Land aus starten und ist daher auf erhöhte Felspartien angewiesen. Vom Wasser jedoch erhebt er sich mit kurzem Anlauf.

Seeschwalben

Die meisten der weltweit 45 Arten Seeschwalben brüten in Kolonien auf flachen, weiten Stränden und Kiesflächen. Sieben Arten dieser höchst eleganten Fischjäger brüten jedoch auch in Felsbiotopen, darunter auch die seltenste: Die Bernstein-Seeschwalbe (*Sterna bernsteini*) siedelt auf kleinen Felsinseln im chinesischen Meer. Jahrzehntelang galt sie als ausgestorben, wurde jedoch im Jahr 2000 wieder gesichtet. So brüteten vier Paare auf einer Insel vor Taiwan in einer Kolonie der Seeschwalbe *Sterna bergii*. Ihre Nester waren auf nackter Erde am Abhang der Klippenkrone angelegt. Jedes Paar zog offenbar nur ein Junges auf. Über die Überwinterungsgebiete der Bernstein-Seeschwalbe ist ebenso wenig bekannt wie über den Brutbestand. Experten schätzen ihn auf weniger als 250 Tiere.

Vogelkolonien und Meeresfauna

Die riesigen Vogelkolonien mit oft mehreren zehntausend Brutpaaren können nur dort entstehen, wo die Natur neben geeigneten Felsformationen genügend Nahrung bietet: Plankton und Jungfische gedeihen dort am besten, wo warme Strömungen aus der Tiefe auf kalte arktische Ströme treffen. Die Bewohner der

Die Sturmmöwe wandert wie viele Möwenarten nach der Brutsaison an der Küste ins Binnenland.

Vogelfelsen auf der Nordhalbkugel – überwiegend Alken, Tölpel, Möwen und Röhrennasen – düngen wiederum mit ihrem Kot das Seewasser der Umgebung. Somit reichern sich dort Nährstoffe im Wasser an und sorgen für das Wachstum von planktischen Algen und Kleintieren. Sie wiederum bilden die Nahrungsgrundlage für Fischbrut und Jungfische. Von ihnen ernähren sich die Vogelscharen der Felsen. Die Lummen treiben im Unterwasserflug als Jagdketten Fischschwärme zusammen. Tölpel sind Stoßtaucher; sie stürzen sich aus bis zu 30 m Höhe als Pfeil zusammengefaltet in die See.
Auf der Südhalbkugel beleben dichte Kolonien von Pinguinen, Kormoranen und Tölpeln nackte Felsinseln, ohne jedoch Felswände zu besiedeln. Sie nutzen teilweise ihren Kot,

um ihre Nester zu stabilisieren. Die im Guano festgelegten Nährstoffe werden nur langsam über Niederschläge ins Wasser ausgewaschen. Zum Binnenland haben diese Vogelscharen meist wenig oder gar keinen Kontakt; ihr Leben ist ganz auf das Meer und den Küstenstreifen orientiert. Jedoch wandern viele Möwenarten nach der Brutsaison ins Binnenland, etwa die Sturmmöwe. Umgekehrt lösen andere, z.B. die Schwarzkopfmöwe, ihre Kolonien an Binnenseen auf und ziehen an Küsten oder gar aufs offene Meer hinaus wie die Zwergmöwe.

Im Doubtful Sound, einem Fjord im Südwesten Neuseelands mit Felswänden, die unter Wasser hunderte Meter steil in die Tiefe reichen, haben Forscher Interessantes festgestellt: Entlang der Wände trafen sie über weite Strecken auf nackten Fels, im Wechsel mit einer artenarmen Besiedlung aus Kalkalgen und wenigen, meist sessilen (festsitzenden), wirbellosen Tieren. Dieses Muster wird ergänzt von inselartig dicht besiedelten Zonen mit einer artenreichen Wirbellosenfauna. Sie besteht meist aus Moostierchen (Bryozoa), bunten Schwämmen (Porifera) und Seescheiden (Ascidiacea).

Die peruanischen Guanoinseln

Ein Pendant zu den Vogelinseln auf der Nordhalbkugel bieten die »Guanoinseln« auf der Südhalbkugel vor der peruanischen Küste. Dank des Fischreichtums dieser Gewässer herrscht dort besonders zur Brutzeit ein schier unglaubliches Vogelgewimmel. Jede noch so kleine Freifläche wird als Nistplatz genutzt und der Kot tausender über Generationen dort nistender Vögel, der in dem ariden Klima rasch austrocknet, bildet eine harte und fast lückenlose Bodenbedeckung. Dieser sog. Guano, dessen durchdringend scharfer Gestank meilenweit zu riechen ist, wird zur Düngerherstellung genutzt. Die wichtigsten Brutvögel und Guanoproduzenten sind Kormorane, Pelikane, Tölpel und Pinguine. Sie brüten hier in viel höherer Anzahl als auf dem Festland, wo Eiräuber den Bruterfolg schmälern. Auf der Guanodecke huschen wiederum Eidechsen herum, die sich von Insekten und anderen Gliedertieren ernähren.

An den Steilhängen der Fjorde

An Küsten, wo steile Felsklippen sich ohne Unterbrechung durch ein Ufer auch unter Wasser so steil fortsetzen, müssen Lebensformen an ein Leben in der Senkrechten angepasst sein. Ihre Existenz hängt vom Licht und von der Fähigkeit ab, sich am Fels festzuhalten. Dies ist z.B. in Fjorden der Fall, deren Felswände wie die Wand einer Badewanne zu beiden Seiten eines Meeresarmes aufsteigen. Fjorde sind während der Eiszeit entstanden, als ein Gletscher ein Tal tief ausgeschürft hat. Später ist das Tal mit dem steigenden Meeresspiegel mit Seewasser vollgelaufen. Diese Küstenform ist in Skandinavien, Nordamerika, an der Eismeerküste Russlands, in Südchile oder Neuseeland zu finden.

In der obersten Zone zwischen der Wasserlinie und einer Tiefe von 3 m dominieren Seepocken, Miesmuscheln und große Algen die Lebensgemeinschaft. In 3–6 m Tiefe sind Moostierchen, Anemonen und weitere Muscheln charakteristisch. Viele Arten sind typisch für marine Uferzonen und heften sich mit einem Stiel an Felsen fest oder verwachsen mit einer ihrer Schalen am Substrat. Die Faktoren, die bestimmen, wie eine solche Lebensgemeinschaft zusammengesetzt ist, sind noch unklar. Vermutlich sorgen an den dicht besiedelten Stellen planktonreiche Strömungswirbel für genügend Nahrung. Einfluss nimmt wohl auch der wechselnde Salzgehalt, denn in die Fjorde entwässern Süßwasserbäche, sowie die Konkurrenz um Raum und weidende Seeigel.

Die Exkremente unzähliger Seevögel lagern sich als weißliche Schicht, dem sog. Guano, auf dem Boden ab.

Der Basstölpel:
Torpedo der Meere

Tölpel sind große, stämmige Meeresvögel mit langen Flügeln, zigarren-förmigem Körper, kräftigem Hals, einem mächtigen Dolchschnabel und kurzen, starken Beinen. Die Füße tragen Schwimmhäute zwischen allen vier Zehen. Jagende Tölpel bieten ein faszinierendes Schauspiel: Wie fliegende Kreuze kreisen sie oft in Trupps mit ausgebreiteten Flügeln über Fischschwärmen, bis sie dann nacheinander kopfüber ins Wasser stürzen, oft aus über 30 m Höhe und bis zu 15 m unter den Wasserspiegel. Dabei pressen sie die Flügel eng an, bis die Silhouette gestreckt wie ein Torpedo aussieht. Unter Wasser ergreifen sie die Beute meist von unten mit dem Schnabel, doch verschlingen sie sie erst nach dem Auftauchen am Stück.

Basstölpel sind nicht nur ausgezeichnete Taucher und Schwimmer, sondern auch gute Flieger und Segler.

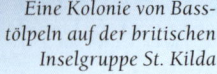

Eine Kolonie von Basstölpeln auf der britischen Inselgruppe St. Kilda

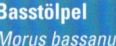

Basstölpel
Morus bassanus

Klasse Vögel
Ordnung Ruderfüßer
Familie Tölpel
Verbreitung steile Fels-
küsten im Nordatlantik und
in der Nordsee
Maße Länge: 1 m;
Spannweite: 1,8 m
Gewicht bis 3,5 kg
Nahrung Fische, meist
Heringe, Sandaale und
Makrelen
Geschlechtsreife mit etwa
5 Jahren
Zahl der Eier 1
Brutzeit 43–45 Tage
Höchstalter 40 Jahre

Luftsäcke dämpfen den Aufprall

Der Basstölpel (*Morus bassanus*) erreicht eine Körperlänge von 1 m und seine schmalen Flügel spannen bis 1,8 m weit. Die Flügelspitzen erscheinen wie in schwarze Tinte getaucht, das Ockergelb des Kopfes kontrastiert mit den großen, hellblauen Augen, das restliche Gefieder des erwachsenen Vogels ist reinweiß.

Um bei der erwähnten – einzigartigen – Jagdtechnik mit Sturzflügen aus großen Höhen die Wasseroberfläche unbeschadet durchstoßen zu können, dämpfen Luftsäcke im Gewebe von Gesicht und Brustbereich den Aufprall bei bis zu 100 km/h, ähnlich wie Airbags. Zusätzlich besitzt der Basstölpel verschließbare Nasenlöcher. Seine Augen sind nach vorn bzw. unten verlagert; dadurch kann der Tölpel besonders gut räumlich sehen und unter Wasser zielsicher seine Beute verfolgen. Die Hauptnahrung besteht aus Heringen, Sandaalen und Makrelen. Als Brutplätze dienen nicht nur steile Felsklippen, sondern auch ebene oder nur leicht geneigte Plätze, diese jedoch meist auf Inseln. Bereits ab Februar sind die ersten Vögel dort zu beobachten, das Nest wird aber nicht vor April gebaut. Hierfür werden Tang und Treibgut zusammengetragen. Heute sammeln die Vögel dafür auch Plastikmüll, z. B. Netzreste und Halteringe von Getränkepacks, in dem sich die Tiere allerdings häufig strangulieren und zu Tode kommen. Um die knappen Nistplätze in den Kolonien entstehen Jahr für Jahr Streitigkeiten zwischen den Tölpeln, die aggressiv mit den Schnäbeln ausgefochten werden.

Die Partner bleiben oft über mehrere Jahre beisammen und begrüßen sich am Nest jedesmal mit einem Ritual aus Verbeugungen, Kopfschütteln, Nackenbeißen und Gefiedersträuben, das der Beschwichtigung dient. Am Brutplatz ist auch eine wahre Kakophonie der verschiedensten Grunz- und Krächzlaute zu hören.

Beide Eltern teilen sich das außergewöhnlich lange Brutgeschäft. Das einzige Ei wird 43–45 Tage bebrütet; das anfangs nackte und blinde Junge wird 82–99 Tage lang mit vorverdauter Nahrung aus dem Kropf der Altvögel gefüttert.

Füttern auf Vorrat

Bis zum Hochsommer erreicht das Junge ein Gewicht von über 4 kg und ist damit ein Drittel schwerer als die Alten. Zu diesem Zeitpunkt verlassen die Eltern den Nachwuchs, der schließlich – immer noch flugunfähig – oft von hohen Klippen ins Meer hinabspringt. Dort verbringt das Junge noch etliche Tage schwimmend und lernt langsam jagen und fliegen. Sein schwarz-braunes Jugendkleid mit den weißen, tropfenartigen Flecken verliert sich im Lauf von fünf Jahren. Dann ist der Vogel auch geschlechtsreif. Die meisten Alten vagabundieren oft das ganze Jahr über in heimischen Gewässern, während die Jungvögel im Winter südwärts bis ins westliche Mittelmeer und bis vor Westafrika ziehen.

Brutkolonien

Bemerkenswert ist die Brutverbreitung: Der Basstölpel brütet in zuweilen riesigen Kolonien, die sich weltweit auf nur rd. 50 Felseninseln und wenige Küstenklippen konzentrieren. Die Anzahl der Populationen nimmt jedoch derzeit fast überall zu. Etwa 250 000 Paare brüten insgesamt in Europa: auf den Britischen Inseln, auf Island, in Norwegen, der Bretagne sowie auf den Färöer-Inseln und seit 1991 auch auf Helgoland. Außerdem liegen Brutgebiete an der Ostküste Nordamerikas, etwa vor Neufundland, Neuschottland und im Bereich der Mündung des Sankt-Lorenz-Stroms. Die größte bekannte Kolonie umfasst rund 60 000 Paare und befindet sich auf Bonaventure Island vor Kanada.

Zutraulicher Narr

Der deutsche Name ist von der Zutraulichkeit der Tiere und ihrem unbeholfenen Gang an Land sowie der schottischen Insel Bass Rock, wo sich eine riesige Brutkolonie befindet, abgeleitet. Auch der französische Name »Fou« (de Bassan) ist nicht gerade schmeichelhaft und bedeutet schlicht »Narr«. Da klingt der englische Name »Gannet« schon wie ein Kompliment: Er leitet sich vom indoeuropäischen Wortstamm für »Gans« her.

Die Trottellumme gehört zur Familie der Alken (Alcidae) und ist die häufigste Alkenart. Ihre pinguinähnliche Körperform ist als Anpassung an ein Leben auf dem Meer zu sehen. Denn mit den Stummelflügeln lässt sich zwar nur schlecht fliegen, jedoch umso besser schwimmen. Mithilfe ihrer Flügel kann die Lumme vortrefflich rudern, gleiten und steuern – immer unterstützt von den Schwimmfüßen und den Schwanzfedern.

Trottellummen gehören nicht zu den anmutigsten Fliegern.

Kein Tollpatsch: die Trottellumme

Als Brutplätze wählen die Vögel steile Felsklippen über dem Meer.

Watschelgang und Tauchtalent

Über Wasser macht die Trottellumme (*Uria aalge*) ihrem Namen alle Ehre. Die Schwimmfüße ragen beim Landeanflug seitlich hervor und »gelaufen« wird im Watschelgang auf dem gesamten Fuß – sie rutscht also quasi auf den Knien. Doch ihr Name wird nicht ihrer geschickten Tauchjagd gerecht.

Als typischer Hochseevogel überwintert die Trottellumme auf offenem Meer bis zum Rand des Treibeises. Sie erbeutet ihre Nahrung bei ausdauernden Tauchgängen im Unterwasserflug oder schwimmend. Zur Brutzeit ist die Trottellumme an Steilküsten und auf einsamen Inseln der Barentssee und des Beringmeeres zu finden sowie an Felsküsten des Nordatlantiks bis Island, Skandinavien und in Westeuropa bis hinunter an die iberische Küste. Ab Mitte April besetzen Trottellummen ihre Brutplätze in den Felsklippen. Einige Brutfelsen nehmen Kolonien mit Hunderttausenden von Alken auf. Die einzige deutsche Brutkolonie mit über 2000 Trottellummen-Paaren findet sich alljährlich auf Helgoland ein. Für eine erfolgreiche Jungenaufzucht unter den erschwerten Bedingungen an der Felsküste sind besondere Anpassungen nötig: Die Trottellumme baut kein Nest, sondern legt ihr einziges Ei direkt auf schmale Felsbänder oder Vorsprünge oberhalb der Brandungszone. Im Gegensatz zu anderen Vogeleiern laufen Trottellummen-Eier kegelförmig spitz zu, so dass sie weitgehend vor dem Herunterrollen geschützt sind.

Der Lummensprung

Wo immer sich die Brutplätze hochhausartig über dem Wasser türmen, ereignet sich in der zweiten Junihälfte ein einzigartiges Naturschauspiel, der sog. Lummensprung. Angespornt vom gurgelnd drängenden Krähen der Altvögel, die auf dem Wasser warten, stürzen sich die erst etwa drei Wochen alten Küken nach einer Phase jämmerlichen Piepens bis zu 300 m in die Tiefe. Dass die meisten von ihnen lebend und unversehrt unten ankommen, selbst wenn sie auf Felsen aufschlagen, verdanken sie einigen Raffinessen der Natur: So wiegen sie kaum ein Viertel der

Altvögel und bremsen den aufrechten Sprung etwas mit ihren noch unbefiederten Flügelchen. Zudem haben ihre Knochen die Konsistenz von Gummi, so dass man ihnen Schnabel und Beine grotesk verbiegen kann. Schließlich ist ihr dichtes weißes Bauchgefieder derb und spröde, was ebenso Aufprallenergie schluckt wie die Fettpolster. Einmal im Wasser, schwimmen und tauchen die Lummenküken sofort atemberaubend schnell und wendig. Im Idealfall paddeln sie nun laut rufend zu ihren Eltern. Wohl meist zusammen mit ihren Vätern suchen die Küken anschließend nahrungsreichere Gewässer auf. Bis sie dann richtig fliegen können, vergehen noch etwa zehn Wochen.

Nestflucht spart Energie

Warum aber wagen die Küken diesen todesmutigen Sprung? Die Antwort ist überraschend: um Energie zu sparen. Da Trottellummen nicht besonders gut fliegen können und der Schwirrflug viel Energie verschlingt, bleibt der Aktionsradius der Altvögel beim Füttern klein. So können sie bei jeder Fütterung nur wenig Nahrung mitbringen, die nur in den ersten Wochen für den Nachwuchs ausreichend ist. Der Anflug zum Fels ist außerdem gefährlich, denn Wanderfalken nutzen ihre Chance, die wenig wendigen Flieger abzufangen. Die weltweit auf 10 Mio. geschätzten Tiere belegen, dass die Strategie der frühen Nestflucht aufgeht.

Nicht verwechseln: der Tordalk

Meist am Rand von Lummenkolonien brütet etwas abseits der Tordalk (*Alca torda*). Mit einer Größe von bis zu 40 cm ist er zwar etwas kleiner als die Trottellumme, zumindest im Winterkleid von seiner Körperform und Färbung aber durchaus mit ihr zu verwechseln. Auch Flug- und Ernährungsweise dieses Verwandten gleichen denen von *Uria aalge*. Im Sommer fallen sein hoher, seitlich abgeflachter Schnabel mit der weißen Querlinie sowie der kürzere Hals auf. Auf Island kommen 380000 Paare vor und auch auf Helgoland brüten etwa 15 Paare.

Trottellumme
Uria aalge

Klasse Vögel
Ordnung Wat- und Möwenvögel
Familie Alken
Verbreitung Küsten und Inseln des Nordatlantiks, der Barentssee und des Nordpazifiks: im Westen vom St.-Lorenz-Golf und Neufundland über Grönland, Island, den Britischen Inseln und Norwegen bis zur Halbinsel Kola und südwärts bis in die Ostsee, Nordwest-Frankreich, Nordwest-Spanien und Portugal, auch auf Helgoland
Maße Länge: 42 cm; Spannweite: 70 cm
Gewicht bis 1 kg
Nahrung Fische, Tintenfische, Krebse und andere Wirbellose
Geschlechtsreife mit 4–5 Jahren
Zahl der Eier 1
Brutdauer 30–35 Tage
Höchstalter 10 Jahre, selten 32 Jahre

Wegen der speziellen Form kann das Ei einer Trottellumme nicht wegrollen.

Der Papageitaucher:
Höhlengräber und Flügeltaucher

Einen der merkwürdigsten Schnäbel hat sicherlich der taubengroße Papageitaucher. Form und Farben des papageienähnlich hohen, blau, gelb und rot gefärbten Schnabels spielen vermutlich eher eine Rolle bei der Paarbildung und Balz als beim Beutefang. Der wissenschaftliche Name *Fratercula arctica* bedeutet »arktisches Brüderchen« und bezieht sich wahrscheinlich auf den Abflug, bei dem der plumpe Vogel die Füße faltet wie ein Mönch die Hände zum Gebet.

Mit dem eigenartig geformten Schnabel können Papageitaucher viele kleine Fische gleichzeitig halten.

Maulwurf der Vogelfelsen

Im Gegensatz zu den vielen anderen Alkenvögeln, die in Felsklippen brüten, bevorzugt der Papageitaucher grasbewachsene Hänge, wo er sich mit dem blattartigen Schnabel oft mehrere Meter tiefe Bruträhren gräbt. Manchmal brütet er auch in Kaninchen- oder Sturmtaucherhöhlen oder unter Felsen. Gelegentlich benutzen auch mehrere Paare denselben Eingang, der dann aber in verschiedene Brutkessel führt. Die Paare bleiben meist über Jahre hinweg zur Brut beisammen. Beide Partner teilen sich das Brutgeschäft. Das einzige weiße und große Ei – es misst etwa 64 x 41 mm bei nur 26–30 cm Körperlänge des Altvogels – wird entweder auf den nackten Boden oder in ein dürftiges Nest aus Pflanzenteilen und Federn gelegt und 35–36 Tage bebrütet.

Die Jungvögel verbringen mindestens fünf Wochen im Nest, bei Futterknappheit kann sich die Nestlingszeit sogar auf das Doppelte hinziehen. Die Jungen sind nach dem Ausfliegen sofort selbstständig. Nach fünf bis sechs Jahren erlangen sie die Geschlechtsreife.

Vor allem zur Brutzeit sind Papageitaucher sehr gesellig und brüten teilweise in riesigen Kolonien.

Reihenweise Fisch im Schnabel

Die Beute des Papageitauchers wird tauchend im Unterwasserflug verfolgt, wobei ein Tauchgang meist nur eine halbe, selten eine ganze Minute dauert und bis in 15 m Tiefe führt. Bevorzugt fängt der Papageitaucher Sandaale, Sprotten, Lodden und Heringe, im Winterhalbjahr auch Krebstiere und Mollusken.
Die Vögel mit dem traurigen Clownsgesicht und der schwarzen Mönchskutte tragen gefangene Fische quer im Schnabel, um ihre Unterwasserjagd ohne Unterbrechung fortsetzen zu können. Sie klemmen dazu bis zu 60 Fische mit der Zunge gegen den Oberschnabel.

atlantik zwischen dem 50. und 80. Breitengrad angetroffen, im Bereich der Kontinentalränder auch weiter südlich – im Westen bis New Jersey, im Osten bis ins westliche Mittelmeer und zu den Kanarischen Inseln. Bis etwa 1960 gingen die Bestände fast im gesamten Nordatlantik zurück, danach haben sie sich aber offenbar dank der hohen Anpassungsfähigkeit der kleinen Seevögel wieder stabilisiert. Neuerdings gibt es allerdings wieder Berichte von abnehmendem Bruterfolg, was auf einen Schwund der Sandaal- und Loddenbestände durch die Störung der Nahrungskette aufgrund der globalen Erderwärmung zurückgeführt wird.

Wolken von Vögeln

Der Papageitaucher ist mit geschätzten 6 Mio. Brutpaaren einer der häufigsten Vögel des Nordatlantiks, wo er in teilweise riesigen Kolonien die Küstenabhänge von Westgrönland bis in die nordöstlichen USA und von Spitzbergen über Nowaja Semlja, die Kola-Halbinsel, Norwegen, Island und die Britischen Inseln bis in die Bretagne besiedelt. Die größten Brutvorkommen existieren auf Island, den Färöer-Inseln sowie in Schottland und Norwegen. Bis etwa 1835 gab es auch eine kleine Kolonie auf Helgoland, wo er heute nur noch vereinzelt erscheint.
Im Winter verteilen sich die Vögel auf dem Meer in weitem Umkreis um die Brutgebiete und werden auf dem gesamten Nord-

Der pazifische Vetter

Im Nordpazifik, von Alaska über die Aleuten bis nach Sachalin und zu den Kurilen, hat der Papageitaucher einen Vetter, den Hornlund (*Fratercula corniculata*). Dieser Alk unterscheidet sich nur durch einen hornigen Fortsatz über dem Auge und eine rein gelbe Schnabelbasis. Wie der Papageitaucher brütet auch der Hornlund in unzugänglichen Steilhängen; doch ist er mit nur etwa 600 000 Brutpaaren wesentlich seltener als jener.

Der Papageitaucher – hier bei der Gefiederpflege – ist nahe verwandt mit dem Hornlund.

Papageitaucher
Fratercula arctica

Klasse Vögel
Ordnung Wat- und Möwenvögel
Familie Alken
Verbreitung hauptsächlich im Nordatlantik mit angrenzenden Küsten, Inseln des Eismeers
Maße Länge: 26–30 cm; Spannweite: 60 cm
Gewicht 500 g
Nahrung kleine Fische, vor allem Sandaale und Heringe, auch Krebse und Weichtiere
Geschlechtsreife mit 5–6 Jahren
Zahl der Eier 1
Brutzeit 35–36 Tage
Höchstalter über 20 Jahre

Die Dreizehenmöwe: zwischen Steilklippe und offenem Meer

Die Dreizehenmöwe ist perfekt an das Brüten an steilen und unzugänglichen Plätzen angepasst: In Felsklippen genügen ihr das schmalste Felsband und der kleinste Vorsprung, um ihr Nest aus Schlamm, Kot und Pflanzenteilen zu befestigen. Oft brüten die kleinen Möwen dicht gedrängt mit Lummen und anderen Alkenvögeln in gemischten Kolonien, wobei die Arten jedoch in der Regel, je nach Hangneigung des Felsens und der Mächtigkeit des Bodens, zoniert nisten.

Die häufigste Möwe der Welt

Das Verbreitungsgebiet der Dreizehenmöwe (*Rissa tridactyla*) umfasst die Küsten der gesamten Nordhalbkugel etwa zwischen dem 15. und 80. Breitengrad, besonders dort, wo nährstoffreiches Tiefenwasser nach oben strömt und üppige Kleinfischbestände hervorbringt. Wahrscheinlich ist die Dreizehenmöwe die häufigste Möwenart der Welt. Grobe Schätzungen gehen von etwa 7 Mio. Paaren aus, von denen allein über 2 Mio. in Europa brüten, vor allem auf Island, in Nor-

wegen, auf den Färöer- und den Britischen Inseln. Weitere Brutplätze finden sich auf Spitzbergen, Franz-Josef-Land, eine Inselgruppe im Nordpolarmeer, Island, in der Normandie und der Bretagne. In den 1970er Jahren siedelten sich diese nordischen Möwen vereinzelt auch an der spanischen Atlantikküste und in Portugal an. Die Dreizehenmöwe fehlt hingegen als Brutvogel in der gesamten Ostsee und im Mittelmeer sowie in Belgien und den Niederlanden.

Auf den Helgoländer Vogelfelsen ist sie mit über 7000 Brutpaaren der zahlreichste klippenbrütende Meeresvogel. Das war nicht immer so: Bis weit ins 20. Jahrhundert hinein wurden die Vögel vielerorts verfolgt und ihre Eier sowie die fast flüggen Jungen eingesammelt und gegessen. Auf Helgoland war die Dreizehenmöwe daher lange Zeit verschwunden und brütet dort erst wieder seit 1938. Wie viele andere Möwenarten hat auch sie vom ins Meer geworfenen Beifang der industriellen Fischerei profitiert.

Wie in Tinte getauchte Flügelspitzen

Zusammen mit der eng verwandten Klippenmöwe (*Rissa brevirostris*) aus dem Pazifik gehört die Dreizehenmöwe einer eigenen, vom Gros der übrigen Möwenarten getrennten Gattung an, die sich durch eine stark rückgebildete hintere Zehe auszeichnet.
Ihre Gestalt ähnelt sehr der Sturmmöwe (*Larus canus*), unterscheidet sich aber bei genauem Hinsehen durch die ganz schwarzen Dreiecke der Flügelspitzen und die schwarzen Beine.

Ihr Jugendkleid zeigt ein markant schwarzes, flaches »M« über Flügel und Rücken; gleichfalls schwarz sind ein Nackenband und die Schwanzendbinde. Am Brutplatz ruft sie oft und durchdringend »kittiwääk«, was ihr den englischen Namen »Kittiwake« eingebracht hat. Der wissenschaftliche Gattungsname leitet sich vom isländischen »Rita« ab, dem dortigen Namen der Dreizehenmöwe; »tridactyla« ist Griechisch und bedeutet schlicht »die Dreizehige«.

Kolonien mit Ersatzeltern

Bei der Balz stehen sich die Partner mit weit aufgerissenen Schnäbeln gegenüber und verdrehen dabei die Köpfe, so als würden sie gegenseitig ihre rot gefärbten Rachen inspizieren. Mehr als die Hälfte aller Paare brütet auch im nächsten Jahr wieder zusammen. Die Nester werden alljährlich wieder benutzt und dabei jedes Mal mit einer neuen Lage aus Schlamm, Kot und Pflanzenteilen aufgestockt bzw. ausgebessert. Auf diese Weise werden sie immer schwerer und instabiler, bis sie von Stürmen abgerissen werden. Das Gelege besteht meist aus zwei Eiern, die von beiden Eltern 25–32 Tage bebrütet werden. Dabei können die Vögel oft nur mit dem Kopf zum Felsen gewandt auf den Eiern sitzen, da sie sonst mit dem Schwanz anstoßen würden. Die Jungen werden mit ausgewürgtem vorverdautem Fisch gefüttert und nach etwa sechs Wochen flügge. Kommt ein Altvogel während der Jungenaufzucht zu Tode, werden die Jungen häufig von nichtbrütenden Vögeln in der Kolonie weiterversorgt. Außerhalb der Brutzeit halten sich die Vögel meist in größeren Trupps auf hoher See auf, wobei sie oft Fischerbooten folgen; seltener sind sie dann auch in Häfen anzutreffen und vereinzelt sogar im Binnenland. Im Winter ziehen die nördlichen Populationen meist nach Süden (bis vor Nordafrika und ins westliche Mittelmeer), während die südlichen in der Nähe ihrer Brutplätze bleiben. An der Nordsee ist die Möwe ein häufiger Wintergast.

Dreizehenmöwe
Rissa tridactyla

Klasse Vögel
Ordnung Wat- und Möwenvögel
Familie Möwen
Verbreitung Küsten der gesamten Nordhalbkugel, auch auf Helgoland
Maße Länge: bis 40 cm, Spannweite: 90–100 cm
Gewicht 300–450 g
Nahrung Sandaale, Lodden, Heringe, Sprotten, Krebse, Weichtiere, Insekten
Zahl der Eier 2
Brutdauer 25–32 Tage
Höchstalter 18 Jahre

Die jungen Dreizehenmöwen sind Nesthocker und werden nach etwa sechs Wochen flügge.

Sandküsten:
von Meer und Wetter geschaffen

Die »Dune du Pilat« an der französischen Atlantikküste ist Europas größte Wanderdüne.

Strände sind flache, mit Sand, Kies oder gröberem Geröll bedeckte Küstenbereiche, die zumindest zeitweise oberhalb des Meeresspiegels liegen. Ungefähr 20 % aller Küsten bestehen aus Sand- oder Kiesstränden. Sand ist ein Lockergestein aus kleinen runden oder eckigen Mineralkörnern mit einer Korngröße von 0,063–2 mm Durchmesser. Aber wie kommt der Sand an die Küsten? Ein Teil stammt aus den Sedimenten verwitterter Gesteine, den die Flüsse in die Meere transportieren. Meeresströmungen und Brandungswellen tragen Sand aus tieferen Meeresregionen an die Küsten. Mit der Zeit zerkleinern und zerlegen Wellen, Wind und ebenso der Frost auch die Felsen an der Küste in immer feinere Bestandteile.

Der Strandhafer ist die wichtigste Pflanze der Weißdünen, die er durch sein dichtes, tiefes Wurzelwerk zusammenhält.

Wandernde Strände

Wie alle Küsten werden auch die Sandküsten von Wind und Wellen geformt und verändern ständig ihre Form. Das zerkleinerte Material lagert sich, wenn es von der zurücklaufenden Brandungswelle nicht mehr zurückgenommen werden kann, auf der Landfläche ab. An vielen Sandstränden sind Wellenfurchen (Rippeln) zu sehen, die entstehen, wenn Wind und Wasser über den Sand fegen bzw. strömen. Am Rand des von der Brandung überspülten Bereichs bildet sich auf der Landseite meist ein flacher Strandwall, der das feine Material für die Küstendünen liefert.

Die Richtung, in der sich Wellen bewegen, wird von Meeresströmungen und vor allem durch die Windrichtung bestimmt. Wenn die Wellen schräg auf die Küste auflaufen, wird der mitgeführte Sand ebenfalls schräg angeschwemmt. Die Rückwärtsbewegung erfolgt allerdings schneller, nämlich senkrecht zur Uferlinie. Der Sand wird also immer zickzackförmig transportiert. Hinter Landvorsprüngen und am Eingang von Buchten wird besonders viel Sand abgelagert. An dieser Stelle baut sich eine kleine Sandzunge auf, die über einen Haken zu einer Nehrung wachsen kann und allmählich die Bucht vom offenen Meer abtrennt. So entsteht ein Haff, das mit der Zeit verlanden kann. Aus einer ehemals buchtenreichen Küste wird eine Ausgleichsküste mit geradem Küstenverlauf.

Berge aus Sand

An allen flachen Stränden der Erde bilden sich Küstendünen, wenn genügend Sand vorhanden ist. Aus dem trockenen Bereich des von der Brandung gebildeten Sandstrands bläst der Wind Sand aus, der sich dann landeinwärts als Dünen auftürmt. Diese bilden sich ungefähr parallel zur Uferlinie und senkrecht zur Windrichtung. Bei feuchtem Klima mit ausreichender Vegetation entsteht meist nur ein kleiner Dünenstreifen, in trockenen Klimaten reichen Dünen oft weit ins Landesinnere hinein. In extremen Fällen wie in der Atacama in Südamerika oder der Namib im südlichen Afrika bilden sich Küstenwüsten.

An das Vorhandensein von Vegetation ist die Sonderform der Kupsten gebunden. Diese oft großen, unregelmäßig geformten Dünenbuckel entstehen, wenn um kleine Büsche oder Sträucher Sand abgetragen wird, Wurzeln und oberirdische Vegetation aber Sand »einfangen« und anhäufen. Diese durch Vegetation »befestigten« Dünen verlieren kaum noch ihre Form und sind standortgebunden.

Es gibt aber auch große Wanderdünen, die z.B. an der Kurischen Nehrung bis zu 70 m hoch werden. Sie sind dort aber erst im 16. Jahrhundert entstanden, als die Wälder auf der Landzunge fast völlig gerodet waren. So konnte der Wind Sand auftürmen; die in Richtung Haff wandernden Sandmassen begruben ganze Dörfer unter sich. Heute hat man die Wanderdünen durch Wiederaufforstung fast zum Stillstand gebracht. Auf ihnen wachsen Lebensgemeinschaften aus Trockenrasen, Thymianheiden und Silbergrasfluren sowie über 40 Moos- und fast ebenso viele Flechtenarten.

Europas größte Wanderdüne liegt bei Arcachon an der französischen Atlantikküste. Die »Dune du Pilat« ist fast 3 km lang und 500 m breit. Ihre Höhe schwankt zwischen 100 m und 120 m; der Westwind verbläst den feinen Sand und verändert täglich ihr Erscheinungsbild.

Unter dem Einfluss von Wasser und Wind verändern Sandstrände permanent ihr Erscheinungsbild.

Sand: eine bunte Streudose

An vielen Sandstränden besteht der Sand vor allem aus fein verriebenem Quarz und hat eine leicht gelbliche Tönung. Doch schon einige Zentimeter unter der Oberfläche wird er grau und schließlich schwarz. Auf der Insel Hawaii hat das Mineral Olivin, das in basaltischen Magmen vorkommt, einen Strand sogar grün gefärbt. Die Färbung entstand bei der Reaktion von flüssigem Gestein mit Grundwasser. An Granitküsten bilden sich manchmal, z. B. in der Bretagne oder auf den Seychellen, rosa Strände. Für die rosa Strände der Bermudas sind winzige einzellige Tiere (Foraminiferen) wie *Homotrema rubrum* verantwortlich.

Im Südwesten der Kanareninsel Lanzarote liegt am schwarzen Lavastrand von El Golfo ein von Algen grün gefärbter Lagunensee.

Dünen: von weiß bis braun

Ein Sandstrand – etwa an der deutschen Ostseeküste – weist von der Uferlinie landeinwärts eine typische Zonierung auf. Der erste Abschnitt ist der Spülsaum. Er wird ständig von Brandungswellen unterspült und verändert andauernd seine Form. Durch die Überflutung mit Meerwasser ist er stark salzhaltig und enthält viel organisches Material wie Seegras, Algen und Muscheln. Sind genügend Nährstoffe und etwas Süßwasser vorhanden, entwickeln sich an ruhigen Strandabschnitten Meersenfgesellschaften. In seinen fleischigen, wächsernen Blättern speichert der Meersenf (*Cakile maritima*) Wasser und passt sich dadurch hervorragend an das salzige Milieu, das die Wasseraufnahme eigentlich erschwert, an. Weitere Vertreter der Spülsaumvegetation sind das Gewöhnliche Salzkraut (*Salsola kali*) und die Strandmelde (*Atriplex litoralis*).

Auf den Spülsaum, der durch den angespülten Uferwall aus Sand (Strandwall) begrenzt wird, folgt der unterschiedlich breite Streifen der Primär- oder Vordünen. Salz- und Nährstoffgehalt sind geringer als im Spülsaum; der Flugsand wirkt wie ein kleines Sandstrahlgebläse. Auf den instabilen Böden fühlen sich sandverträgliche Pflanzen (psammophile Arten) wie die Strandquecke (*Agropyron litorale*), ein Süßgras, besonders wohl. Ihre Wurzeln halten den lockeren Sand fest, während ihre Blätter ständig neuen einfangen und somit die Vordüne befestigen.

Werden die derart stabilisierten Vordünen größer, spricht man von einer Sekundärdüne. Sie zeichnet sich durch größere Trocken-

Die Strandmelde ist ein Vertreter der Spülsaumvegetation.

heit, einen tiefen Grundwasserspiegel und einen geringeren Nährstoff- und Salzgehalt aus. An vorderster Front stehen die Weißdünen – der Name kommt von der hellen Farbe des Sandes. Hier siedeln sich Strandhafer (*Ammophila arenaria*), Strandroggen (*Elymus arenarius*) und Stranddistel (*Eryngium maritimum*) an. Der Strandhafer ist die wichtigste Pflanze der Weißdünen, die er durch sein dichtes, tiefes Wurzelwerk zusammenhält. Erste Anzeichen von Bodenbildungen sind erkennbar.

An die Weißdüne schließt sich weiter landeinwärts die auch als Tertiärdüne bezeichnete Graudüne an. Hier ist der Sand schon mit Rohhumus angereichert, der durch den Pflanzenbewuchs entsteht, und er beginnt zu entkalken. Daher rührt auch seine graue Farbe. Auf diesen älteren Dünen verschwindet der Strandhafer, der durch niedrige, dicht wachsende Gräser ersetzt wird. Typische Pflanzenarten der Graudüne sind Silbergras (*Corynephorus canescens*), Schillergras (*Koeleria arenaria*) und Sandsegge (*Carex arenaria*). Auch Kräuter, Zwergsträucher und niedriges Gebüsch siedeln sich an. Besonders auffällig ist die schneeweiß blühende Dünenrose (*Rosa pimpinellifolia*). Bei ungünstigen Bedingungen verschwinden die Gräser und machen Polstern aus Flechten und Moosen Platz.

Bis zum Endzustand der Dünenentwicklung, der Braundüne oder Quartärdüne, dauert es Jahrzehnte. Sandüberwehungen kommen kaum noch vor, die Bodenbildung unter der dunklen Rohhumusauflage hat schon begonnen. Auf kalkarmem Sand bilden sich Zwergstrauchheiden aus Besenheide (*Calluna vulgaris*) und Krähenbeere (*Empetrum nigrum*). Mit ihren Wurzelpilzen (Mykorrhiza) können sie aus dem Rohhumus des Bodens Mineralsalze freisetzen und so der Wurzel zuführen. Auf kalkreichem Sand weichen die Heidekräuter dem Sanddorn (*Hippophaë rhamnoides*).

In allen Dünensystemen kommen feuchte Senken und Mulden vor, die einen eigenen Lebensraum, das Dünental bilden. In tiefen Dünentälern entstehen bei Kontakt zum Grundwasser kleine Seen, Sümpfe oder Moore mit Zwergbinsen, Röhrichten und Großseggen, ansonsten feuchtes Grasland oder feuchte Heiden. Dünentäler verändern sich ständig. Im Spätsommer und im Herbst füllen sie sich mit Regenwasser. Erst im Sommer fallen sie wieder trocken.

Sandstrandbewohner

Am schmalen Spülsaum findet man vor allem Muscheln, Schnecken, Krebse und Krabben. Weltweit verbreitet sind die zu den Flohkrebsen zählenden Strandflöhe (Talitridae). Bis zu 1 m weit kann der an europäischen Küsten anzutreffende, nur 1,5 cm lange *Talitrus saltator* springen. Um sich vor Trockenheit und Hitze zu schützen, gräbt er sich tagsüber in den Sand ein. Das machen bei Ebbe auch die Muscheln, die sich vor allem von Sedimenten ernähren (Detritusfresser). Aus dem Sand filtern sie alle verwertbaren Nährstoffe heraus. Auch viele Strandwürmer ernähren sich auf diese Weise. Andere Strandbewohner jagen kleine Beutetiere oder fressen Aas.

Meist nur zeitweilige Strandbewohner sind die vielen Watvögel, die bei Ebbe nach Futter scharren. Auf abgelegenen Strandabschnitten ruhen sich Seehunde und andere Meeresraubtiere aus. Sie kommen auch an Land, um sich fortzupflanzen. In den Subtropen und Tropen suchen Meeresschildkröten ruhige Strände auf, um dort ihre Eier abzulegen.

Die Dünenzone ist die Heimat vieler Trockenheit und Wärme liebender Insekten. Zu den Charaktertieren gehört der räuberische Sandlaufkäfer *Cicindela maritima*. Daneben gibt es eine ganze Reihe seltener Schwebfliegen-, Bienen-, Hummel-, Wespen- und Schmetterlingsarten. Auf den Blüten der Stranddistel sieht man bisweilen den seltenen Mauerfuchs (*Lasiommata megera*).

Auf den Dünenstreifen legen auch viele Zugvögel Zwischenstopps ein. Außerdem bieten diese Areale Nistplätze und Nahrung für Singvögel, Möwen und Seeschwalben wie die winzige Zwergseeschwalbe (*Sterna albifrons*). Typische Dünenvögel sind die Dorngrasmücke (*Sylvia communis*) und der Steinschmätzer (*Oenanthe oenanthe*).

Der Sanddollar Echinarachnius parma hat eine scheibenförmig abgeflachte Form.

Sanddollars: Seeigel in Münzenform

Unter einem Seeigel stellt man sich eine mit langen Stacheln besetzte, leicht abgeflachte Kugel vor – und liegt damit bei knapp der Hälfte aller Arten falsch! Die Sanddollars z. B. weichen von der klassischen Form ab: Sie sind scheibenförmig, tragen sehr kurze, an den Körper angelegte Stacheln und kriechen nicht mehr in alle Richtungen, sondern haben eindeutige Vorder- und Hinterenden.

Leben im Sand

Sanddollars, die zu den irregulären Seeigeln gehören, dringen vorn maximal 2 cm tief in den Sand ein und ragen mit dem »Heck« ins freie Wasser, so dass sie wie gestrandete UFOs wirken. Nur bei Gefahr verschwinden sie vollständig im Sand.

Ihre Oberfläche ist so dicht mit kurzen Stacheln besetzt, dass sie samtig wirkt. Auf kör-

nigem Substrat würden Saugfüßchen, mit denen reguläre Seeigel sich auf Felsen festhalten, wenig nützen, und lange, dünne Stacheln würden beim Graben stören oder abbrechen. Daher sind die Tiere stromlinienförmig gebaut; mit den Stacheln an der Unterseite graben sie sich schräg nach vorn ein: 2,5 cm kleine Exemplare schaffen das in etwa anderthalb Minuten, 7 cm große Scheiben in drei bis zehn Minuten. Da sie nicht tief in

das Substrat eindringen, das zudem viele Lücken enthält, benötigen sie zum Atmen keine langen »Schornsteine«: Die blattförmigen Kiemenfüßchen auf der Oberseite bekommen von den Körperwimpern und einem Kranz ruderförmiger Stacheln ständig frisches Wasser zugefächelt. In der Mitte der Unterseite liegt die Mundöffnung, der After ist meist an das Hinterende der Unterseite gerückt. Die wohl wichtigste Art, *Dendraster excentricus*, hat einen Durchmesser von ca. 8 cm und lebt an der amerikanischen Pazifikküste. Die Amerikaner haben die weißen Schalen abgestorbener Exemplare »Sand Dollar« getauft und damit der ganzen Gruppe ihren Namen gegeben.

Out of Africa

Die Klasse der Seeigel (Echinoidea) entstand bereits vor ca. 500 Mio. Jahren. Mit ihrer veränderten Form und Lebensweise erschlossen sich die irregulären Seeigel später neue Nahrungsquellen, die den regulären Seeigeln verschlossen blieben. Von Westafrika, wo vor ca. 30 Mio. Jahren die ersten Sanddollars auftauchten, breitete sich die erfolgreiche Gruppe rasch über die Küsten der Welt aus: nach Norden ins Mittelmeer, nach Westen über den Atlantik an die amerikanischen Ostküsten und nach Südosten bis Australien. Wohl aus dem Mittelmeer gelangten sie an die Küsten der Arabischen Halbinsel und von dort zum einen an die afrikanische Ostküste, zum anderen weiter nach Osten: nach Indien und Südwestasien.

Stacheln als Sandsieb

Das Erfolgsrezept der irregulären Seeigel, die Ernährung durch Aufnahme von Sand, lässt sich am Schlüsselloch-Sanddollar (*Mellita sexiesperforata*) gut beobachten. Wenn sich das Tier langsam durch das Substrat schiebt, werden die Sandkörner auf den stumpfen Enden der sehr eng stehenden Keulenstacheln nach hinten weitergereicht und dort wieder abgeladen. Durch dieses Stachelsieb fallen nur kleine Partikel – vor allem Kieselalgen und Detritus – auf die Haut. Dort transportieren Wimpern die Teilchen zum Rand oder zu

Schlitzen der Schale; an der Unterseite werden sie in Rinnen zum Mund geleitet. Darüber hinaus angeln mit Sinneszellen besetzte Füßchen gezielt Nahrungsteilchen zwischen den Sandkörnern hervor und laden sie auf den Wimpernstraßen ab, die zum Mund führen.

Larven mit Herdentrieb

In der Laichzeit entlassen Sanddollar-Weibchen zahlreiche Eier ins freie Wasser. Gleichzeitig geben die Männchen ihre Spermien ab, die mit der Strömung verteilt werden und über dicht besiedelten Sandböden gute Chancen haben, ein Ei zu befruchten. Wenn das gelingt, schlüpft nach zwei bis vier Tagen eine sog. Pluteuslarve. Sie ist spiegelsymmetrisch und besteht im Wesentlichen aus steifen, mit Wimpern besetzten Ärmchen am Vorderende, die dem Mund in ihrer Mitte Planktonnahrung zustrudeln, und einem Gegengewicht am Hinterende, das für eine stabile Lage im Wasser sorgt. Die Larven werden mit der Strömung transportiert, können sich aber mit ihren Wimpern auch aktiv bewegen, z. B. im Tagesverlauf auf- und absteigen.
Nach einigen Wochen lassen sich die Larven nieder und verwandeln sich in kleine Münzen. Diese Metamorphose wird bei *Dendraster excentricus* durch einen Stoff ausgelöst, den erwachsene Exemplare ins Wasser abgeben. So steigt für den Nachwuchs die Chance, in einer etablierten Kolonie zu landen, in der es viel zu fressen und wenig Feinde gibt.

Auch der Schlüsselloch-Sanddollar beeindruckt durch seine Form und Oberflächenzeichnung.

Sanddollars
Clypeastroida

Stamm Stachelhäuter
Klasse Seeigel
Ordnung Sanddollars
Verbreitung die meisten Küsten der Weltmeere
Maße Durchmesser: 2,5–7 cm
Nahrung Kieselalgen, Detritus
Höchstalter 7 Jahre

Einschließlich Schwanz-stachel können die Pfeil-schwanzkrebse bis 60 cm lang werden.

Pfeilschwanzkrebse
Limulidae

Klasse Hüftmünder (Merostomata)
Ordnung Schwertschwänze
Familie Pfeilschwanz-krebse
Verbreitung südostasia-tische Küsten und nord-amerikanische Ostküste
Maße Länge: bis 60 cm
Nahrung Muscheln, kleine Fische, Weichtiere, Würmer und Algen
Geschlechtsreife mit etwa 12 Jahren
Zahl der Eier 200–1000

Pfeilschwanzkrebse: ein Leben unter falschem Namen

Pfeilschwanzkrebse sind mitnichten das, was der Name zu verraten scheint. Also keine Krebse, sondern mit den Spinnentieren verwandt und noch dazu die ursprünglichsten der heutigen Vertreter, lebende Fossilien. In 150 Mio. Jahren hat sich ihr Aussehen kaum verändert. Noch immer sind sie im Wasser zu Hause, dort, wo auch die Spinnen-tiere ihren Ursprung hatten.

Eine kurze Reise durch die Zeit

Drehen wir das Rad der Zeit zurück und halten es im Silur vor 440 Mio. Jahren an. Schon aus diesem Erdzeitalter finden sich versteinerte Belege für die Ordnung der marinen Schwert-schwänze oder Pfeilschwänze (*Xiphosura*), zu der auch die fünf heute noch lebenden Arten gehören. Damals wie heute ähneln sie sich durch eine gewisse Grundform des Körpers mit einem Kopf- und Mittelteil sowie einem Schwanzstachel. Zusätzlich sichern weitere Merkmale die Verwandtschaft.

Neben den *Xiphosura* bestand die Ordnung der *Eurypterida*, Bewohner das küstennahen Brack- und vor allem aber des Süßwassers. Diese Tiere, eine Art bis 1,8 m lang, konnten schon kleine Strecken über Land zurücklegen. Am bekanntesten ist der Amerikanische Schwertschwanz (*Limulus polyphemus*), der

die Atlantikküste von New York bis Florida bewohnt. Die vier anderen Arten mit den Gattungen *Carcinoscorpius* und *Trachypleus* sind dagegen auf die südostasiatischen Küsten beschränkt.

Kleiner, schielender Zyklop

Limulus polyphemus, im Namen die Anspielung auf zwei weit auseinanderliegende Augen und ein mittleres Stirnauge, ist mit bis zu 60 cm Länge eine respektable Erscheinung. Sein Lebensraum liegt in 5–50 m Tiefe, wo er den Meeresboden nach allerlei Kleinkrebsen, Würmern, Muscheln, kleinen Fischen, Algen und Aas durchwühlt. Mechano- und Chemorezeptoren auf den Beinen helfen, die Nahrung aufzuspüren, die Cheliceren und die Scheren tragenden Laufbeine fördern sie zum Mund. Zur Anpassung an den weichen Untergrund trägt das fünfte Beinpaar flache Borsten, die sich beim Laufen skistockartig ausbreiten und ein Einsinken verhindern. Geschwommen wird im freien Wasser und auf der Flucht mit dem Bauch nach oben, die Beinpaare und die Buchkiemen sorgen durch einen synchronen Schlag für Antrieb. Als Steuer dient der Schwanzstachel und auch als Umdrehhilfe, wenn *Limulus* auf dem Rücken im Sediment landet. Hier vergraben hilft der scharfe Rand des Vorderkörpers wie eine Flugschar beim Vorwärtskommen – die gepanzerte Oberseite nun aber nach oben gerichtet, um sich vor Feinden zu schützen.

Trilobitenlarven

Im Frühjahr versammeln sich die Geschlechter zur Fortpflanzung in den Flachwasserbereichen der Küsten. Mit einem hakenförmigen Beinpaar klammern sich die kleineren Männchen am Hinterleib des Weibchens fest und verbleiben dort bis zur Eiablage. Dabei werden bis zu 1000 Eier in eine 15 cm tiefe Mulde abgelegt, vom Männchen besamt und mit Sand bedeckt. Aus den 2–3 mm großen Eiern entwickeln sich etwa 1 cm große Larven, die noch vom Dottervorrat leben, keinen Schwanzstachel besitzen und erst zwei der fünf

Kiemenpaare aufweisen. Wegen der Ähnlichkeit mit den Dreilappkrebsen, den im Perm ausgestorbenen Trilobiten, wird dieses Stadium als Trilobitenlarve bezeichnet. Nach der nächsten Häutung ist der Schwanzstachel vorhanden und die Extremitätengarnitur komplett. Nach zahlreichen weiteren Häutungen erreicht Limulus nach neun bis zwölf Jahren die Geschlechtsreife und der Kreis des Lebens schließt sich.

Kleine und große Feinde

Zu den Feinden des Pfeilschwanzkrebses gehören Seevögel, die sich an seinem Laich vergreifen und Schildkröten, die die ungeschützte Bauchseite schätzen. Ein Feind ist auch der Mensch. Kam *Limulus* einst in Massen vor, streichen inzwischen sogar manche Zugvögel den Stopp an den Küsten, weil zu wenig Eier von Pfeilschwanzkrebsen vorhanden sind. Dabei hat der Mensch ihm einiges zu verdanken. Sein Blut, das kein eisenhaltiges rotes Hämoglobin, sondern kupferhaltiges blaues Hämocyanin enthält, dient u. a. zur Herstellung wichtiger Grundsubstanzen für Medikamente oder zum medizinischen Nachweis bakterieller Infektionen bei Menschen.

Amerikanische Schwertschwänze leben an der atlantischen Küste Nordamerikas.

Sein reinweißer Körper mit dem schwarzen Rücken und den schwarz-weißen Schwingen erinnert an den Säbelschnäbler, doch wirkt der Reiherläufer mit seinem gestreckten Hals, den langen Beinen und seinem mächtigen Schnabel kräftiger. Ungewöhnlich für einen Watvogel sind auch die z. T. durch »Schwimmhäute« verbundenen Zehen, dank derer er im weichen Schlick kaum einsinkt und die ihn beim Graben seiner Bruthöhle unterstützen. Aufgrund dieser Eigentümlichkeiten wird der Reiherläufer von allen anderen Watvögeln (Limikolen) abgetrennt und in eine eigene Familie (Dromadidae) gestellt.

Der Reiherläufer: Panzerknacker im Schlick

Krabbenjäger am Strand

Der knapp krähengroße Reiherläufer (*Dromas ardeola*) ist ein Vogel trockenheißer Küstengebiete am Indischen Ozean, wo er Sand- und Schlammbänke, Lagunen, Flussmündungen, Korallenriffe und flache, der Küste vorgelagerte Inseln bewohnt. Dort jagt er bei Ebbe – auch nachts – Krabben, seltener auch andere Schalentiere und Wirbellose. Sein mächtiger, schwarzer Schnabel ist seitlich zusammengedrückt und ähnelt mit seinem eckigen Unterrand dem Schnabel großer Möwen – auch dies ist einzigartig unter den Watvögeln. Mit diesem Werkzeug kann er die Panzer seiner Beutetiere zerbrechen oder aufhacken.

Während der Jagd läuft er mit rollenden Trippelschritten am Spülsaum umher und bleibt immer wieder zur Suche kurz stehen. Sobald er eine Beute erspäht hat, rennt er los; manchmal fliegt er das letzte Stück. Auch lauert der Reiherläufer bei ablaufendem Wasser über den Wohnröhren der Krabben, bis diese sich hervorwagen, und schnappt dann blitzschnell zu. Kleine Beutetiere schluckt er wie ein Reiher im Ganzen. Besonders gern jagen die Vögel auf ausgedehnten Schlickflächen, die Mangroven vorgelagert sind. Man sieht die Vögel meist in kleineren Trupps, seltener auch in Gruppen bis etwa 100 Individuen zusammen. Reiherläufer wahren meist eine große Fluchtdistanz.

Ihr Lebensraum sind Strände und Flachwasserbereiche trockenheißer Küstengebiete am Indischen Ozean.

Reiherläufer sind Zugvögel.

In jeder Hinsicht ein Exot

Auch die Brutbiologie weist eine Reihe von Eigentümlichkeiten auf, ist aber nicht vollständig bekannt. Als Einziger unter den Watvögeln brütet der Reiherläufer in einer Höhle, die von beiden Geschlechtern mit dem Schnabel und den Füßen in den Ufersand gegraben wird, gewöhnlich an flachen oder leicht geneigten Stellen. Sie kann über 2 m lang werden, verläuft zunächst abwärts und führt dann im Bogen wieder aufwärts, um in einer ungepolsterten Brutkammer zu enden. Gebrütet wird meist in kleineren Kolonien. Das Gelege besteht nur aus einem einzigen weißen Ei, auch das ist einzigartig für eine Limikole, das meist im April gelegt wird und so groß wie ein Hühnerei ist. Damit ist das Ei des Reiherläufers, bezogen auf die Größe der Eltern, eines der größten Vogeleier überhaupt. Wie lange der Reiherläufer brütet, ist nicht bekannt.

Im Gegensatz zu den übrigen Watvögeln, deren Junge fast immer gefleckt sind und sofort nach dem Schlupf das Nest verlassen, tragen die Jungen ein einfarbig graues Daunenkleid, bleiben – obwohl sie laufen können – eine Zeit lang in der Höhle und werden dort von den Eltern mit frischer oder aus dem Kropf hervorgewürgter Nahrung gefüttert. Auch nach dem ersten Verlassen der Bruthöhle kehrt der junge Reiherläufer noch eine Weile dorthin zurück, um Schutz zu suchen. Sobald er fliegen kann, zieht er mit den Eltern in die Winterquartiere und bleibt noch bis zu acht Monate bei ihnen, manchmal sogar noch bis zum Rückzug in die Brutgebiete. Völlig unbekannt ist, wie alt die Vögel werden können.

Reiherläufer
Dromas ardeola

Klasse Vögel
Ordnung Wat- und Möwenvögel
Familie Reiherläufer
Verbreitung Ostküste Afrikas bis nach Südindien und Sri Lanka, auch am Persischen Golf und am Roten Meer
Maße Länge: 38–41 cm; Spannweite: 76–78 cm
Gewicht 250–330 g
Nahrung Krebse, Muscheln, Fische
Zahl der Eier 1

Politische Krisen verhindern Forschung

Auch über die Brutverbreitung des Reiherläufers hatte die Wissenschaft lange Zeit nur skizzenhaft Kenntnis, geschweige denn einen Überblick. Dies lag zum einen sicherlich an der verborgenen Nistweise, zum anderen aber auch daran, dass die meisten Brutplätze in Regionen liegen, die über Jahrzehnte hinweg wegen politischer Krisen für Vogelforscher kaum zugänglich waren. Sicher ist, dass die Art mehr oder weniger regelmäßig an der gesamten ostafrikanischen Küste vom Sudan bis hinunter nach Mosambik und Madagaskar vorkommt sowie fast um die gesamte Arabische Halbinsel herum durch den Persischen Golf bis nach Südindien und Sri Lanka beobachtet wird. Da die allermeisten Brutnachweise jedoch aus dem Bereich des Horns von Afrika und des Persischen Golfs stammen, nimmt man inzwischen an, dass

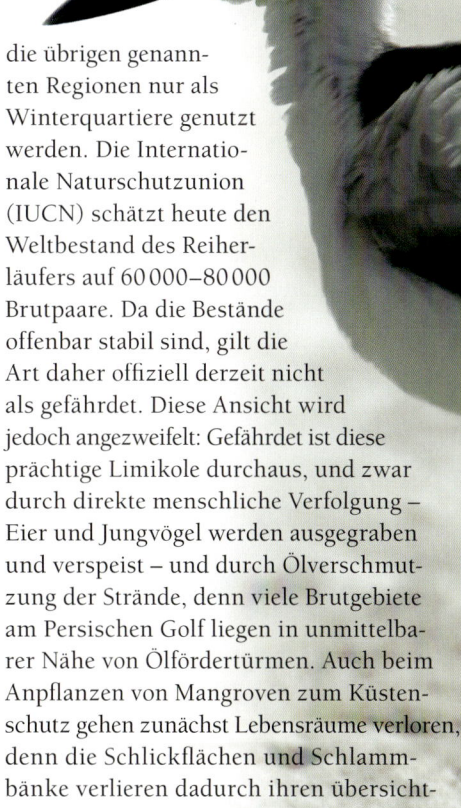

die übrigen genannten Regionen nur als Winterquartiere genutzt werden. Die Internationale Naturschutzunion (IUCN) schätzt heute den Weltbestand des Reiherläufers auf 60 000–80 000 Brutpaare. Da die Bestände offenbar stabil sind, gilt die Art daher offiziell derzeit nicht als gefährdet. Diese Ansicht wird jedoch angezweifelt: Gefährdet ist diese prächtige Limikole durchaus, und zwar durch direkte menschliche Verfolgung – Eier und Jungvögel werden ausgegraben und verspeist – und durch Ölverschmutzung der Strände, denn viele Brutgebiete am Persischen Golf liegen in unmittelbarer Nähe von Ölfördertürmen. Auch beim Anpflanzen von Mangroven zum Küstenschutz gehen zunächst Lebensräume verloren, denn die Schlickflächen und Schlammbänke verlieren dadurch ihren übersichtlichen Charakter.

Das Wattenmeer

Das charakteristische und prägende Merkmal des Wattenmeeres ist der flache, ganz allmählich zur See hin abfallende Meeresboden. Die Gezeiten und ihre Strömungen sorgen dafür, dass zweimal innerhalb von 24 Stunden große Flächen überflutet werden und wieder trockenfallen. Im engeren Sinn ist das Watt die amphibische Zone, die täglich überflutet und wieder freigelegt wird. Als Bezeichnung eines Küsten- und Landschaftstyps schließt der Begriff Wattenmeer dagegen die tieferen Marschen, ja sogar die vorgelagerten Inseln und ihre Dünengürtel mit ein. Auf den ersten Blick scheint es im Watt kaum Lebensspuren zu geben. Doch der Reichtum des Wattenmeeres sitzt im Boden. Nur die Vögel machen den unsichtbaren Überfluss dieses Ökosystems augenfällig. Besonders im Spätsommer und Herbst bevölkern riesige Schwärme rastender Wasser- und Watvögel das Watt und mästen sich für den Weiterzug in ihre Winterquartiere.

Was gehört zum Wattenmeer?

Bei Niedrigwasser wird im Watt ein fein verzweigtes System von gewundenen Rinnen sichtbar, die Priele, durch die das Wasser bei Ebbe ab- und bei Flut wieder aufläuft, und in denen höhere Fließgeschwindigkeiten auftreten. Da das Watt durch eine vorgelagerte Inselkette vom offenen Meer abgeschirmt ist, muss das Wasser durch die Lücken zwischen den Inseln strömen. Diese sog. Gats sind deutlich tiefer und es herrschen zeitweise starke Strömungen. Jeweils beim Höchststand des Wassers, also beim Wechsel von Flut zu Ebbe, kommt die Strömung zum Stillstand. In dieser Phase können sich im Watt auch leichte, tonige Schwebeteilchen absetzen. Sind die Wattflächen durch fortschreitende Sedimen-

Das Wattenmeer wird in regelmäßiger Abfolge von der Flut überschwemmt und fällt während der Ebbe wieder trocken.

Im Übergangsbereich zwischen Watt und Festland liegen die Salzwiesen, einzigartige Landschaften mit hoch spezialisierten Pflanzen.

tation so weit aufgehöht, dass sie vom mittleren Hochwasser nicht mehr erreicht werden, nennt man sie Marschen. Diese liegen in strömungsberuhigten Bereichen an der Festlandsküste und an den Rückseiten der Inseln, während man an der seezugewandten Seite der Inseln meist Sandstrände und Dünen antrifft.

Tierische Bodenschätze

Der Salzgehalt des Wattenmeeres ist geringer als der der offenen Nordsee, da die einmündenden Flüsse für eine messbare Verdünnung sorgen. Zugleich schwankt er im Jahresverlauf: Etwa im Oktober, wenn der Süßwasserzustrom durch die Flüsse am geringsten ist, werden die höchsten Salzkonzentrationen erreicht. Auch hinsichtlich der Temperatur unterscheidet sich das Watt vom offenen Meer: Wegen der geringen Tiefe erwärmt sich das Wasser hier stärker. Bei Strahlungswetterlagen ist die Temperatur des Wassers meist etwa 3 °C höher als vor den Inseln.

Da die Lebensbedingungen an der Bodenoberfläche täglich mehrfach extrem wechseln, leben fast alle Dauerbewohner des Watts im Boden, speziell in den oberen 20–40 cm. Unter einem Quadratmeter Wattfläche befinden sich im Schnitt 300 g Tiere, wobei Muscheln und Ringelwürmer den höchsten Gewichtsanteil haben. Zum Vergleich: Unter einer entsprechend großen Wasserfläche der offenen Nordsee leben nur etwa 30 g »Tier«, also nur ein Zehntel dieser Menge. Besonders reiche Stellen im Watt beherbergen pro Quadratmeter bis zu 1000 Herzmuscheln oder bis zu 50 000 Schlickkrebse oder gar bis zu 200 000 Polydora-Würmer. Zusätzlich enthält der Boden reichlich organische Substanz, vergleichbar mit dem Humus in normalen Böden. Die im Watt lebenden Organismen wirken zusammen wie ein gigantischer feinporiger Filterapparat, der viele Nährstoffe aus dem Wasser einfängt.

Salzwiesen wachsen vor dem Deich

Das Watt ist kein einheitlicher Lebensraum. Die Höhe und Dauer der täglichen Überflutung entscheidet darüber, welche Pflanzen und

Tiere sich in einem bestimmten Bereich wohlfühlen oder am konkurrenzstärksten sind. Ein Wattwanderer, der vom Deichfuß kommend mit dem ablaufenden Wasser ins Watt hinausgeht, durchschreitet dabei mehrere Zonen: Anfangs befindet er sich noch in den dicht mit Gräsern und krautigen Pflanzen bewachsenen Salzwiesen. Während Wiesen und Weiden hinter dem Deich ihre Entstehung dem Menschen und seinen Weidetieren verdanken, gab es Salzwiesen schon in einer vom Menschen unbeeinflussten Urlandschaft, auch wenn heute Schafbeweidung und künstliche Gräben eine menschliche Überformung des Deichvorlandes anzeigen.

Die Salzwiesen ragen über das Niveau der normalen täglichen Hochwassermarke hinaus, werden also nur unregelmäßig überflutet. Je

nach Vorherrschen bestimmter Arten wird auch von Strandflieder-, Strandaster- oder Strandbinsenwiesen, von Strandnelken- und von Andelrasen gesprochen. All diese Vegetationstypen werden von Pflanzen gebildet, die auf die Salzzufuhr zwar nicht angewiesen sind, sie aber gut vertragen. Die Salztoleranz bietet einen entscheidenden Vorteil, denn sie schließt die normalen Arten der Wiesen und Weiden aus. Die Aufnahme des Salzes in die Pflanze ist ein passiver Vorgang, dem sich die Wattpflanzen nicht entziehen können. Sie haben allerdings Strategien entwickelt, um den Überschuss an Salz unschädlich zu machen: Ein Möglichkeit besteht darin, das Salz in spezielle Blasenhaare aufzunehmen und so zu isolieren. Andere Pflanzen entledigen sich gleich ganzer Blättchen, wenn die Konzentration tödlich werden könnte. Nur

Die Öffnungen der Wohnröhren weisen auf den im Watt lebenden Schlickkrebs hin.

Ein Steinwälzer sucht im Wattenmeer nach Nahrung.

wenige sind wie der Strandflieder in der Lage, das Salz durch Drüsen auszuscheiden. Sehr viel häufiger verdünnen Salzpflanzen ihren salzigen Zellsaft, indem sie zusätzliches Wasser aufnehmen. Ihre Sprossglieder und Blätter werden dadurch fleischig-saftig wie beim Queller oder der Strandsode.

Auch die Tiere der Salzwiesen können mit Salz und Überflutung fertig werden. Sie bauen entweder Kuppeln oder Gänge über dem Salzwasserniveau oder sie überdauern Sturmfluten in Luftblasen oder hohlen Pflanzenteilen. Einige sind auch in der Lage, die Salze auszuscheiden. In einer Salzwiese können über 1400 Arten leben, von denen viele ausschließlich hier vorkommen. Auf die nur 25 Pflanzenarten der Salzwiesen sind etwa 400 Insektenarten spezialisiert.

Zwischen Hoch- und Niedrigwasser

Unterhalb der mittleren Hochwasserlinie wird es abrupt artenarm. Nur wenige höhere Pflanzen können mit der wechselnassen und salzbelasteten Umwelt zurechtkommen. Neben dem einjährigen Queller, der zu den Gänsefußgewächsen gehört und von dem es mehrere, nah verwandte Arten gibt, findet man hier nur noch das ausdauernde, kniehohe Schlickgras. Beide wirken bei ausreichender

Dichte als Strömungsbremse und Schlickfänger. Deshalb werden sie auch gezielt zur Landgewinnung eingesetzt. Zu den tierischen Besiedlern dieser Zone gehören zahlreiche Muscheln, die mit ihrem Siphon die Schlickoberfläche absaugen, außerdem die Wattschnecke (*Hydrobia ulvae*), der Schlickkrebs (*Corophium volutator*) und der Kotpillenwurm (*Heteromastus filiformis*).

Weiter meerwärts folgt die Herzmuschelzone mit der namengebenden Herzmuschel (*Cerastoderma edule*), der Sandklaffmuschel (*Mya arenaria*), dem Röhren bauenden *Pygospio*-Wurm und dem Watt- oder Pierwurm (*Arenicola marina*). Dort, wo das Watt nur kurze Zeit trockenfällt, leben der Bewehrte Pfahlwurm (*Scoloplos armiger*) und der Bäumchen-Röhrenwurm (*Lanice conchilega*).

Noch weiter draußen: Seegras

Die tiefstgelegene Zone, die nie oder nur bei extremem Niedrigwasser kurzzeitig trockenfällt, ist die der Seegraswiesen (*Zostera nana* und *Zostera marina*). Mit ihren schmalen, bandartigen Blättern können *Zostera*-Arten dichte unterseeische Bestände bilden. Die ehemals verbreiteten Seegraswiesen sind zwischen 1930 und 1940 zum größten Teil durch eine Pilzerkrankung vernichtet worden. Sie haben sich von diesem Rückschlag nur

Bei Niedrigwasser überziehen unzählige geringelte Kotsandhäufchen des Sandpierwurms die Wattflächen.

in kleinen Teilbereichen wieder erholt. Mit ihnen vergesellschaftet leben nur einige Algenarten, die jedoch nicht wie *Zostera* im Boden verankert sind, sondern an Muschelschalen oder den Seegräsern selbst angeheftet sind. Abgestorbene Pflanzenteile bilden zusammen mit den sehr häufigen Cyanobakterien und Kieselalgen (Diatomeen) eine wichtige Grundnahrung der Tiere im Watt. Diese Mikroorganismen überziehen den mineralischen Boden mit ihren Schleimstoffen wie mit einer dünnen Haut und schützen ihn gegen Abspülung.

Ein gigantischer Schwebstoff-Filter

Zu den mengenmäßig bedeutendsten Wattorganismen gehören die Muscheln. Viele Muschelarten leben einzeln im weichen Wattboden verstreut. Andere, wie die Miesmuscheln, leben mithilfe sog. Byssusfäden mehr oder weniger festgeheftet am Untergrund oder miteinander verkettet. Stellenweise bilden sie auf diese Weise ausgedehnte Muschelbänke. Das Leben in solchen Kolonien bietet Vor- und Nachteile: Einerseits ist das einzelne Tier besser geschützt, andererseits herrscht eine erhöhte Nahrungskonkurrenz. Ihre Nahrung gewinnen Muscheln als Filtrierer. Sie entnehmen dem Wasser Bakterien,

im Wasser schwebendes Zoo- und Phytoplankton und Detritus, also organische Abfallstoffe. In den Sommermonaten filtrieren die Miesmuscheln das gesamte Wattenmeerwasser alle 10–30 Tage durch. Ihre Schalen bieten wiederum Anheftungsmöglichkeiten für Großalgen und sessile Tiere, z.B. Moostierchen und Seepocken. Im Lauf ihrer Entwicklung dienen Muscheln verschiedensten anderen Tieren als Nahrung. Muschellarven und Jungmuscheln werden von Strandkrabben und Schollen, von Ringelwürmern und Nordseegarnelen (*Crangon crangon*) gefressen; erst wenn sie fast ausgewachsen sind, werden sie als Nahrung für Vögel wie den Austernfischer interessant.

Der Queller nimmt große Mengen Salz auf und speichert sie in Stängeln und Blättern.

Der Grüne Seeringelwurm hinterlässt anders als der Watt- oder Pierwurm kaum Spuren auf dem Wattboden.

Watt- oder Pierwurm: ein Grundglied der Nahrungskette

Meist sieht man nur seine charakteristischen Spuren auf dem Boden des Watts: Unzählige kringelige Häufchen aus geformtem Sand erheben sich ungleichmäßig verteilt zwischen ebenso vielen kleinen Sandtrichtern zu einer skurrilen Landschaft. Die Gebilde sind das Werk und zugleich der Lebensraum des Watt- oder Pierwurms (*Arenicola marina*). Der 10–20 cm lange und bis zu 1 cm dicke Ringelwurm (Annelida) ist ein entfernter Verwandter der allseits bekannten Regenwürmer. Am ehesten bekommen ihn Angler zu Gesicht, die ihn ausgraben und gern als fetten Köder benutzen, was ihm neben Sandpier auch noch den Namen Köderwurm eingebracht hat.

Unermüdlicher Bodenarbeiter

Trichter und Sandkringel markieren die beiden Öffnungen des bis zu 30cm tiefen U-förmigen Röhrenbaus des Wattwurms. Zunächst hat der Wurm einen L-förmigen Gang gebaut, dessen Wände er mit sich härtenden Schleimabsonderungen verfestigt hat. Im waagrecht verlaufenden unteren Schenkel frisst der Wurm nun durch Ausstülpbewegungen seines nach oben gerichteten Rüssels Sand, um daraus seine Nahrung zu gewinnen: vor allem einzellige Algen und tote organische Partikel (Detritus). Da er immer an der gleichen Stelle den Sand zu sich nimmt, entsteht zunächst ein Hohlraum, der bald von aus der Höhe nachrutschendem Sand aufgefüllt wird. Schließlich hat der Wattwurm so viel Sand gefressen, dass immer mehr davon von der Wattoberfläche aus von selbst nachrutscht. Auf diese Weise entstehen auf dem Wattboden die Nachsacktrichter von 2–6 cm Durchmesser am Ende des Fressgangs.

Um seinen überwiegend aus Sand bestehenden Kot abzugeben, kriecht der Wurm mit seinem Schwanzende voran rückwärts in dem senkrechten Schenkel seiner Röhre nach oben und stößt seine Ausscheidungen als wurmförmiges Häufchen an der Bodenoberfläche aus.

Geringelte Kothäufchen markieren den Eingang zu den Wohnröhren des Watt- oder Pierwurms.

Spezielle Sauerstoffversorgung

Sein Lebensbereich liegt in der sauerstofffreien Reduktionsschicht des Wattbodens. Zur Versorgung seiner am Körpermittelteil liegenden 13 Paar roten Kiemenbüschel mit Sauerstoff erzeugt der Wattwurm durch seine ständigen Bewegungen einen dem Weg des Sandes gegenläufigen Wasserstrom. Durch den unermüdlichen Fressvorgang entstehen von hinten nach vorn wandernde Verdickungswellen seines Körpers. Sichtbar wird der Wasserstrom, wenn man die Wohnröhre freilegt: Durch den Sauerstoff ist das dunkle Eisensulfid des Wattbodens zum hellen Eisenhydroxid umgewandelt (oxidiert) worden, so dass sich die Röhrenwände hell gegen die schwärzliche Umgebung absetzen. Durch den Wasserstrom werden auch weitere Nahrungspartikel, die sich am unteren Ende des Fressgangs ablagern, zur Mundöffnung gespült. Der Wattwurm ist sehr unempfindlich gegen Sauerstoffmangel und kann neun Tage in völlig sauerstofffreiem Wasser überleben. Für ein wirbelloses Tier sehr ungewöhnlich, besitzt der Wurm den roten Blutfarbstoff Hämoglobin. Dieser bindet sehr wirksam Sauerstoff und kann den Organismus bei Sauerstoffmangel in der Umgebung mit dem lebenswichtigen Element versorgen.

Nachwachsendes Grundnahrungsmittel

Die hohe Populationsdichte des Wattwurms ist für die Nahrungskette im Lebensraum Wattenmeer von außerordentlich großer ökologischer Bedeutung. Der Wattwurm ist trotz seiner verborgenen Lebensweise mit jedem Rückgang des Wassers bei Ebbe ein regelmäßig verfügbares Fressen für zahlreiche Wattbewohner oder Durchzügler. Viele Vögel, aber auch Fische und verschiedene Krebse nehmen diese eiweißhaltige Beute gern zu sich. Allerdings erwischen sie meist nur das dünnere Hinterteil des Wurms, wenn sich dieser zur Kotabgabe an die Wattoberfläche vorwagt. Die abgerissenen Endglieder werden jedoch vom Wattwurm wieder regeneriert, so dass die Räuber den Bestand der Ringelwürmer nicht gefährden können. Der erste Abschnitt des Hinterleibs besteht aus noch sehr kurzen Segmenten. Werden die dahinterliegenden lang gestreckten Schwanzsegmente abgebissen, strecken sich die gedrungenen Reservesegmente und übernehmen deren Funktion. Dementsprechend besitzen die älteren, mit der Zeit durch die Pigmentablagerungen dunkel bis schwarz gewordenen Tiere deutlich weniger Schwanzsegmente als die helleren Jungtiere.

Watt- oder Pierwurm
Arenicola marina

Klasse Vielborster
Ordnung Capitellida
Familie Arenicolidae
Verbreitung im Schlickboden des Wattenmeeres von westl. Ostsee, Nordsee, Atlantik und Mittelmeer
Maße Länge: 10–20 cm, selten bis 40 cm, etwa 1 cm dick
Nahrung Algen und Detritus
Geschlechtsreife mit 2 Jahren
Höchstalter über 6 Jahre

Die anpassungsfähigen, weit verbreiteten blauschwarzen Muscheln der Art *Mytilus edulis* sind ökologisch von größerer Bedeutung, da sie enorme Mengen Meerwasser filtern. Der deutsche Name leitet sich vom Mittelhochdeutschen »Mies« (Moos) ab und bezieht sich auf die braunen, borstigen Byssusfäden, mit denen die Miesmuscheln sich am Untergrund festheften. Während sie im Atlantik und in der Nordsee bis zu 110 mm lang werden, gibt es in der Ostsee nur Kümmerformen, die umso kleiner bleiben, je weniger Salz das Wasser enthält.

Miesmuscheln: Klärwerke des Meeres

Fest verankert

Die markante, zugespitzte Form der Miesmuschel ist durch eine Rückbildung des vorderen Schließmuskels bedingt, die wiederum mit der sessilen (festsitzenden) Lebensweise zusammenhängen dürfte: Um in der strömungsreichen Gezeitenzone, in der sie ihre Nahrung findet, nicht davongespült, zerschlagen oder im Schlick begraben zu werden, verankert sie sich mit Fäden am Untergrund. Das Material, Byssus genannt, wird in einer Drüse an der Basis des kräftigen, fingerförmigen Fußes gebildet. Es besteht aus Proteinen, ist zunächst breiig und wird in der Drüse zu Lamellen geformt, die dann in einer Rinne, die an der Fußspitze endet, zu Strängen zusammengerollt werden. Eine Begleitdrüse fügt ein Klebesekret hinzu, das Haftscheiben an den Enden der Stränge bildet. Im Wasser erstarren die Fäden und werden außerordentlich zugfest. Indem sie ein Stück vorankriecht, neue Fäden spinnt und die alten mit dem kräftigen Fußmuskel durchtrennt, kann die Miesmuschel ihren Standort ändern, ohne in der Brandung die Bodenhaftung zu verlieren. So verhindert sie auch, dass sie im Schlick erstickt, den sie beim Filtrieren des Seewassers selbst produziert.

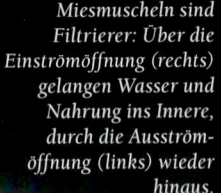

Miesmuscheln sind Filtrierer: Über die Einströmöffnung (rechts) gelangen Wasser und Nahrung ins Innere, durch die Ausströmöffnung (links) wieder hinaus.

Über der Wasserlinie

Die beiden Schalenhälften, die oft mit Seepocken und Algen bewachsen sind, schützen die Weichtiere bei Flut vor Fressfeinden und bei Ebbe vor Austrocknung. Indem sich Miesmuscheln ausgerechnet in der wechselhaften Zone knapp über der Niederwasserlinie niederlassen, profitieren sie gerade vom periodischen

Miesmuschel
Mytilus edulis

Klasse Muscheln
Ordnung Miesmuscheln
Familie Miesmuscheln
Verbreitung Atlantik, Nord- und Ostsee
Maße Länge: bis 11 cm
Nahrung Mikroorganismen, Detritus
Höchstalter 10 Jahre

Trockenfallen, das Feinde wie Wellhornschnecken und Seesterne zum Rückzug zwingt. Untersuchungen an neuen Spundwänden haben außerdem gezeigt, dass die zunächst planktischen Muschellarven sich bevorzugt im oberen Bereich festsetzen, in dem die Wasserbewegung am stärksten ist und die Filtrierer am meisten Nahrung finden. Allerdings ist auch die Sterblichkeit dort oben am größten, und es herrscht eine stärkere Nahrungskonkurrenz als in den tiefen Etagen, in denen die Besiedlungsdichte geringer ist.

Gleich und gleich gesellt sich gern

Ähnlich wie Austern schließen sich Miesmuscheln nach Möglichkeit zu riesigen Ansammlungen zusammen und bilden Muschelbänke. Bis zu 30 cm hoch stapeln sich die Organismen übereinander, wobei die unteren wegen der geringeren Frischwasserzufuhr und der Anhäufung von Schwefelwasserstoff und Schlick kleiner bleiben und irgendwann absterben. Dass sie trotz dieses Risikos die Nähe suchen, dürfte an ihrer Fortpflanzungsart liegen: Da die Männchen ihre Samenzellen und die Weibchen ihre jeweils 5–12 Mio. Eizellen zu bestimmten Zeiten einfach ins Wasser entlassen, ist die Wahrscheinlichkeit einer Befruchtung am größten, wenn die Tiere in großen Ansammlungen leben.

Eine befruchtete Eizelle entwickelt sich zunächst zu einer frei schwimmenden Trochophora-Larve, die sich bald in eine ebenfalls planktische Veliger-Larve und anschließend in eine Jungmuschel verwandelt. Mit ca. 3 mm Länge setzt sich diese an einer Alge oder einem Nesseltier fest – unter Umständen

hunderte von Kilometern von den Eltern entfernt. Bis sie etwa 5 cm lang ist, zieht sie noch mehrmals um. Mithilfe eines chemischen Sinnes sucht sie die Nähe anderer Miesmuscheln, und der Kreislauf beginnt von vorn.

Fleißige Filtrierer

Die Energie für diese Aktivitäten zieht die Miesmuschel aus den Schwebteilchen und Algen, die sie mithilfe ihrer beiden Siphonen – einem Frischwasser- und einem Abwasserrohr – aus dem Meerwasser filtert. Sie kann zwei bis drei Liter pro Stunde filtern und kommt so, selbst wenn sie ihre Schalen bei Ebbe einige Stunden schließen muss, auf bis zu 20 Liter am Tag. Das gesamte Volumen des Wattenmeeres läuft innerhalb weniger Tage einmal durch die natürlichen Kläranlagen der Muschelbänke. Allerdings sammeln die Muscheln dabei auch Schadstoffe an: In der Elbmündung enthalten Miesmuscheln zehnmal so viel Schwermetall wie normalerweise. Nicht nur als Wasserfilter, sondern auch als Lebensraum für über 100 Tier- und Pflanzenarten und als Nahrungsquelle, z. B. für Seevögel und Krebse, sind Miesmuschelbänke unentbehrlich. Heute wird der Bedarf an Miesmuscheln für die menschliche Ernährung durch künstliche Muschelbänke befriedigt. Wie bei den Austern handelt es sich nicht um eine Zucht im engeren Sinne: Denn die Jungtiere werden gewonnen, indem man Zäune, Seile oder Sträucher im Meer deponiert, auf denen sich die Larven festsetzen. Die Erhöhung der Wassertemperatur durch den Klimawandel fördert die Ausbreitung eines Nahrungs- und Lebensraumkonkurrenten: Die Pazifische Auster (*Crassostrea gigas*) macht sich auf den Miesmuschelbänken breit.

Miesmuscheln bilden dichte Kolonien die einen ganz eigenen Lebensraum darstellen.

Die Amerikanische Schwertmuschel ist schmal, extrem lang gestreckt und leicht gebogen.

Scheidenmuscheln: Messer im Sand

Wer bei Ebbe barfuß durchs Watt spaziert, macht unter Umständen schmerzhaft Bekanntschaft mit den Muscheln der Familie Solenidae, die aufgrund ihrer langen, an Schwert- oder Messerscheiden erinnernden, scharfkantigen Schalen Scheidenmuscheln genannt werden. Sie leben in den Weich- und Sandböden aller Meere außerhalb der kalten Klimazonen.

Muschel-Delikatessen

In einigen Ländern gelten Scheidenmuscheln wie die Gebogene Schwertmuschel als Delikatessen. Sie aus dem Meeresboden zu holen, ist mühsam und nicht ungefährlich. So tauchen die Navalleiros, die Messermuschelsammler Nordwestspaniens, ohne Sauerstoff bis zu 10 m tief, um die Navajas genannten Muscheln mit den bloßen Händen aus dem Schlick zu graben. Bis zu vier Stunden dauert es, bis ein Mann die typische Tagesausbeute von 15 kg gesammelt hat.

Anderenorts sucht man die Muscheln bei Ebbe – auch das ist ein mühsames Geschäft, da sie sich bei der leisesten Erschütterung tief in den Schlick zurückziehen. Sie werden bündelweise verkauft und dann gegrillt, angebraten, in Dampf gegart oder in Suppen oder Reisgerichten verwendet.

Auch in Teilen des Wattenmeers ist das Sammeln von Scheidenmuscheln nach wie vor erlaubt, obwohl Umweltschützer vor den erheblichen Folgeschäden für die Böden warnen. Da die Muscheln langsam wachsen, können sich in ihnen außerdem Schadstoffe ansammeln, etwa nach Ölunfällen.

Scheidenmuscheln
Solenidae

Klasse Muscheln
Ordnung Blattkiemer
Familie Scheidenmuscheln
Verbreitung in Sand- und Schlickböden aller Meere außerhalb der kalten Klimazonen
Maße Länge: bis etwa 20 cm
Nahrung Plankton
Höchstalter etwa 10 Jahre

Rasante Grabtechnik

Die bei manchen Arten geraden, bei anderen leicht gekrümmten Schalenklappen der Scheidenmuscheln sind über ein relativ schwaches Schloss verbunden und beim lebenden Tier mit einer braunen oder olivgrünen Proteinschicht, dem Periostrakum, überzogen. Erst wenn diese nach dem Tod abblättert, werden die eigentlichen Schalen sichtbar, die glatt, weißgelb und schwach mit rötlichen oder grünlichen Zuwachsstreifen gezeichnet sind. Hinten ragen die an der Basis verwachsenen Atemwassersiphons heraus, vorn streckt das Tier seinen dünnen, drehrunden, rotbraunen Muskelfuß zwischen den Schalen hindurch. Beim Eingraben macht es den Fuß sehr lang, bohrt ihn tief in den Sand und lässt dann die Spitze anschwellen, um sich zu verankern. Durch Zusammenziehen des Muskels wird die Muschel in den Boden hineingezogen. In nur drei »Schritten« kann sie komplett verschwinden. Im Sand bewegt sie sich so auch horizontal fort.

Die beiden wichtigsten Gattungen der Scheidenmuscheln lassen sich an der Position des Wirbels, von dem das Schalenwachstum ausgeht, unterscheiden: Bei *Solen* liegt er weit vorn, bei *Ensis* nahe dem Hinterende.

Dicht an dicht

Die essbare Gefurchte Scheidenmuschel (*Solen marginatus*) wird 14 cm lang und hat gerade Schalenklappen. Auf festem Grund, der ein rasches Einbohren verhindert, kann sie durch das Rückstoßprinzip vor Feinden fliehen. Die Gebogene Schwertmuschel (*Ensis ensis*) hat bis zu 16 cm lange, säbelförmige Schalen und hält sich in der Dämmerlichtzone des Ärmelkanals, des nördlichen Ostatlantiks und des Mittelmeeres auf. Sie erreicht in weichen Sedimenten oft eine hohe Individuendichte – so wie die bis 20 cm lange, fast gerade Taschenmessermuschel (*Ensis Siliqua*).

Bis zu 1500 Scheidenmuscheln können auf einem Quadratmeter leben; so manches Schleppnetz ist von einem solchen Messerfeld schon zerschlitzt worden. Für viele Raubfische sind sie ein gefundenes Fressen.

Per Anhalter aus Nordamerika

Die Amerikanische Schwertmuschel (*Ensis directus*), ursprünglich nur an der Ostküste Nordamerikas heimisch, ist wohl in Larvenform im Ballastwasser eines Schiffes in die Deutsche Bucht gekommen. Sie wurde 1978 in der Elbemündung erstmals nachgewiesen und ist mittlerweile im Westen bis an die nordfranzösische und südenglische Küste und im Osten bis an die schwedische Skagerrak-Küste und das Kattegat vorgedrungen. Noch ist unklar, wie sie sich in die europäischen Küstenökosysteme einfügen wird. Da auch diese Art zu Massenvermehrungen neigt, könnte sie mit ihrer Grabtätigkeit z. B. die Sedimentstruktur schwächen und die Lebensbedingungen anderer festsitzender Planktonfresser wie der Herz- und Miesmuscheln verschlechtern. Auf die Verdrängung einer der alteingesessenen Scheidenmuscheln deutet bis jetzt jedenfalls nichts hin: Vielleicht hat der Neuzugang sich in einer bislang leeren Nische des noch jungen Ökosystems Wattenmeer eingenistet. Die Vögel, die ihr Futter in den Gezeitenzonen des Watts suchen, haben den Einwanderer jedenfalls längst auf ihre Speisezettel gesetzt.

Die Schalen der Gebogenen Schwertmuschel sind an den Enden leicht abgerundet.

Die Taschenmessermuschel ist auch unter dem Namen Meerscheide bekannt.

Strandkrabbe: Querläufer des Wattbodens

Die Strandkrabbe (*Carcinus maenas*) ist nicht nur an der Nord- und Ostseeküste, sondern auch an den Sandstränden und Felsküsten des europäischen Atlantiks und des Mittelmeeres sehr häufig zu sehen. Sie ist einer der bekanntesten marinen Krebse, die die Klasse Crustacea bilden. Der charakteristische Seitwärtsgang hat der Strandkrabbe den plattdeutschen Beinamen »Dwarslöper« für Querläufer eingetragen.

Strandkrabben gehören zu den prominentesten Krebsen im Watt.

Laufen statt schwimmen

Während sich im Sommer die jungen Strandkrabben zahlreich in den Seegraswiesen oder zwischen Muscheln und Steinen aufhalten, sind ausgewachsene Exemplare nur selten auf der Wattoberfläche zu sehen. Der lange Schwanz, der bei Hummern und Nordseegarnelen noch zur Schwimmbewegung dient, ist bei der Strandkrabbe zurückgebildet und unter den Vorderkörper geschlagen. Die Krebse sind deshalb auf das Laufen als Fortbewegungsart angewiesen.

Strandkrabben halten sich bei Ebbe meistens in den Wasser führenden Prielen auf oder suchen unter Steinen versteckt oder im Wattboden eingegraben Schutz bis zur nächsten Flut. Mit dem auflaufenden Wasser wandern sie in ihrem typischen Seitwartsgang bis zu 3 km weit auf den Wattflächen auf Nahrungssuche umher. Auch nachts sind sie unterwegs. Ihre Kiemen liegen geschützt vor Austrocknung in Kammern unter ihrem Rückenpanzer. Wenn die Umgebungsluft feucht genug ist, können diese auch an der Luft noch ihre Atemfunktion erfüllen.

Gemeine Strandkrabbe
Carcinus maenas

Klasse Höhere Krebse
Ordnung Zehnfußkrebse
Familie Taschenkrebse
Verbreitung alle europäischen Küsten und an der nordafrikanischen Atlantikküste; durch den Menschen weltweit verschleppt
Maße Länge: 6 cm
Nahrung Krebse, Muscheln, Schnecken, Würmer, Aas, auch Pflanzenkost
Zahl der Eier bis 200 000
Höchstalter 5 Jahre

Strandkrabben ernähren sich in der Regel von lebenden Kleintieren: Würmer, Garnelen, kleine Fische, vor allem jedoch Schnecken stehen auf dem Speiseplan. Den Winter über ziehen sich die Strandkrabben aus der Gezeitenzone der Küsten zurück und suchen tiefere Gewässer auf.

Zur Paarung aus der Haut fahren

Die Paarung kann nur mit einem frisch gehäuteten Weibchen erfolgen. Oft hat sich bereits kurz vor der Häutung ein Männchen an der Unterseite des Weibchens festgeklammert, um den richtigen Zeitpunkt nicht zu verpassen. Unmittelbar nach der Häutung wird das Weibchen vom Männchen auf den Rücken geworfen. Nur jetzt sind die paarigen weiblichen Geschlechtsöffnungen für die Begattungsorgane des Männchens zugänglich. Einige Monate nach der Befruchtung – meist im Spätherbst – legt das Weibchen bis zu 200 000 orangefarbene Eier ab, die es bis zum Schlüpfen der Larven unter dem eingeschlagenen Schwanz stets bei sich trägt. Bei drohender Gefahr legt es schützend seine Beine über das Eipaket. Es hält sich den Winter über meist in tieferem Wasser auf, so dass die schlüpfenden Krebslarven zunächst in freies Wasser gelangen, um dort ihre ersten Entwicklungsschritte zu vollziehen.

Weiche Beute

Im nächsten Sommer sind die Panzer der jungen Strandkrabben bereits gut 2 mm breit. Nun geht der Nachwuchs zum Bodenleben über. Nach etwa zwei Jahren sind die Jungtiere auf eine Panzerbreite von etwa 4–5 cm angewachsen, wozu sie ungefähr 15 Häutungen benötigt haben. Da der harte feste Außenpanzer aus Chitin (Exoskelett) nicht mitwachsen kann, muss er während des Größenwachstums regelmäßig abgestoßen werden. Nach einem weiteren Jahr erreichen sie ihre endgültige Größe von gut 6 cm. Um völlig auszuhärten, braucht der neue Panzer mehrere Tage. In dieser Zeit pumpen sich die Strandkrabben um bis zur Hälfte ihres Eigengewichts mit Salzwasser auf, um die noch weiche neue Hülle entsprechend zu weiten.

Ungebetener Gast

Der Körper der Strandkrabbe ist häufig selbst Lebensraum eines Krebses. Der Parasitische Wurzelkrebs (*Sacculina carcini*), der wie die bekannten Seepocken und Entenmuscheln zu den Rankenfußkrebsen (Cirripedia) gehört, durchzieht mit einem feinen und weit verzweigten Fadengeflecht das Körperinnere der Strandkrabbe. Nur wenn das Weibchen geschlechtsreif ist, ist das Tier im Tier von außen zu erkennen. Unter dem eingeschlagenen Hinterleib der Krabbe hat sich dann ein gut 1 cm breiter, gelber Brutsack ausgebildet. Die daraus freigesetzten krebstypischen Naupliuslarven setzen sich nach kurzer Entwicklungszeit zu Cyprislarven auf jungen Strandkrabben fest. Danach vollzieht sich ein höchst ungewöhnlicher Gestaltwandel: Am neuen Wirt bildet sich die Larve zu einem Zellsack um, der sich mit einer Art Kanüle durch den Krabbenpanzer

bohrt. Dort hindurch fließt dann der Zellhaufen in das Innere, um sich dann im Körper seines Wirtes breitzumachen. Hier ernährt sich der parasitäre Krebs vom Blut der Strandkrabbe. Der Wirt überlebt in aller Regel den Parasitenbefall, allerdings unterbleibt meist die Ausbildung eigener Geschlechtsorgane. Die männlichen Samenzellen entstehen übrigens aus männlichen Cyprislarven, die sich vollständig in Geschlechtszellen umwandeln. Als Individuen existieren Sacculina-Männchen somit nur in den beiden Larvenstadien.

Die Strandkrabbe ist von einem Parasitischen Wurzelkrebs befallen.

Die Bezeichnung Austernfischer für die eng verwandten Arten der Familie Haematopodidae führt in die Irre: Die dickschaligen Delikatessen frisst fast nur der amerikanische Braunmantelausternfischer. Die anderen Arten, die über die tropischen und gemäßigten Küsten der Welt verteilt sind, geben sich mit Mies- und Plattmuscheln, Seepocken, Entenmuscheln, Napfschnecken, Pierwürmern, Strandkrabben und Seesternen zufrieden. An unseren Küsten lebt der Austernfischer *Haematopus ostralegus*, dessen markantes Aussehen ihm die Spitznamen Strandkiebitz, Halligstorch und Strandelster eingetragen hat.

Austernfischer: Muschelknacker mit langer Lehrzeit

Der schwarzweiß gefärbte Austernfischer ist ein Charaktervogel der Nordseeküste.

Fels- und Sandspezialisten

Zwar sehen sich die verschiedenen Arten des Austernfischers auf den ersten Blick ähnlich, aber die Gefiederfärbung, Schnabelform und die Größe des Körpers und der Füße verraten doch einiges über ihren genauen Lebensraum. So sind die vier ganz schwarz gefiederten Arten in Südamerika, Australien und Neuseeland vor allem an dunklen Felsküsten zu Hause. Da sie dort viele Napfschnecken, See-

pocken und Entenmuscheln vom Gestein abmeißeln müssen, haben sie stumpfe, kräftige Schnäbel. Die schwarzweiß gefiederten Arten sind eher auf Sand- und Schlammböden unterwegs, wo sie mit ihren schlankeren, spitzer geformten Schnäbeln Würmer aus dem Schlick ziehen und Muscheln durch ihren schmalen Schalenspalt »erdolchen«. Da ihre Beute meist kleiner ist als die der Felsküstenspezialisten, sind sie zierlicher und haben kleinere Füße.

Zur Zeit des Vogelzuges versammeln sich große Scharen von Austernfischern an der Küste.

So gehört der hier lebende Austernfischer mit etwa 500 g zu den leichten Vertretern der Gattung, die rd. 400–900 g wiegt. Seine Nahrung sucht er vor allem im Wattenmeer, wo er seinen 7–8 cm langen, seitlich abgeflachten, roten Schnabel zwischen die leicht geöffneten Schalen von Muscheln steckt und ihren kräftigen Schließmuskel durchtrennt. Da sich seine Schnabelspitze beim Aufhämmern von Muscheln abnutzt, wächst der Schnabel täglich 0,5 mm nach.

Anpassungsfähiger Charaktervogel

Wie die Silbermöwe und der Rotschenkel ist *Haematopus ostralegus* ein Charaktervogel der Deutschen Bucht; auf allen Friesischen Inseln ist der Teilzieher zu finden. Im Herbst ziehen riesige Schwärme auf dem Weg an die westeuropäische oder afrikanische Atlantikküste durch, und etwa 500 000 Tiere überwintern im Wattenmeer. Ca. 40 000 Paare brüten auch hier; die anderen ziehen dazu vom März an weiter nach Norden. Der an sich typische Küstenvogel dringt in den letzten Jahrzehnten immer weiter ins Inland vor, wo ihm geschotterte Flachdächer ebenso behagen. Er hat gelernt, sich hier von Regenwürmern und Insekten zu ernähren. Im Watt zieht er den Gezeiten hinterher. Bei Ebbe geht es hinaus auf die Schlickflächen, wo er mit einem Tastorgan an der Schnabelspitze, dem Herbst'schen Körperchen, Pierwürmer in ihren u-förmigen Röhren aufspürt – seine hiesige Hauptnahrung. Bei aufkommendem Wasser kehren die Vögel an ihre Stammplätze an der Wattkante und am grasbewachsenen Deichvorland zurück. Außer den Brutpaaren, die sich absondern, leben alle Austernfischer gesellig in Schwärmen, die ihnen Schutz vor Fressfeinden bieten.

Einfache Nistmulden

Im April und Mai nehmen die Paare, die oft in Dauerehe leben und auch ihrer Brutstätte meist treu bleiben, ihre Reviere in Besitz. In Dünen, auf Äckern oder Wiesen bauen sie schlichte, gelegentlich mit Muschelstücken ausgekleidete Mulden oder aber Halmnester,

in die das Weibchen im Abstand von je einem Tag zwei bis vier Eier legt. Die Partner wechseln sich beim Brüten ab; Angreifer wie Krähen und Möwen verscheuchen sie mit lautstarken Attacken oder locken sie durch vorgetäuschte Verletzungen vom Nest fort. Dennoch sind die Verluste hoch und oft hat ein Paar mehrere Gelege nacheinander. Nach etwa vier Wochen schlüpfen die Nestflüchter, die zwar bald zum Watt geführt werden, aber noch fast zwei Monate von Fütterungen abhängig sind. Der rote Schnabel der Eltern ist dabei das Signal, das den Betteltrieb auslöst. Da das zuerst geschlüpfte Küken stets zuerst gefüttert wird, wächst es schneller und hat die besten Überlebenschancen. Bei Nahrungsmangel geben die Eltern aber, um sich selbst genug Fett für den kommenden Winter anfressen zu können, zur Not ihre ganze Brut auf.

Muscheln knacken will gelernt sein

Während ihrer ersten Lebensmonate schauen sich die Jungen viel von den Eltern ab. Oft spezialisieren sie sich auf eine der beiden Methoden, an Muschelfleisch zu gelangen: das Erdolchen durch den Spalt oder das Aufklopfen der Schale. Allerdings kann es lange dauern, bis sie Letzteres richtig beherrschen, denn erst im zweiten Lebensjahr verbindet sich der Schnabel fest genug mit dem Schädelknochen. Bis dahin fressen sie vor allem Würmer und die Reste, die versiertere Austernfischer zurücklassen. Erst mit drei bis fünf Jahren werden die Vögel geschlechtsreif.

Die schwarz gefiederten Austernfischer-Arten sind vor allem an dunklen Felsküsten zu Hause.

Brandseeschwalben: Fischfang im Sturzflug

Die meisten Seeschwalben leben in den Tropen und auf der Südhalbkugel, aber mit der Brandseeschwalbe haben auch die europäischen Küsten einen Vertreter dieser eleganten Flugkünstler aufzuweisen. Die Vögel machen auf dem offenen Meer Jagd auf Fische, Tintenfische und Krebstiere, die sie kreisend oder im Rüttelflug erspähen und im Sturzflug erbeuten, wobei sie mehrere Sekunden ganz eintauchen.

Fast ständig in der Luft

Die Brandseeschwalbe (*Sterna sandvicensis*) nimmt mit einer Flügelspannweite von ca. 110 cm innerhalb der 44 Arten umfassenden Familie der Sternidae eine Mittelstellung ein, ist aber an der Nordsee heute ihr größter Vertreter. Man erkennt sie an dem leicht zerzaust wirkenden Federschopf am Hinterkopf, der bei Erregung aufgestellt wird, während die anderen Arten – zumindest in der Brutzeit – eine flache schwarze Scheitelplatte haben. Wie all ihre Verwandten hat sie einen geraden, spitzen Schnabel, einen schlanken Körper und lange, schmale Schwingen. Gegen die Turbulenzen, die beim rasanten Sturzflug auftreten, helfen die Spitzen des langen, gegabelten Schwanzes. Wie die Möwen hat sie zwar Schwimmhäute zwischen den Zehen, aber nur Jungtiere lassen sich zum Ausruhen

Die Brutpaare bleiben sich ihr ganzes Leben lang treu.

Brandseeschwalben bilden zur Brutzeit dichte Kolonien.

auf der Meeresoberfläche nieder. Auch zum Laufen setzen sie ihre kurzen, schwachen Beine praktisch nur während der Balz ein: Ihr eigentliches Element ist die Luft.

Je größer eine Seeschwalbe, desto höher über dem Meer setzt sie zum Stoßtauchen an und desto tiefer taucht sie. Die Brandseeschwalbe streift spähend mit nach unten gerichtetem Schnabel über das Wasser, steigt, wenn sie einen Fischschwarm entdeckt hat, einige Meter auf, stürzt hinab und packt einen Fisch hinter den Kiemen.

Brutkolonien an Nord- und Ostsee

Brandseeschwalben bevorzugen fischreiche Meeresküsten mit flachem Wasser und offene, aber schwer zugängliche Strandbereiche auf Inseln und Sandbänken. Im Wattenmeer und auf den ungestörten Inseln vor der Ostseeküste bilden die Brandseeschwalben im Frühjahr riesige, lärmende, dichte Nistkolonien mit oft mehreren tausend Exemplaren. Bei der Wahl ihrer Brutplätze sind sie unstet und wählerisch. Touristen, der Lärm von Fischerbooten, aber auch streunende Hunde und Katzen, Möwen oder Offshore-Windparks können sie vertreiben.

Viele Brandseeschwalben bleiben ein Leben lang zusammen – und das kann gut 20 Jahre währen. Bei der Verpaarung führen sie ein kompliziertes Balzritual auf, bei dem sie aufgeregt rufen und ihre schwarzen Kappen sträuben. Zunächst steigt das Männchen steil in den Himmel auf, das Weibchen folgt ihm. Im Zickzackkurs gleitet das Paar wieder herab. Dann füttert das Männchen seine Auserwählte, wodurch er sein Jagdgeschick beweist. Das Männchen sucht auch den Brutplatz aus; dort drehen beide Pirouetten und paaren sich. In den schlichten, dicht an dicht liegenden Mulden im Sand oder Kies liegen schließlich je zwei bis drei gefleckte Eier. Die Partner

brüten abwechselnd, bis nach 22–26 Tagen die Küken schlüpfen. Diese fangen nach zwei bis drei Tagen im Nest an, die Umgebung der Kolonie zu erforschen. Dazu schließen sie sich in Kinderkrippen zusammen, in denen die Eltern ihre Jungen an der Stimme erkennen. Sturmfluten, Regenwetter, Sandverwehungen und Beutegreifer dezimieren den Nachwuchs in den ersten Wochen erheblich. Mit etwa 35 Tagen sind die Jungvögel flügge, aber sie werden noch drei bis vier Monate von den Eltern betreut. An besonders ergiebigen Stellen im Watt versuchen die Jungen, ihre ersten Fische zu fangen, so dass die Fütterung allmählich ausklingt. Ab Ende September ziehen sie gemeinsam in die Winterquartiere rings ums Mittelmeer und an der westafrikanischen Küste. Dort lösen sich dann die Familienverbände zwischen Januar und Februar auf.

Anfangs viele Bauchklatscher

Erwachsene Brandseeschwalben machen bei gutem Wetter etwa bei jedem dritten Stoßtauchen Beute; wenn die Fische sich bei rauer See in tiefere Wasserschichten zurückziehen oder bei spiegelglatter Meeresoberfläche ihre Häscher rechtzeitig kommen sehen, ist die Erfolgsquote schlechter. Die jungen Vögel müssen zunächst gute Fangplätze erkennen lernen und die Tauchtechnik üben, wozu sie sich spielerisch auf Tang und anderes Treibgut stürzen. Anfangs klatschen sie noch recht unelegant ins Wasser. Bald aber erbeuten sie kleine Fische, die bis zu einem Meter unter der Oberfläche schwimmen. Sogar noch im Winterquartier, mit sieben bis neun Monaten, sind sie sehr ungeschickt. Da sie erst mit drei bis vier Jahren geschlechtsreif werden, bleiben sie die ersten beiden Lebensjahre über dem Meer. Erst nach dieser Lehrzeit legen sie ihr dunkleres Jugendkleid ab und kehren an unsere Küsten zurück, um einen Partner zu erobern.

Brandseeschwalbe
Sterna sandvicensis

Klasse Vögel
Ordnung Wat- und Möwenvögel
Familie Seeschwalben
Verbreitung Küstengebiete von Nordsee, Ostsee, Atlantik, Mittelmeer, Schwarzem und Kaspischem Meer, auch Ostküste der USA
Maße Länge: 40 cm; Spannweite: bis 110 cm
Nahrung Fische, auch Weichtiere, Würmer, Insekten
Geschlechtsreife mit 3–4 Jahren
Zahl der Eier 2–3
Brutdauer 22–26 Tage
Höchstalter 23 Jahre

Brandenten: Massenmauser im Watt

Die Brandente steht trotz des gänseähnlichen Körpers den Enten nahe.

Brandenten oder Brandgänse leben in großen Scharen an sandigen Küsten, in den Flachwassergebieten des Wattenmeeres, an Brackwasserseen und Flussmündungen sowie in Salzsümpfen. In der Brutzeit sind die Höhlenbrüter zudem auf Sanddünen oder Erdhügel angewiesen, in denen sich die Brandentenweibchen einnisten.

Halb Ente, halb Gans

Ente oder Gans: Was ist nun richtig? Im Grunde beides, denn die Gattungsgruppe der Halbgänse, zu der die sechs Arten der Gattung *Tadorna* gehören, vereint in sich gänseähnliche Merkmale wie die gleiche Färbung beider Geschlechter, den langen Hals, die langen Beine und den aufrechten, wenig watschelnden Gang mit entenartigen Zügen wie dem bunten Gefieder und der eher tierischen Kost. Halbgänse leben fast überall außer in Nord- und Mittelamerika. An den Küsten Europas ist die etwa 60 cm lange Brandente (*Tadorna tadorna*) zu Hause. Sie hat eine Spannweite von etwa einem Meter und fliegt mit langsamem Schlag und gekrümmten Flügeln – oft in Ketten oder Keilformation. Die Männchen tragen zur Paarungszeit einen roten Höcker an der Schnabelwurzel, der im Lauf des Sommers wieder einschrumpft. Vor allem im Brut-

kleid sind Brandenten durch die kontrastreiche Schwarz-, Weiß-, Rostbraun- und Grünfärbung leicht zu erkennen; die Füße sind rosarot und der Schnabel kräftig rot.

Brandenten bevorzugen energiereiche tierische Kost, die sie im Meer suchen. Mit dem Schnabel sieben sie im Flachwasser ruhiger Buchten oder an Seeufern kleine Wattschnecken und Krebstiere aus dem Schlick. Auch Muscheln bis zu 6 mm Größe, Würmer und Insekten nehmen sie auf; die Jungen fangen sogar Heuschrecken. Algen und zarte Pflanzensprosse der Salzsümpfe dienen als Beikost.

Höhlentiere

Die meisten Brandenten führen eine Dauerehe, der vor dem ersten Brüten eine einjährige »Verlobungszeit« vorangeht. Das Paar sucht sich jedes Jahr eine neue Nisthöhle. Am besten eignen sich verlassene Baue von Säugetieren, aber mitunter akzeptieren sie auch den ruhigen Flügel eines bewohnten Fuchsbaus. Ärger gibt es, wenn der rechtmäßige Eigentümer nach Brutbeginn in die Höhle zurückkehrt; so manches Wildkaninchen hat schon Gelege im Sand verscharrt. Oftmals gelingt es den Vögeln jedoch, ihre Widersacher mit rauem Gezeter und heftigem Flügelschlagen zu vertreiben. Notfalls graben die Enten auch selber Höhlen oder nisten in Scheunen, unter Brettern oder dichtem Gebüsch. Wo Brutgelegenheiten rar sind, bilden sie auch Gemeinschaftsnester mit bis zu 50 Eiern. Das Weibchen legt täglich ein Ei und fängt erst an zu brüten, wenn das Gelege mit bis zu 13 Eiern komplett ist – meistens Ende Mai. An der vierwöchigen Brut beteiligt sich der Ganter nicht, so dass das Weibchen sich nur alle paar Stunden eine Fresspause erlauben kann. Sobald die Küken geschlüpft und trocken sind, führen beide Eltern die lebhafte

zu besorgen, so dass sich die Brut verzögert. Auch der lange Marsch der Küken ins schützende Nass setzt der weiteren Besiedlung des Binnenlandes Grenzen.

Mauser im Schutz der Gruppe

Schon mit einer Woche sind die Küken so selbstständig, dass sie zur Not auch ohne Fürsorge überleben könnten. Mit etwa zwei Wochen schließen sie sich zu größeren »Kindergärten« zusammen. Die Jungtiere sind mit acht Wochen flügge und ziehen im Herbst in die Überwinterungsgebiete am Atlantik und am Mittelmeer.
Wie bei allen Vögeln nutzt sich auch das Gefieder der Brandenten im Lauf des Jahres ab und wird mürbe, so dass es die Körperwärme nicht mehr so gut halten und Wasser nicht mehr richtig abperlen kann. Von Juli bis September kommen 90 % aller erwachsenen

Brandente
Tadorna tadorna

Klasse Vögel
Ordnung Gänsevögel
Familie Entenvögel
Verbreitung europäische Atlantikküste bis zur Biskaya, an der Küste der westlichen Ostsee, des Kaspischen Meeres; auch im Binnenland und inselartig im gemäßigten Asien
Maße Länge: 60 cm; Spannweite: etwa 100 cm
Gewicht etwa 1,3 kg
Nahrung Schnecken, Muscheln, Krebse, Würmer, auch Insekten und Wasserpflanzen
Zahl der Eier 8–13
Brutdauer etwa 30 Tage

Allein der Schnabelhöcker unterscheidet das Brandgans-Männchen vom Weibchen.

Schar gemeinsam aus der Höhle an die Wattkante. Auf dieser gefährlichen Reise fallen viele Jungtiere Möwen, Raben und Weihen zum Opfer, die oft direkt am Höhleneingang lauern. Im Wasser sind die Kleinen dann sicher, da sie in der Not einfach untertauchen können. In den letzten Jahren beobachtet man immer mehr Brandenten, die weit im Binnenland nisten, z. B. am Niederrhein. Dort finden sie zwar wegen der Beweidung und Beackerung eine offene, kaninchenreiche Landschaft mit vielen Höhlen vor, aber das Weibchen ist viel länger unterwegs, um sich im Meer Nahrung

Brandgänse Europas ins deutsche Wattenmeer, um ihre Daunen und Schwungfedern zu erneuern. Anfang August sind hier fast 200 000 Tiere auf engstem Raum versammelt. Das Zentrum der Massenzusammenkunft hat sich in den letzten Jahrzehnten vom Großen Knechtsand, einem Sandbankgebiet zwischen Elbe- und Wesermündung, in das zentrale Dithmarscher Wattenmeer um die Insel Trischen verlagert. Hier in abgelegenen Wattprielen finden die Brandenten, die etwa 25 Tage flugunfähig sind, Schutz vor Störungen und ausreichend Nahrung.

Mangroven:
Tropenwälder zwischen Ebbe und Flut

Entlang der tropischen Küsten gedeihen dichte, undurchdringliche Buschwälder mit bis zu 30 m hohen Bäumen. Dies gilt jedoch nur für flache Gezeitenküsten mit weichen Böden. Das Hochwasser erreicht normalerweise zumindest den unteren Kronenbereich, während bei Niedrigwasser der Boden unter den Mangroven und meist auch die vorgelagerten Bereiche trockenfallen. Weitere Voraussetzung für das Gedeihen der Mangroven ist der Schutz vor starken, kalten Strömungen, weshalb sie vorwiegend in Buchten, hinter vorgelagerten Korallenriffen und im Bereich von Flussmündungen wachsen. Grundsätzlich deckt sich die Verbreitung der Mangroven mit der tropischen, also dauerhaft frostfreien Klimazone zwischen den beiden Wendekreisen. Europa am nächsten liegen Mangroven im nördlichen Roten Meer, an der Südspitze der Sinai-Halbinsel.

Unter günstigen Voraussetzungen können Mangroven an brackigen Flussmündungen und schlammigen Küsten ausgedehnte Wälder bilden.

Was ist eine Mangrove?

Der Begriff »Mangrove« kann sowohl für ein Pflanzenindividuum, eine Pflanzenart wie auch für den gesamten Lebensraum stehen. Woher das Wort kommt, ist nicht ganz sicher. »Mangro« soll in Surinam der ursprüngliche Name für die Rote Mangrove (*Rhizophora mangle*) gewesen und durch die Spanier und Portugiesen nach Europa überliefert worden sein. Ähnlich lautende Wortstämme gibt es aber auch im Malaiischen, Senegalesischen und Arabischen.

Mangrovenarten sind nicht nach pflanzensystematischen Verwandtschaften definiert, sondern ökologisch. Weltweit zählen hierzu etwa 60 Baum- und Straucharten aus etwa 20 verschiedenen Pflanzenfamilien, darunter auch eine Palme und sogar einige Großfarne. Allerdings wachsen etliche dieser Pflanzen nur im brackigen Übergangsbereich zum Süßwasser, und ihre Bezeichnung als Mangrove ist daher umstritten.

Am besten gedeihen Mangroven auf sandigen bis tonigen, vorzugsweise humusreichen Sedimentböden, vor allem an Flussmündungen und Buchten, wo sich strömungsbedingt Sand, Erde und organische Schwebstoffe absetzen. In der Tiefe sind diese Böden fast immer sauerstoffarm und riechen daher beim Aus-

Die überfluteten Wälder der Gezeitenzone haben besondere Formen des Wurzelwerks entwickelt.

graben nach faulen Eiern, also Schwefel-wasserstoff, der von schwefelreduzierenden Bakterien produziert wird.

Nach den örtlichen Verhältnissen unterscheidet man drei Typen von Mangrovensümpfen. Die Küstenmangroven findet man an ruhigeren Küstenabschnitten, besonders in geschützten Buchten sowie hinter Korallenriffen. Süßwasser erhalten sie nur über den Regen. Im Gegensatz dazu sind die Flussmündungsmangroven einem ständigen Wechsel ausgesetzt. Während der Regenzeiten dominiert der Süßwassereinfluss, in den Trockenzeiten hingegen kann das Salzwasser des Meeres weit in den Unterlauf des Flusses vordringen. Hinzu kommt, dass sich an vielen tropischen Flussmündungen besonders während der Trockenzeit sog. Barren bilden; das sind flache Sand- oder Schlickbänke, die den Flusslauf zur See hin oftmals ganz versperren. Das Meerwasser fließt aber bei Flut darüber hinweg und kann aufgrund seines höheren spezifischen Gewichtes nicht wieder ins Meer zurückströmen. Auf diese Weise bildet sich im Unterlauf des Flusses eine Salzwasserschicht, die – mitsamt der entsprechenden Fauna und Flora – bis über 100 km weit ins Landesinnere reichen kann. Der dritte Mangroventyp ist die Riffmangrove, die auf der dem Land zugewandten Seite von Korallenriffen stockt. Da die Lebensbedingungen hier weniger günstig sind, kommt dieser Typ nur sehr lokal und dann auch nur kleinflächig vor.

Mangroven sind die einzigen Holzgewächse der Erde, die höhere Salzkonzentrationen im Bodenwasser ertragen. Allerdings weisen die verschiedenen Arten jeweils unterschiedliche Vorlieben und Toleranzen auf. Dabei müssen sie aber nicht nur mit dem normalen Salzgehalt des Meerwassers von etwa 3,5 % fertig werden. Besonders in abflusslosen und nur während der Springtiden überfluteten Lagunen landeinwärts reichert sich beim Verdunsten des Seewassers das Salz an.

Regulierung des Salzhaushaltes

Da man Mangrovenpflanzen auch mit Süßwasser züchten kann, scheinen ihre Anpassungen noch nicht so weit zu gehen, dass sie das Salz regelrecht brauchen, auch wenn zumindest einige Arten im Salzwasser besser gedeihen. Vegetationskundler vermuten daher, dass sie sich an der Küste einen weitgehend konkurrenzfreien Raum erobert haben, der ihnen nicht von höherwüchsigen und durchsetzungsfähigeren Waldbäumen streitig gemacht werden kann.

Um mit dem hohen Salzgehalt des Wassers zurechtzukommen, haben Mangroven mehrere Strategien entwickelt, die einzeln oder in Kombination verfolgt werden. So können viele Arten bereits in den Wurzeln rd. 90 % des Salzes über einen Filtermechanismus zurückhalten. An der Salzkruste auf den Blättern erkennt man weitere Arten, die dank spezieller Blattdrüsen eines der wirksamsten Salzausscheidungssysteme überhaupt haben. Als dritte Strategie lagern die Pflanzen Salz im Gewebe der Borke oder ihrer Blätter ein; sind diese »Speicher« voll, werden sie abgestoßen bzw. abgeworfen. Ein dicker Wachsbelag oder dichte Behaarung auf den Blättern bewirken zudem, dass nur wenig Wasser verdunstet und somit nur wenig Salzwasser aufgenommen werden muss. Schließlich sind die Blätter vieler Arten sukkulent, d. h., sie dienen als »fleischige« Wasserspeicher und können daher auch einen höheren Salzgehalt im Gewebe ausgleichen.

Schnorchel und Viviparie

Zwei weitere Anpassungen ermöglichen den Mangroven zu überleben: Wegen der Sauerstoffarmut im Boden haben etliche Arten spezielle Atemwurzeln, sog. Pneumatophoren, entwickelt, die wie Schnorchel oder Knie-

Der Nasenaffe ist ein baumbewohnender Schlankaffe und kommt auf der Insel Borneo vor.

gelenke aus dem Boden ragen. Andere Arten besitzen vielfach verzweigte Stelzwurzeln, die ein dichtes Gewirr bilden. Diese Wurzeln können bei Niedrigwasser Sauerstoff über ihre Oberfläche aufnehmen.

Bekannt sind einige Arten auch dafür, dass sie lebend gebärend sind – ein Phänomen, das man als Viviparie bezeichnet. Die Samen keimen noch am Baum aus, bleiben dort bis zu drei Jahre hängen und entwickeln einen speerförmigen Spross und Wurzeln von bis zu 1 m Länge, so dass sie sich oft nach dem Herabfallen sofort als fertige Pflanzen in den Boden einbohren. Fallen sie ins Wasser, schwimmen sie auf und werden so verbreitet.

Produktives Ökosystem

Die Mangrovensümpfe zählen zu den produktivsten Ökosystemen auf der Welt. Im Gegensatz zu anderen Systemen sind sie sehr offen, weil sie einerseits aus Flüssen oder Meeresströmungen viel organisches Material zugeführt bekommen, es andererseits aber auch wieder verlieren. Davon profitieren beispielsweise benachbarte Korallenriffe, die dann mit dem täglichen Gezeitenstrom eine beträchtliche Nährstoffmenge erhalten.

Pro Quadratmeter produzieren die Pflanzen jährlich mehr als 1 kg Streu in Form von abgestorbenen Blättern, Zweigen, Früchten und Blüten. Einen Teil davon verzehren Krabben, der Rest wird größtenteils von Bakterien abgebaut und kann dann über filtrierende Klein-

krebse und Mollusken, die wiederum von Fischen und schließlich Vögeln und anderen größeren Tieren gefressen werden, in die Nahrungskette einfließen.

Reiche Tierwelt

Mangrovensümpfe bilden einen Übergang zwischen den sehr verschiedenartigen Lebensräumen Meer, Wald und meist auch noch Süßwasser. Dementsprechend ist auch die Tierwelt eine Mischung aus allen Bereichen. Mangrovensümpfe sind der Lebensraum von zahlreichen Vögeln, Fischen, Säugetieren, Reptilien, Amphibien und Wirbellosen, von denen viele aber nicht ausschließlich auf diesen Lebensraum beschränkt sind. So kommen viele Arten aus dem Süßwasser auch im Brackwasserbereich der Mangroven vor. Auch Zugvögel aus dem Binnenland der nördlichen Kontinente rasten und überwintern hier. Von benachbarten Korallenriffen und aus den tieferen Meeresbereichen wandern zahlreiche Fischarten und wirbellose Tiere ein, um im Schutz der Mangroven ihre Eier abzulegen und ihre Jugendphase in dieser nahrhaften »Suppe« zu verbringen.

Vögel

Insbesondere Reiher finden in den stickigen Dickichten ein paradiesisch üppiges Nahrungsangebot vor, so dass etliche Arten in den

Manche Mangrovenarten haben pfahlartige, aus dem Schlamm austretende Atemwurzeln.

Durchzug den reich gedeckten Tisch oder überwintern gar hier, insbesondere Regenpfeifer (*Charadrius spp.*), Wasser- und Strandläufer der Gattungen *Tringa* und *Calidris* sowie Brachvögel (*Numenius spp.*). An geeigneten Küstenabschnitten des Indischen Ozeans gräbt der auf Krabben spezialisierte Reiherläufer (*Dromas ardeola*) seine Bruthöhlen in den Sand. Charakteristisch sind auch einige hähergroße, pittoreske Eisvogel-Verwandte (Familie Alcedinidae). So brüten in Baumhöhlen im Dickicht der ostafrikanische Mangroveliest (*Halcyon senegaloides*) oder der ostasiatische Kappenliest (*Halcyon pileata*).

Säugetiere

Es dominieren Arten der Baumkronen und des Luftraumes, da der Boden meist überflutet ist. Fledermäuse suchen hier Schutz und Nahrung oder ziehen ihre Jungen auf. In den Mangroven der Alten Welt fallen die bussardgroßen Flughunde der Gattung *Pteropus* auf, die sich von Früchten ernähren. Manchmal sieht man sie schlafend in den Bäumen hängen. Affen kommen aus benachbarten Wäldern zur Nahrungssuche oder leben sogar hauptsächlich in den Mangroven, in Indonesien z.B. der Nasenaffe (*Nasalis larvatus*) und der Haubenlangur (*Presbytis cristatus*).

Mangrovenwipfeln ihre Kolonien errichten bzw. hier Rast machen oder überwintern. So sind in den Mangrovensümpfen Südostasiens regelmäßig Grau- oder Fischreiher (*Ardea cinerea*), Purpurreiher (*Ardea purpurea*), Nachtreiher (*Nycticorax nycticorax*), Mittelreiher (*Egretta intermedia*), Silberreiher (*Egretta alba*) und Mangrovenreiher (*Butorides striatus*) zu beobachten, die nahezu alles fressen, was in ihren Schlund passt, bevorzugt Fische und Krabben. In den Tropen der Neuen Welt jagen z.B. Krabbenreiher (*Nycticorax violaceus*), Blaureiher (*Egretta caerulea*) und Rotreiher (*Egretta rufescens*) sowie Schneeibis (*Endocimus albus*) und Scharlachibis (*Endocimus ruber*). Auf den offenen Schlammflächen und Sandbänken im Umfeld der Mangrovensümpfe stochern Watvögel (Limikolen) nach Würmern, Insekten, Krebsen, Fischbrut, Muscheln und Schnecken. Vor allem auf der Nordhalbkugel brütende Arten nutzen auf dem

Reptilien und Amphibien

Die größte Reptilienart der Mangroven ist das Leistenkrokodil. Seeschlangen dringen zur Nahrungssuche oft weit in diese Waldsümpfe vor, ebenso wie Landschlangen aus

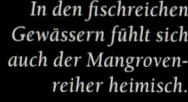

In den fischreichen Gewässern fühlt sich auch der Mangrovenreiher heimisch.

Das Leistenkrokodil gehört zu den vom Aussterben bedrohten Tierarten.

dem Landesinnern. Einige wie die südostasiatische Mangroven-Nachtbaumnatter (*Boiga dendrophila*) und die Indische Warzenschlange (*Acrochordus granulatus*) haben hier sogar ihren Hauptlebensraum. Das Gleiche gilt für den Pazifikwaran (*Varanus indicus*) und den Rostkopfwaran (*Varanus semiremex*), die vorwiegend Insekten, Fische, Krabben und Vögel fressen. Die meisten Amphibien jedoch meiden wegen ihrer durchlässigen Haut diese vom Salzwasser geprägte Welt.

Fische

Trotz ungünstiger Wasserverhältnisse – oft sind die Gewässer trüb, warm, brackig und daher sauerstoffarm – beherbergen Mangroven eine artenreiche Fischfauna. Neben Formen mit speziellen Anpassungen wie die bekannten Schlammspringer, die bei Ebbe oftmals in riesigen Mengen auf den trockenliegenden Schlammflächen sitzen und sogar im niedrigen Geäst der Mangroven umherklettern, suchen viele Arten aus dem Meer, insbesondere den Korallenriffen, die Mangroven nur kurze Zeit zum Ablaichen auf, so die auch wirtschaftlich bedeutsamen, bis 1 m großen Schnapper (Familie Lutjanidae). Die Brut profitiert vom reichen Planktonangebot und ist im Wurzelwerk vor vielen Fischjägern außerordentlich gut geschützt.

Wirbellose

Wirbellose machen den größten Teil der Mangrovenfauna aus. Am auffälligsten sind Spinnen, Ameisen und Stechmücken. Auch diverse Schwämme, Hohltiere, Vielborster und besonders Weichtiere und Krebse halten sich im Feinschlick bzw. am außergewöhnlich dichten Wurzelgeflecht der Mangroven auf.

Das Dasein von allein fast 300 Arten der Echten Krabben (Brachyura) ist mit Mangroven verknüpft. So hausen viele in selbst gegrabenen und verschließbaren Höhlen im Schlamm, wo sie sicher vor Trockenheit, Hitze und Räubern sind. Zudem ernährt sich ein Großteil der Arten vegetabil von Laubstreu aller Abbaustadien; als wichtige Zersetzer führen sie das tote organische Material wieder der Nahrungskette zu. Bekannt sind die Winkerkrabben (*Uca spp.*), die zu den auffälligsten Erscheinungen auf den offenen Schlickflächen gehören. Zwar sind sie weit verbreitet und kommen auch an warmen Küsten außerhalb der Tropen und in der Neuen Welt vor. Doch erreichen sie gerade in den nahrungsreichen und Schatten spendenden Mangroven besonders hohe Siedlungsdichten.

Von den Hohltieren seien schließlich noch die Mangrovenquallen der Gattung *Cassiopeia* erwähnt. Im Gegensatz zu den übrigen Quallen liegen sie wie tot mit dem Schirm nach unten am Grund. Die Mundöffnung ist zurückgebildet. So strudeln die Tiere mithilfe von Wimpern Plankton durch Poren auf der – nach oben weisenden – Unterseite in sich hinein. Sie leben in Symbiose mit Zoochlorellen, einzelligen Grünalgen, von denen sie im Austausch gegen stickstoff- und kohlenstoffhaltige Stoffwechselprodukte Sauerstoff erhalten.

Unerschöpfliche Ressourcen

Mangroven bieten dem Menschen eine Vielzahl von Ressourcen, die wahrscheinlich seit Jahrtausenden genutzt werden, besonders im indopazifischen Raum. Dazu gehören Brenn- und Baumaterialien, Heilpflanzen und Nahrung. Die traditionelle Holznutzung, bei der Bäume in kurzem Abstand weniger Jahrzehnte geschlagen werden und einzelne alte Bäume oder Keimlinge stehen bleiben, ist vielerorts durchaus vergleichbar mit der Mittel- und Niederwaldnutzung in Mitteleuropa. Je nach Baumart eignen die Hölzer sich zum Herstellen von so unterschiedlichen Dingen wie Booten, Hütten, Möbeln, Werkzeugen, Angelruten, Speeren, Bumerangs usw. Aus der Rinde mancher Arten gewinnt man Gerbstoffe (Tannine) und Farben, aus der Asche Salz, aus den Samen Öl. Mit den Blättern füttert man Ziegen, Schafe, Kamele und Büffel, flicht Körbe oder deckt Dächer, und der Honig einiger Arten wird als Delikatesse geschätzt. Auch zahlreiche Arzneimittel werden aus Mangroven hergestellt. Sie werden bei Hautkrankheiten und Geschwüren angewandt, bei Verbrennungen, Lepra, Rheuma, Schlangenbissen, Insektenstichen, Verdauungsbeschwerden und vielem mehr.

Von großer Bedeutung sind die Mangroven für die Ernährung. Die wichtigste Rolle spielen Fische, Krabben, Garnelen und Schalentiere, außerdem Vögel und sogar Schlangen und Echsen. Da viele Nutzfische nur Mangroven als Kinderstube nutzen, hängt auch die Fischerei der umliegenden Meeresgebiete in hohem Maße von intakten Mangrovengürteln ab. Auch viele Früchte sind essbar, z.B. die der südostasiatischen Mangrovenpalme (*Nypa fruticans*), deren Blätter außerdem zum Dachdecken, Korbflechten und als Zigarettenhüllen genutzt werden. Der zuckerhaltige Saft des Blütenstiels schließlich dient als Basis für Grog, Essig und Palmzucker.

Zerstörung und ihre Folgen

Viele dieser traditionellen Nutzungsformen sind heute in Vergessenheit geraten, und trotz all dieser wirtschaftlichen Vorteile wurde in den vergangenen Jahrzehnten weltweit mehr als die Hälfte der Mangrovenbestände vernichtet, vor allem um Garnelenfarmen anzulegen und Küstenabschnitte für den Tourismus zu gewinnen.

Die Folgen sind dramatisch. Durch den starken Einsatz von Pestiziden und Antibiotika werden die umliegenden Gewässer verseucht und ihre Tierwelt in Mitleidenschaft gezogen. Das hat nachweislich auch die Bestände zahlreicher für die Fischerei relevanter Arten und damit auch ihre Erträge reduziert.

Besonders negativ sind die Auswirkungen auf den Küstenschutz. So war 1960 in Bangladesch eine Flutwelle auf einen Küstenabschnitt mit intaktem Mangrovenbestand getroffen, ohne dass Todesopfer zu beklagen waren. Danach holzte man die Mangroven ab, um dort Garnelenfarmen anzulegen. Als 1991 erneut ein Tsunami derselben Stärke die Küstenregion traf, starben tausende von Menschen. Hinter naturnahen Mangrovenbeständen, die die gewaltigen Flutwellen mit ihrem verzweigten Wurzelwerk und Geäst abbremsen konnten, waren die Verluste von Menschenleben und die Schäden an Gebäuden und Feldkulturen wesentlich geringer.

Graureiher suchen in den Uferzonen der flachen Gewässer nach Nahrung.

Fregattvögel: wasserscheue Flugkünstler

**Man sollte meinen, dass Küstenvögel an Land und im Wasser gleichermaßen zurecht-
kommen. Auf Fregattvögel trifft das nicht zu: Ihre Füße sind klein, die Schwimmhäute
kümmerlich. Sie sind nicht nur schlecht zu Fuß, sondern schwimmen und tauchen
auch nie, denn ihr Gefieder ist kaum gefettet. Ihre Welt ist der Himmel.**

Auf tropischen Inseln zu Hause

Die Heimat aller fünf Arten der kleinen Familie Fregatidae sind die Küstengewässer
tropischer und subtropischer Meere, die
mindestens 25 °C warm sind. Sie brüten
ganzjährig und bleiben bei der Futtersuche
meist in der Nähe der Brutgebiete. Für See-
leute war die Sichtung eines Fregattvogels
stets ein Zeichen, dass das Land nicht mehr
fern ist. In Gewässern, in die tausende winziger Inseln eingesprenkelt sind, ist ein gutes
Orientierungsvermögen vonnöten. Die Poly-
nesier haben sich diese Begabung der Binden-
fregattvögel (*Fregata minor*) zunutze gemacht,
indem sie junge Tiere als »Brieftauben« ein-
setzten.

Entlegene Inseln, die steil zum Meer hin ab-
fallen, eignen sich für Fregattvögel besonders
gut, da sie aufgrund ihrer Ungeschicklichkeit
an Land und ihrer extrem langen Entwicklungszeit überall dort den Kürzeren ziehen,
wo Menschen oder streunende Katzen hin-
gelangen. Zudem gelingt ihnen das Abheben
besser, wenn sie sich an einer Klippe in die
Tiefe stürzen können. So lebt der Adlerfre-
gattvogel (*Fregata aquila*) ausschließlich auf
der 3 ha kleinen Insel Boatswainbird vor der
Insel Ascension im nördlichen Südatlantik.
Die ehemalige Brutkolonie auf Ascension
wurde vernichtet, als 1815 britische Soldaten
auf die Idee kamen, Hauskatzen zur Ratten-
bekämpfung auf die Insel einzuführen. Die
Katzen und ihr unstillbarer Heißhunger auf
Vogeleier sorgten nachhaltig dafür, dass neun
der zehn einst ansässigen Vogelarten heute
nur noch auf den Felsen von Boatswainbird
ruhen und
nisten.

*Bei dem Adlerfregatt-
vogel sind die Geschlechter
nahezu gleich gefärbt.*

*Der männliche Pracht-
fregattvogel bläst seinen
roten Kehlsack während
der Balzzeit auf.*

Energie sparender Segelflug

Die größte Art, der Prachtfregattvogel (*Fregata magnificens*), erreicht dank stark verlängerter Unterarm- und Handknochen eine Flügelspannweite von 2,3 m, kann sich 2500 m hoch in den Himmel schrauben und nahezu 100 Stunden in der Luft bleiben. Die Vögel nutzen sog. thermische Luftströme, in denen warme, leichte Luft aufsteigt, als Lift, um Energie zu sparen. Von oben gleiten sie dann wieder herab und steuern gleich die nächste Aufwindzone an. Über den meisten Meeren wäre das nicht möglich; nur in den Tropen gibt es tags wie nachts genug Thermik. Ein Fregattvogel, der ein Junges zu versorgen hat, muss in diesen nahrungsarmen Gewässern tatsächlich Tag und Nacht nach Beute Ausschau halten. Im Schnitt spürt er nur alle acht Stunden einen Fischschwarm oder Ähnliches auf, und danach muss er unter Umständen weit über 100 km zum Nest zurückfliegen. So dauert ein Beutezug bis zu vier Tagen. Darum kann er nur ein einziges Junges versorgen, das sich zudem sehr langsam entwickelt.

Jagen und jagen lassen

Sein langer, am Ende hakenförmiger Schnabel dient dem Fregattvogel zur Jagd, die ihm aufgrund seiner Schwimm- und Tauchunfähigkeit allerdings nur einen kleinen Teil der Ozeanressourcen erschließt, nämlich nur die Tiere, die sich ganz dicht unter oder ein Stück über der Wasseroberfläche bewegen. Das sind zum einen Fische, Quallen, Weichtiere und Tintenfische, die vor einem Raubfisch nach oben fliehen. Um sie aus dem Wasser zu angeln,

ohne sich dabei das Gefieder zu benetzen, reckt der Vogel seinen Hals nach unten und tunkt nur den Schnabel ein. Komfortabler ist die Jagd nach Fliegenden Fischen, die ihm oft einige Meter entgegenkommen. Junge Seeschwalben oder frisch geschlüpfte Schildkröten auf dem Weg ins Wasser schnappt er sich im Sturzflug vom Strand.

Solche Manöver wollen jedoch geübt sein. Junge Vögel verlegen sich daher oft auf Mundraub: Sie belästigen Tölpel, Seeschwalben und Pelikane mit Schnabelhieben oder beißen sich in deren Gefieder fest, bis sie ihre Nahrung hervorwürgen.

Lange Abhängigkeit

In den Brutkolonien suchen sich die Männchen einen geeigneten Nistplatz auf einem Baum, in einem Strauch oder auf dem Boden, blasen ihre roten, aus nackter Haut bestehenden Kehlsäcke auf und breiten die blauschwarz schillernden Flügel aus, um auf sich aufmerksam zu machen. Sobald sich ein Weibchen eingefunden hat, baut es aus dem spärlichen, großenteils aus anderen Nestern geklauten Nistmaterial, das sein Partner anschleppt, ein Reisignest. Dort hinein legt es ein einziges Ei. Während der bis zu acht Wochen dauernden Brutzeit müssen die Eltern abwechselnd Wache halten – sonst stehlen die Nachbarn das Ei oder zerlegen das Nest. Auch die Jungen, die nackt schlüpfen und erst nach vier bis sieben Monaten flügge werden, müssen vor den gierigen Artgenossen behütet werden. Trotz aller elterlichen Fürsorge verhungern viele Fregattvögel, bevor sie mit erst sieben Jahren geschlechtsreif werden.

Fregattvögel
Fregatidae

Klasse Vögel
Ordnung Ruderfüßer
Familie Fregattvögel
Verbreitung Küstengewässer tropischer und subtropischer Meere
Maße Länge: 85–105 cm; Spannweite: bis 2,3 m
Gewicht etwa 1,5 kg
Nahrung Fische, Tintenfische, Quallen, Weichtiere
Zahl der Eier 1
Brutdauer 40–55 Tage
Höchstalter 34 Jahre

Schlammspringer: glupschäugige Grenzgänger

Wer ein Studienmodell für jene ersten Wirbeltiere sucht, die vor ca. 350 Mio. Jahren das Meer verließen, kommt auf die Schlammspringer. Diese Grundel-Verwandten sind zwar echte Fische und atmen mit Kiemen, aber sie verrichten ihre wichtigsten Tätigkeiten – Ernährung, Revierverteidigung und Balz – größtenteils an Land und haben sich an ein amphibisches Dasein in den Schwemmlandmangroven angepasst.

Bewohner der Schwemmlandmangrove

Die Augen der Schlammspringer treten deutlich hervor und sind sehr beweglich.

Zwar leben alle Schlammspringer in oder nahe den Gezeitenzonen der tropischen Altweltküsten, von Westafrika bis Papua-Neuguinea, aber fast jede Art nutzt einen etwas anderen Lebensraum oder andere Ressourcen. Neben den beiden Gattungen *Periophthalmus* und *Periophthalmodon*, deren Angehörige stundenlang an Land bleiben, gibt es »unechte« Schlammspringer, die das Wasser nur kurz verlassen. Selbst an der Nordküste von Queensland in Australien, wo sich gleich sechs Arten im Mangrovenwald tummeln, besetzt jede ihre eigene Nische. Worin sich die Nischen unterscheiden, lässt sich an Restwasseransammlungen an den Küsten Singapurs, Sumatras und Javas beobachten: Hier sind die Schwemmland-Schlammspringer (*Periophthalmus chrysospilos*) mit den Gemeinen Schlammspringern (*Periophthalmus vulgaris*) vergesellschaftet. Bei Gefahr fliehen Erstere ins Meer, Letztere hingegen an Land. Dazu passt die Form ihrer Bauchflossen: Während sie bei der ersten Art wie bei vielen Grundeln zu einem Saugnapf verschmolzen sind, ist dieses Gebilde bei der zweiten Art tief gegabelt, so dass hier – neben den Brustflossen – zwei weitere »Beinchen« entstanden sind.

Warum sind diese Fische überhaupt aus dem vertrauten Meer auf Korallensandstrände, in Lagunen und austrocknungsgefährdete Tümpel umgezogen? Feinde sind rar, denn die Schwemmlandmangrove ist weder für große Raubfische noch für zwei- oder vierbeinige Fleischfresser leicht zugänglich; es gibt wenig Konkurrenz und ein reichliches Nahrungsangebot. Die feuchte und warme Luft hat den Schlammspringern den Übergang zum amphibischen Leben erleichtert. Meist am Rand flacher Schlammlöcher oder auf erhöhten Warten wie Mangrovenwurzeln sitzend, lauern sie Insekten, kleinen Krabben, Garnelen, Flohkrebsen, Würmern, Spinnen und Asseln auf.

Anpassungen an ein amphibisches Leben

Mit seinen langen, gestielten Brustflossen, die wie Arme bewegt werden und durch Zusammenlegen der Flossenstrahlen noch mehr Stützkraft bekommen, kann ein Schlammspringer nicht nur über den Boden kriechen, sondern auch klettern. Die großen, hervortretenden Augen sehen an der Luft sogar besser als unter Wasser. Sie können auf nahe Gegenstände fokussieren und sich unabhängig voneinander bewegen. Unter ihnen sitzen wassergefüllte Hauttaschen, in die sie bei Austrocknungsgefahr zurückgezogen werden. Um an Land zu atmen, hat der Fisch in der Mund- und Kiemenhöhle Aussackungen, die von vielen kleinen Blutgefäßen durchzogen sind. Die enge Kiemenspalte verhindert die Austrocknung des zarten Organs. Die Kiemen der echten Schlammspringer arbeiten an der Luft am effektivsten, so dass die Tiere etwa alle fünf Minuten kurz aus dem Wasser auftauchen. Um sich beim Herumkrabbeln nicht zu verletzen, haben sie an einigen Stellen eine regelrechte Hornhaut entwickelt und an an-

deren Stellen flüssigkeitsgefüllte Zellen, die als Druckpolster dienen. Schutz vor Raubfischen, die bei Flut in die Mangroven kommen, bieten die als Nester bezeichneten Schlammhöhlen, im Bereich des oberen Tidenhubs.

Ver- und Entsorgung durch die Haut

Schlammspringer atmen nicht nur über die Kiemen, sie können den lebenswichtigen Sauerstoff auch über die Körperoberfläche aufnehmen. Bei Arten, die nur selten an Land gehen, deren Kopf und Rücken aber häufig aus dem Wasser ragt, ist die Haut an den luftexponierten Stellen stärker durchblutet und anders aufgebaut: Luftmoleküle, die hier in die Oberhaut (Epidermis) eintreten, gelangen auf wesentlich kürzerem Weg in die Blutgefäße (Kapillaren) als am Bauch und Schwanz. Andererseits dient die Haut auch als Ausscheidungsorgan für Gifte wie Ammonium (NH_4^+). Dieses Abbauprodukt der Energiegewinnung wird ins Meerwasser entsorgt, was in den engen Nestern zu einer deutlichen Absenkung des pH-Wertes führen kann. Damit sie bei Flut nicht im sauerstoffarmen Wasser ihrer Nester ersticken, schnappen die Tiere an der Oberfläche Luft, tauchen in ihre J-förmigen Höhlen hinab und »rülpsen« das Gas dort wieder aus, so dass dort eine große Luftglocke entsteht. In dieser Gasblase entwickeln sich wahrscheinlich auch ihre Eier, die mit Haftfasern an der Höhlenwand befestigt werden. Die schlüpfenden Larven fallen dann ins Nestwasser, wo das Weibchen sie bewacht. Die Jungen sehen anfangs noch wie Grundellarven aus und ziehen ins Meer. Nach einer Weile wandern ihre Augen nach oben, die Brustflossen werden länger und sie kehren ins Schwemmland zurück, wo sie zur amphibischen Lebensweise übergehen.

Schlammspringer
Periophthalmus und *Periophthalmodon*

Klasse Knochenfische
Ordnung Barschartige
Familie Grundeln
Verbreitung Mangrovenwälder und Brackwasser tropischer Altweltküsten von Westafrika bis Papua-Neuguinea
Maße Länge: 10–40 cm
Nahrung Insekten, Krebse, Würmer, Spinnen, Asseln, Algen, Detritus

Das Glotzauge ist in den Mangrovensümpfen Südostasiens heimisch.

Mit ihren Brustflossen können Schlammspringer sogar klettern.

Schützenfische: Weltmeister im Zielspucken

In den Flussmündungen fast aller indopazifischen Küsten treiben sich im trüben Brackwasser gesellige Fische mit schlechten Tischmanieren herum: die Schützenfische. So viel Aufmerksamkeit und wissenschaftliche Neugier die einmalige Jagdmethode der kleinen Fischgattung auch auf sich gezogen hat, so wenig ist über andere Aspekte ihres Daseins bekannt, z. B. ihr Fortpflanzungsverhalten.

Mangroveninsekten leben gefährlich

Die Gestalt lässt auf Anhieb einen Oberflächenfisch erkennen: Der Rücken des gestreckten Barschfisches ist fast gerade, der Kopf spitz ausgezogen, das Maul tief gespalten und steil nach oben gerichtet, der Unterkiefer springt weit vor. Die Rücken- und die Afterflosse setzen sehr weit hinten an, haben starke Strahlen und sind fast formgleich, so dass der Schützenfisch von der Seite rhombenförmig wirkt.

Die Netzhaut der sehr großen und beweglichen Augen enthält pro Flächeneinheit viel mehr Zapfen und Stäbchen als die der meisten anderen Fische, so dass die Schützen auch im Dämmerlicht und trüben Wasser der Mangroven noch Beute finden. Ihre berühmte Spucktechnik setzen sie allerdings nur ein, wenn sie wirklich hungrig sind. Sonst schnappen sie sich einfach alles Mögliche, was im Wasser schwebt oder auf der Oberfläche treibt: Insektenlarven, Zooplankton, Würmer und Algen. Um an ein Insekt zu gelangen, das auf einem Blatt oder Zweig über dem Wasser hockt oder langsam vorüberfliegt, schießt ein Schützenfisch es mit einem Wasserstrahl ab. Dazu begibt er sich möglichst direkt unter das Opfer und stellt sich steil, so dass die Mundspalte senkrecht steht. Die dicke Zunge und das Munddach sind so geformt, dass sie einen »Gewehrlauf« bilden, wenn der Fisch seine Zunge gegen die lange Rinne im Gaumen

Erwachsene Schützenfische sind meist weißglänzend mit dunklen Querbinden auf der oberen Körperhälfte.

presst. Wenn er dann die zuvor abgespreizten Kiemendeckel abrupt anlegt, wird Wasser durch die Röhre gepresst. Die schlanke Zungenspitze gibt dem Strahl seine genaue Richtung. Erfahrene Schützen treffen noch Ziele mehr als einen Meter über dem Wasserspiegel. Sobald das Opfer ins Wasser stürzt, packt der Jäger mit seinen bürstenartigen Zähnen auf den Kiefern und im Gaumen zu. Es gibt aber auch Tiere, die bei der Jagd lieber aus dem Wasser springen als schießen. Das hat den Vorteil, dass ihnen kein herumlungernder Artgenosse die Beute wegschnappen kann.

Aufenthaltsort unbekannt

Die Gattung hat sechs Arten, von denen einige ausschließlich im Süßwasser leben. Aquarianern sind vor allem die einander sehr ähnlichen Brackwasserarten *Toxotes chatareus* und *Toxotes jaculatrix* bekannt. Wie alle Tiere der Gezeitenzone sind sie recht tolerant gegenüber Änderungen des Salzgehalts.

Der bis zu 24 cm lange *Toxotes jaculatrix* wird mit etwa 10 cm geschlechtsreif. Während der Sommermonate laicht er ab, angeregt vermutlich durch die Monsunregenfälle – aber wo, das ist nicht bekannt. Vermutlich ziehen die Tiere ins Meer hinaus, an lebende oder tote Korallenriffe. Die Weibchen produzieren 20 000–150 000 kleine Eier, von denen nur ein Bruchteil befruchtet wird und die gefährlichen ersten Wochen übersteht.

Schützenfische wachsen im 24–27 °C warmen, nahrungsreichen Mangrovenwasser schnell heran: Mit sechs Monaten sind sie bereits 7–9 cm lang, mit ein bis zwei Jahren ausgewachsen.

Schon früh fielen den Forschern die gelben Flecken neben der Rückenmitte jugendlicher Schützenfische auf, die – von oben betrachtet – als grünlich schimmernde Kleckse die Schulen im trüben Wasser überhaupt erst erkennbar machen. Zwar wurde auch die Vermutung geäußert, dass mit diesen »Leuchtflecken«, die tatsächlich nur das einfallende Licht reflektieren, Beute angelockt werden soll, aber es ist wahrscheinlicher, dass sie der wechselseitigen Erkennung der jungen Fische dienen, die – anders als die fleckenlosen Erwachsenen – stets im engen Verbund schwimmen.

Schießen will gelernt sein

Sobald sie 2–3 cm lang sind, fangen die kleinen Schützen an, Wassertröpfchen in die Luft zu speien, die jedoch kaum 10 cm hoch fliegen. Sie zielen zunächst wahllos auf alles, was ihnen unterkommt, und werden bald treffsicherer. Ein großes Problem stellt die Lichtbrechung am Übergang zwischen Luft und Wasser dar: Ein Beutetier, das schräg vor dem Schützenfisch auf einem Zweig sitzt, scheint optisch viel näher über ihm zu sein. Nur wenn sich das Objekt fast senkrecht über dem Schützen befindet, fällt diese Ablenkung nicht ins Gewicht. Einige Forscher meinen aber beobachtet zu haben, dass die Erfolgsquote überhaupt nicht mit dem Sichtungswinkel zusammenhängt; demnach müssten die Fische den Brechungswinkel erfassen und beim Zielen kompensieren. Nur weitere Untersuchungen können diese faszinierende Frage klären.

Mit großer Treffsicherheit schießt der Schützenfisch einen kräftigen Wasserstrahl auf Insekten außerhalb des Wassers.

Schützenfische
Toxotes

Klasse Knochenfische
Ordnung Barschartige
Familie Schützenfische
Verbreitung Flussmündungen des Indopazifik, gerne mit Mangroven
Maße Länge: 12–27 cm, selten 40 cm
Nahrung Insekten
Zahl der Eier bis 150 000
Höchstalter etwa 12 Jahre

Winkerkrabben: Massenbalz bei Ebbe

Bei den Winkerkrabben ist bei den Männchen die linke Schere stark vergrößert.

Vor allem in der Gezeitenzone tropischer Mangroven, aber auch an Sandstränden der portugiesischen Algarve, bietet das Massenauftreten der Krebse ein besonders eindrucksvolles Naturschauspiel: Mit ablaufender Flut tauchen aus dem Schlickboden dicht an dicht Winkerkrabben aus ihrem Unterschlupf hervor.

Winkerkrabben
Uca

Klasse Krebstiere
Ordnung Zehnfußkrebse
Familie Reiterkrabben
Verbreitung Gezeitenzone warmer Meere, meist an flachen Ständen
Maße Breite 1–5 cm
Nahrung Detritus
Höchstalter etwa 10 Jahre

Nahrungssuche im Gezeitenwechsel

Wenn das Wasser in den Mangroven zurückweicht, rafft eine ganze Armee unterschiedlichster wirbelloser Tiere emsig die hinterlassene Nahrung zusammen. Darunter befinden sich unzählige Winkerkrabben, die in Scharen aus ihren Höhlen im Schlickboden hervorkommen und sogleich die oberen Schlammschichten nach Fressbarem durchsuchen. Verschiedene Arten teilen entsprechend ihren Bedürfnissen die Gezeitenzone unter sich auf. Zwei ihrer zehn Beine sind bei den Weibchen zu gleich großen, sehr geschickten Hantierscheren ausgebildet. Die Männchen verfügen nur über eine Fressschere – die zweite hat sich zu einer stark vergrößerten Winkschere entwickelt, die bei der Balz von Bedeutung ist.

Mit ihren Fressscheren führen die Winkerkrabben den Schlick zu ihren mit Haaren besetzten Mundwerkzeugen. Dieser wird zunächst in einer kleinen Kammer zwischen den Kieferfüßen mit Atemwasser aus der Kiemenkammer aufgeschwemmt. Löffelähnliche Haare halten die ungenießbaren Bestandteile zurück. Diese werden am Ansatz der Mundwerkzeuge gesammelt, zu kleinen Kugeln gepresst und schließlich mit den Scheren am Boden abgelegt. Das von feinen Härchen abgeseihte Nahrungssubstrat hingegen wird in die Mundöffnung befördert. Bei kleinsten Erschütterungen des Bodens ziehen sich die Winkerkrabben sofort in ihre senkrechten, mit einem Schlickbrocken verschlossenen Löcher zurück. Dann zeugen nur noch die Schlickmurmeln, mit denen der Strand nun übersät ist, von ihrer Anwesenheit.

Ökologische Rolle im Nahrungsnetz

Die Winkerkrabben spielen eine bedeutende Rolle im Gefüge des Ökosystems der Mangroven. Die von den Bäumen herabfallenden Blätter werden beispielsweise in brasilianischen Mangrovenwäldern von der hier massenhaft vorkommenden, bis zu 10 cm breiten Großen Mangrovenkrabbe (Ucides cordatus) zerkleinert. Das organische Substrat wird somit nicht mit dem Gezeitenstrom aus dem Mangrovenwald herausgespült, sondern steht als Nahrungsquelle für weitere Organismen zur Verfügung. Zum einen zersetzen Bakterien die zerkleinerten Blätter, zum anderen fressen die hier ebenfalls in großer Zahl lebenden fünf verschiedenen Arten von Winkerkrabben u. a. die Blattreste in Form von Detritus. Auf diese Weise tragen im Nahrungsnetz der Mangroven auch die zwischen 1 und 5 Zentimeter großen Winkerkrabben sowohl zum Verbleib sowie – durch ihre Verdauung von organischem Substrat – zur Bereitstellung der Nährstoffe für ihren Lebensraum bei.

Der Wink zum Paarungstanz

Die stark vergrößerte Schere der Männchen, die bis zur Hälfte ihres Körpergewichts ausmachen kann, dient ausschließlich rituellen Zwecken; sie wird nicht zum Hantieren verwendet. Zum einen wird die Schere bei den Rivalenkämpfen unter den Männchen eingesetzt. Mit weit ausholenden Bewegungen drehen die Männchen unter imponierendem Wippen des gesamten Körpers die Schere hin und her. Manchmal verhaken sie auch die Scheren mit denen ihres Gegners und messen direkt ihre Kräfte. Will das Männchen hingegen ein Weibchen für sich gewinnen, wippt es zwar auch mit seinem Körper auf und ab, die Schere schwenkt es jedoch als Werbungssignal in einem artspezifischen Rhythmus und Bewegungsschema vor dem Weibchen hin und her. Die kleinen Jitterbug-Winkerkrabben (Uca saltitanta) springen unter heftigem Winken sogar in die Höhe. Männchen der Art Uca insignis lassen hingegen die Schere hoch über ihrem Kopf kreisen, während sie selbst auf »Zehenspitzen« stehen, um ihre Kontur zu vergrößern. Arten, die in dichterem Bewuchs leben, machen außerdem durch Klopfrhythmen auf den Boden die Weibchen auf sich aufmerksam. Über den Erfolg der sich oft über Stunden hinziehenden Paarungstänze der Männchen entscheidet meist die Größe der Winkschere.

Paarungswillige Weibchen folgen den eifrigen Winkern zur Begattung in deren Höhle. Zwei Hinterleibsbeine (Pleopoden) der Männchen sind zu Begattungsorganen ausgebildet. Zur Übertragung der Samen umschließen die benachbarten Beine die Begattungsorgane und pumpen wie bei einem Kolben die Spermien in die für alle Krabben typische Samentasche der Weibchen. Die eigentliche Befruchtung der Eier erfolgt dann beim Ablaichen. Die befruchteten Eier tragen die Winkerkrabbenweibchen nach Krabbenmanier als Paket geschützt unter ihrem breiten, nach vorn geklappten Hinterleib. Die schlüpfenden Krebslarven werden ins freie Wasser abgesetzt, wo sie sich als Planktonlarven über mehrere Häutungen bis zum sog. Megalopa-Stadium entwickeln. Dieses Larvenstadium siedelt sich am Meeresboden an und verwandelt sich zur bodenlebenden Winkerkrabbe.

Austern:
Vermehrung im Zeichen des Mondes

Die 5–10 cm große Europäische oder Tafelauster (*Ostrea edulis*) mundete schon unseren Vorfahren in der Steinzeit, wie wahre Schalenberge an küstennahen Siedlungsplätzen belegen. Die teuren Meeresfrüchte sind für unsere Ernährung heute nicht mehr unbedingt vonnöten, jedoch sind florierende Austernbänke aus den Ökosystemen an Europas Küsten nicht mehr wegzudenken. Sie erneuern sich alljährlich in einem geheimnisvollen Spektakel, das mit dem Rhythmus der Mondphasen zusammenhängt.

Austern werden meist roh verzehrt und gelten als Delikatesse.

Auf festen Boden angewiesen

Austern setzen sich in geringer Wassertiefe unwiderruflich auf dem Untergrund fest und treten daher nur in felsigen Gegenden entlang der gesamten europäischen Küste in Massen auf. Diese Vorkommen werden als Austernbänke bezeichnet. In der sandigen Nordsee gibt es nur hier und da lockere Kolonien: Zu groß ist in dieser Umgebung das Risiko, vom Sediment verschüttet und erstickt zu werden.

Zur Überfamilie der Ostreoidea gehören etwa 20 Muschelarten in praktisch allen tropischen und gemäßigten Meeren der Welt. Gegessen werden neben der Tafelauster auch die Portugiesische Auster (*Crassostrea angulata*), die Pazifische Auster (*Crassostrea gigas*) aus den ostasiatischen Korallenriffen und die Amerikanische Auster (*Crassostrea virginica*) aus der Gattung der Blattaustern. Bei allen ist die linke, untere Schalenklappe gewölbt, kräftig und fest mit dem Untergrund verkittet, während die rechte Seite flach und relativ dünn bleibt.

Die schilfrigen, unscheinbaren Schalen sind oft mit Kalkrotalgen, Moostierchen, kleinen Schwämmen usw. bedeckt und schließen hermetisch ab, so dass die Muscheln ein Trockenfallen ihres Siedlungsplatzes während der Ebbe überstehen.

Austern benötigen einen Salzgehalt von mindestens 1,9 % sowie im Sommer eine Wassertemperatur von über 15 °C und fehlen daher in der Ostsee und den kalten nordeuropäischen Gewässern. Sie leben von kleinsten Planktonorganismen und Schwebteilchen, die sie aus dem Wasser filtern.

Ablaichen wie auf Kommando

Europäische Austern sind Zwitter, die im Verlauf ihres bis zu 30-jährigen Lebens das Geschlecht wechseln. Sie befruchten sich also nicht selbst. Wie aber findet man Paarungspartner, wenn man festgewachsen ist? Ende Juni oder Anfang Juli, etwa zwei Tage nach Voll- oder Neumond, laichen alle Weibchen in ihre Mantelhöhlen ab und die Männchen setzen ihre Samen frei. Auslöser ist die Springflut, die mit diesen Mondphasen einhergeht, im Verbund mit den sommerlichen Temperaturen und dem richtigen Salzgehalt des Wassers. Was genau den Startschuss zu diese »Massenorgie« gibt, ist noch nicht endgültig geklärt. Der Prozess ist jedenfalls selbstverstärkend: Der »Duft« von Austernsperma regt weitere Muschelmännchen zur Samenabgabe an. Mit dem Atem- und Nahrungswasserstrom gelangen so ausreichend Spermien in die Weibchen – vorausgesetzt, die Kolonie ist groß genug.

Äußerlich wirken die Schalen der Austern recht unansehnlich.

Anders als die amerikanische Verwandtschaft betreibt die Europäische Auster Brutpflege: Erst mit acht Tagen schwärmen die sog. Veligerlarven – wiederum gleichzeitig – aus den mütterlichen Mantelhöhlen aus. Ihren Namen (von lateinisch velum = »Segel«) verdanken sie zwei bewimperten Lappen, mit denen sie 11–30 Tage im Wasser herumschwimmen und sich in der Strömung treiben lassen. Dann bilden sich die bewimperten Körperteile zurück, winzige Schalen entstehen und die jungen Muscheln sinken auf das Substrat hinab. Mit klebrigen Fasern aus der sog. Byssusdrüse, die im Wasser wie Zement erhärten, heften sie sich bevorzugt an die Schalen ihrer Artgenossen in bestehenden Austernbänken.

Die Artenvielfalt der Austernbänke

Allerdings konkurrieren sie hier mit anderen Arten, die junge Austern überwachsen können, z. B. Entenmuscheln oder Seescheiden. Seesterne und Austernbohrer, eine Schneckenart, fressen die Weichtiere. Mit vielen anderen Tieren leben sie aber friedlich zusammen. So lassen sich Muschelwächterkrabben (*Pinnotheres pisum*) in ihren Mantelhöhlen nieder, wo sie Schutz finden, ohne ihren Wirten zu schaden. Die reiche Fauna der z. T. meterdicken Bänke setzt sich aus Einzellern, Schwämmen, Nesseltieren, Moostierchen, Würmern, Krebstieren, Seespinnen, Schnecken, Seescheiden, Seeigeln und -sternen zusammen. Das Sediment ringsum wird durch die Ausscheidungen und Schalenreste der Muscheln mit Nähr- und Mineralstoffen angereichert und ist daher dicht mit Bakterien und Einzellern besiedelt, die wiederum als erste Glieder vieler Nahrungsketten dienen. Das Absterben von Austernbänken – sei es durch Überfischung oder durch Wasserverschmutzung verursacht – kann diese Systeme aus dem Gleichgewicht bringen.

Wenn die Austern sterben, kein Phytoplankton mehr aus dem Wasser filtern und keine Nährstoffe mehr binden können, die ins Küstenwasser eingetragen werden, kommt es im Frühjahr verstärkt zu Algenblüten, die wiederum sommerliche Zooplanktonblüten nach sich ziehen.

Europäische Auster
Ostrea edulis

Klasse Muscheln
Ordnung Ostreoida
Familie Austern
Verbreitung europäische Küsten
Maße Länge: 5–10 cm, selten bis 20 cm
Nahrung Plankton, Detritus
Geschlechtsreife mit 1 Jahr
Zahl der Eier bis 3 Mio. pro Jahr
Höchstalter 30 Jahre

Natürliche Austernbänke findet man nur noch selten, dafür wird die Muschelart aber vielerorts gezüchtet.

Die Flunder:
Pendler zwischen Meer und Süßwasser

Flundern sind, wie die meisten Bewohner der Brackwasserzone, sehr tolerant gegen Veränderungen im Salzgehalt des Wassers. Solche sog. euryhalinen Tiere können im Lauf eines Jahres oder ihres Lebens zwischen dem Meer und Flüssen hin- und herwechseln. Eine Besonderheit ist die Entwicklung der herkömmlich ausgebildeten Larven zu asymmetrischen Plattfischen.

Die Flunder versteht es, sich perfekt zu tarnen.

Links- und Rechtsseiter

Auf den Sand- und Schlickböden der Küstenzone bis 30 m Tiefe halten sich die geselligen Flundern (*Platichthys flesus*) oft in Scharen auf. Tags graben sie sich ein, in der Dämmerung und nachts jagen sie Schnecken und Muscheln, Krustentiere, Borstenwürmer oder kleine Fische, im Süßwasser vor allem Insektenlarven. Selbst werden sie u. a. von Robben gefressen. Aber auch Seevögel machen sich gern über Jungtiere her, die bei Ebbe im Schlick auf den Watten bleiben.

Die Schuppen der ovalen, abgeflachten Fische sind größtenteils zu dornigen Plättchen modifiziert, weshalb sich ihre Haut rau anfühlt. Je nach Stimmung und Untergrund ist die Oberseite bräunlich, grünlich oder grau mit roten oder dunklen Flecken. Die Unter- oder Blindseite ist im Allgemeinen schwach pigmentiert. Allerdings tritt bei Flundern eine als Ambicoloration bezeichnete Abweichung auf. Die Unterseite ist dann gefärbt und die Asymmetrie des Körpers z. T. aufgehoben: Ein Auge ist während der Metamorphose nicht ganz auf die andere Seite gewandert, sondern bleibt auf der Kopfkante; die Brustflosse der Blindseite wird fast so groß wie ihr oberes Gegenstück. In Nordeuropa wird bei ca. 70 % aller Exemplare die rechte zur oberen Körperseite. Etwa 30 % der Flundern sind sog. inverse Individuen. Bei der nah verwandten Sternflunder (*Platichthys stellatus*) im Nordatlantik hat man festgestellt, dass der Anteil der Linksseiter umso größer wird, je weiter nördlich die Tiere leben.

Jugend im Brack- und Süßwasser

Die Ostsee als größtes Brackwassergebiet der Erde ist für die Flunder ein wichtiger Lebensraum. Im Greifswalder Bodden, wo das Wasser 6,5–7 ‰ Salz enthält, wurden z.B. Anfang der 1950er Jahre 154 t Flundern gefangen – Werte, die heute allerdings bei weitem nicht mehr erreicht werden.

Im Rhythmus der Gezeiten legen die Flundern vor allem an Küsten mit sehr flacher Steigung und folglich einem großen Tidegebiet täglich weite Strecken zurück: Mit der Flut wandern sie auf die untergetauchten Schlammflächen der Mündungsgebiete von Flüssen, auf denen sie viel Nahrung finden. Allerdings wagen sich kleine Exemplare, die sich vor Reihern und anderen Vögeln hüten müssen, nur auf diese Flächen, wenn die Flut in die Abend- und Nachtstunden fällt.

Früher wanderten die Flundern weit die Ströme hinauf, in der Themse beispielsweise an London vorbei, im Rhein bis in die Mosel, den Main und den Neckar, in der Elbe bis Magdeburg. Heute schränken Stromverbauungen diese Wanderungen ein, aber sie sind offenbar für den Arterhalt nicht unbedingt notwendig. Dennoch bevorzugen junge Flundern in den ersten Lebensjahren süßes Wasser und leben daher gern in Flüssen.

Zum Laichen hinaus ins Meer

Im Süßwasser findet man zwar durchaus weit entwickelte »Halbwüchsige«, aber nie Flundern mit entwicklungsfähigem Laich. Etwa ab dem vierten Lebensjahr unternehmen die Tiere ausgedehnte Wanderungen ins Meer. Dort laichen sie im Januar bis Mai in Tiefen von 20–40 m. Untersuchungen vor Südengland brachten an den Tag, dass die Plattfische in kalten Jahren ein bis zwei Monate früher aus dem flachen Brackwasser im Plymouth Sound zu ihren Laichgründen im offenen Meer aufbrechen als bei warmem Wetter. So vermeiden die wechselwarmen Tiere unnötig hohen Energieaufwand und beschleunigen die Reifung ihrer Keimdrüsen, denn im Winter ist das Flachwasser im Mündungsgebiet 1 bis 2 °C kälter als das tiefe Wasser im Meer. Die Weibchen geben je nach Größe bis zu 2 Mio. Eier ab. Markierungsversuche haben gezeigt, dass sie danach nicht in die Flüsse zurückkehren, sondern zu ihren »Jagdgründen« im Wattenmeer bzw. in den Mündungsgebieten ziehen. Die 1 mm großen Eier schweben meist im Wasser, sinken aber bei sehr niedrigem Salzgehalt wie im Finnischen Meerbusen zu Boden.

Nach fünf bis zehn Tagen schlüpfen aus ihnen noch ganz symmetrische Larven, die mit dem Plankton im Wasser schweben. Sobald sie etwa 10 bis 12 mm groß sind, suchen sie salzärmeres Wasser auf, das leichter ist und womöglich ihre Schwimmfähigkeit beeinträchtigt. Jedenfalls sinken sie zu Boden, wo sie Würmer und Kleinkrebse fressen, und platten sich schließlich ab. Die für diese Metamorphose nötige Länge ist offenbar eine Konstante. Sie wird bei höheren Wassertemperaturen früher erreicht als in kalten Regionen. Auch ein reduzierter Salzgehalt kann die Verwandlung zum Plattfisch auslösen. Die Entwicklung der Flunderlarven wird durch Schadstoffe im Wasser empfindlich gestört.

Flunder
Platichthys flesus

Klasse Knochenfische
Ordnung Plattfische
Familie Schollen
Verbreitung Flussmündungen im nordöstlichen Atlantik, in der Ostsee und im Mittelmeer
Maße Länge: 30–50 cm
Gewicht bis 3 kg
Nahrung Würmer, Krebse, Schnecken, Muscheln, kleine Fische, Insektenlarven
Geschlechtsreife mit 3–4 Jahren
Zahl der Eier bis 2 Mio.
Höchstalter über 10 Jahre

Nach Abschluss der Augenwanderung gehen Flundern zum Bodenleben über.

Obwohl der La-Plata-Delfin (*Pontoporia blainvillei*) zu den Fluss-delfinen zählt, ist er im Salz- und Brackwasser zu Hause, vor allem im Flachwasser der südamerikanischen Südostküste, etwa zwischen dem 19. und 41. Grad südlicher Breite.

Der La-Plata-Delfin: Flussdelfin im Salzwasser

Einziger Salzwasser-Flussdelfin

Der La-Plata-Delfin ist die einzige Art der Gattung *Pontoporia*, die wiederum ganz allein die Familie Pontoporiidae bildet – so wie die anderen drei Flussdelfin-Gattungen ebenfalls jeweils eigene Familien darstellen. Die Fluss-delfine sind also nicht nah miteinander ver-wandt, haben aber aufgrund ihrer Lebens-weise vieles gemeinsam. So besitzen sie im Unterschied zu den echten Delfinen beweg-liche Nackenwirbel und einen deutlich vom Rumpf abgesetzten Kopf, den sie zur Seite drehen können. Ihre Augen sind klein und zumeist schwach, die Rückenfinnen sind kurz. Die hinteren Zähne besitzen breite Kauflächen und können auch zähe oder stachelige Kost zermahlen.

Allerdings steht der La-Plata-Delfin in vieler Hinsicht zwischen den Gruppen: Sein Kopf ist weniger vom Körper abgesetzt, die 50 bis 60 kleinen Zähne in jeder Kieferhälfte sind spitz. Zwar schwimmt er oft auf der Seite und tastet dabei mit einer Seitenflosse den Grund ab, bildet aber keine großen Schulen wie die echten Delfine. Seine dreieckige Finne aber weist ihn als einzigartig unter den Flussdelfi-nen aus. Das dürfte mit seinem Lebensraum

Der La-Plata-Delfin wird auch yaqu pacha genannt, was in der indianischen Sprache Ketschua »Wasserwelt« bedeutet. Sein besonderes Merkmal ist der lange, schnabelartige Kiefer.

Der Sotalia: auch mit Süß- und Brackwasser zufrieden

Während der La-Plata-Delfin ein Flussdelfin im Salzwasser ist, handelt es sich beim Sotalia oder Tucuxi (*Sotalia fluviatilis*) um einen echten Delfin, der auch im Süß- und Brackwasser zurechtkommt. Die Verbreitungsgebiete der beiden Tiere überschneiden sich nicht, denn der Sotalia ist auf die Nordostküste Südamerikas und die Ostküste Mittelamerikas beschränkt. Mit einer Länge von 1,4–1,8 m und einem Gewicht von 36–45 kg ist der Sotalia ähnlich klein wie der La-Plata-Delfin. Er hat die typische Torpedoform der echten Delfine, seine Rückenfinne ist klein und dreieckig, die Seitenflossen sind löffelförmig und unter der gerundeten Stirn sitzt ein ausgeprägter Schnabel. Die Färbung ist vom Standort und Alter abhängig.

zusammenhängen: Er bevorzugt flache Küstengewässer bis zu einer Tiefe von 30 m. Auf der uruguayischen Seite des Río de la Plata ist er besonders häufig, ebenso in den Mündungsgebieten des Río Negro und des Río Colorado vor Argentinien. In Nordpatagonien endet sein Verbreitungsgebiet: Die Meeresströmungen zwischen dem Kontinent und den Falklandinseln sind ihm zu kalt.

Per Echolot auf Beutefang

In den reichen Küstengewässern jagt der La-Plata-Delfin Bodenfische, Krebstiere und Kopffüßer. Wie die anderen Flussdelfine setzt er dazu Echoortungs-Klicklaute ein, die vom Kopf vor allem nach vorn und oben abstrahlen. Das dürfte erklären, warum er häufig auf dem Rücken schwimmt: So kann er Beutetiere am Grund des Meeres bzw. im Mündungsbereich der Flüsse aufspüren. Obwohl er keine großen Schulen bildet, wurde in den 2–15 Tiere umfassenden Herden Kooperation beim Nahrungserwerb beobachtet, vor allem im Winter und bei Flut. Im Winter entfernen sie sich auch mehr vom Ufer und streifen weit umher. Sie stellen sich flexibel auf die Kost ein, die in der jeweiligen Jahreszeit am häufigsten und am leichtesten zu ergattern ist.

Geburt in der Zeit der Fülle

Mit drei Jahren sind die Tiere geschlechtsreif. Nach einer Tragzeit von zehn bis elf Monaten gebären die Weibchen im November bis Januar, wenn das Wasser über 20 °C warm wird, ein einzelnes Kalb, das ca. neun Monate gesäugt wird. Die ersten Lebensmonate fallen also in die Zeit, in der die wichtigsten Beutefische reichlich vorhanden sind.

Eine bedrohte Art

Schlecht ergeht es den vielen La-Plata-Delfinen, die in einem der zahlreichen Stellnetze hängen bleiben, mit denen an der südamerikanischen Atlantikküste häufig gefischt wird. Die Netze werden in ca. 4 m Wassertiefe aufgestellt und oft erst nach 24 Stunden eingeholt. Dann sind die Säugetiere längst erstickt. Auch die Meldungen über gestrandete La-Plata-Delfine häufen sich jedes Jahr zur Zeit der Stellnetzfischerei. Die Zahl der jährlichen Beifangopfer dürfte zwischen 550 und 1500 Exemplaren liegen. Man nimmt an, dass der La-Plata-Delfin-Bestand eine Beifangquote von über 2 % langfristig nicht verkraften würde. Inzwischen werden zwar Netze mit einer geringeren, für die Delfine weniger gefährlichen Maschenweite bevorzugt, aber auch die Dezimierung ihrer wichtigsten Beutefische und die hohe Belastung mit Pestiziden wie DDT, die sich im Fettgewebe der Delfine einlagern und das Immunsystem schädigen, stellen akute Bedrohungen dar. Da weder für die jährlichen Verluste noch für den Gesamtbestand der Tiere zuverlässige Zahlen vorliegen, ist äußerste Vorsicht geboten, damit die Art nicht das Schicksal des vom Aussterben bedrohten Chinesischen Flussdelfins (*Lipotes vexillifer*) teilt.

Die Indianer im Amazonas-Gebiet glauben, dass der Sotalia die Ertrunkenen ins Jenseits führt.

La-Plata-Delfin
Pontoporia blainvillei

Klasse Säugetiere
Ordnung Wale
Familie Pontoporidae
Verbreitung Flussmündungen der südamerikanischen Südostküste
Maße Länge: bis 177 cm
Gewicht 30–50 kg
Nahrung Fische, Kopffüßer, Krebse
Geschlechtsreife mit 3 Jahren
Tragzeit 10–11 Monate
Zahl der Jungen 1
Höchstalter 21 Jahre

Manatis:
füllige Meerjungfrauen

Vermutlich gehen die Fabeln von Sirenen – im Meer schwimmende Wesen mit Fischschwanz und betörenden weiblichen Attributen – größtenteils auf Sichtungen von Seekühen zurück, die mit ihren trägen Bewegungen, dem oft sichernd aus dem Wasser gereckten Kopf und ihren beiden zwischen den Vorderflossen sitzenden Brüsten aus der Ferne einen menschenähnlichen Eindruck hinterlassen können.

Die Vettern der Elefanten

Der Ordnungsname Seekühe weist zwar korrekt auf die rein pflanzliche Kost dieser Unterwasserweidetiere hin, aber sie zählen nicht zu den Wiederkäuern: Ihre nächsten Verwandten sind die Elefanten. Als ihre Vorfahren zum Wasserleben übergingen, passten sich Körpergestalt, Stoffwechsel und Verhalten an den neuen Lebensraum an. Sie wurden stromlinienförmig, blieben allerdings sehr massig, um nicht zu schnell auszukühlen. Demselben Zweck, dem Energiesparen, dienen auch die dicke Fettschicht unter der Haut, die gemächlichen Bewegungen und die Meidung von Gewässern mit Temperaturen unter 20 °C. Die Seekühe sind in zwei Familien gegliedert: Dugongs oder Gabelschwanzkühe mit nur noch einer Art und Manatis oder Rundschwanzseekühe mit drei Arten. Während sich der Flussmanati (*Trichechus inunguis*) auf die Überflutungsgebiete des Amazonasbeckens, also einen reinen Süßwasserlebensraum beschränkt, hat sich der Nagelmanati (*Trichechus manatus*) auf die flachen Küstengewässer und Mündungsgebiete von Florida bis Zentralbrasilien und in der Karibik spezialisiert. Der sehr ähnliche Westafrikanische

Manati (*Trichechus senegalensis*) lebt dagegen an den Küsten von Senegal bis Angola. Da die Seekühe alle das kalte offene Meer scheuen, begegnen sich diese beiden Arten nirgends.

Kein Grund zur Eile

Manatis können mit ihrem waagerechten, paddelförmigen Schwanz zur Not 25 km/h schnell schwimmen, wobei sie die Vorderflossen als Steuerruder und Stabilisatoren einsetzen. Sie haben aber wenig natürliche Feinde, so dass sie es zumeist ruhig angehen lassen. Tatsächlich verbrauchen sie nur ca. ein Drittel der Energie, die ein Landsäuger desselben Gewichts umsetzen würde. Etwa alle vier Minuten holen sie Luft; sie können aber bis zu einer Viertelstunde tauchen. Dabei gehen sie nie tiefer als 10 m. Ihre schweren Knochen erleichtern das Tauchen und bewirken auch, dass sie im Schlaf absinken; sie tauchen dann zum Luftholen auf, ohne aufzuwachen.

Die Weibchen werden mit vier bis acht Jahren geschlechtsreif und bekommen höchstens alle zwei Jahre ein einzelnes Kalb. Ein Neugeborenes hält sich dicht bei der Mutter auf und »reitet« manchmal zur Erholung auf ihrem Rücken. Obwohl es bereits mit wenigen Wochen anfängt, Pflanzen zu fressen, wird das Junge lange gesäugt und bleibt ein bis zwei Jahre bei der Mutter, wohl um die Wanderrouten zu den besten Weideplätzen kennen zu lernen.

Geschmackssichere Vegetarier

Die Seegräser, Algen, Brack- und Süßwasserpflanzen, die Manatis mit ihrer nach unten gebogenen Schnauze im Flachwasser weiden, sind so nährstoffarm, dass sie am Tag bis zu 15 % ihres Körpergewichts fressen müssen. Um der Abnutzung der Kauflächen entgegenzuwirken, wachsen den Tieren im hinteren Kieferbereich ständig Zähne nach und die ganze Zahnreihe rutscht ca. 1 mm pro Monat nach vorn. Die abgenutzten vorderen Zähne fallen aus.

Da sie schlecht sehen, erfassen Manatis ihre unmittelbare Umgebung durch Tastborsten an den beweglichen Oberlippen. Außerdem enthält die Zunge sehr viele Geschmacksknospen, um die richtige Kost ausfindig zu machen. Auf dem Weg zu ihren Weidegründen legen Rundschwanzseekühe weite Strecken zurück. In den warmen Monaten stoßen sie auch in größere Tiefen vor, in der kalten Jahreszeit ziehen sie sich gern in flache Sümpfe zurück.

Manatis werden aufgrund ihrer rundlichen Schwanzflosse auch Rundschwanzseekühe genannt.

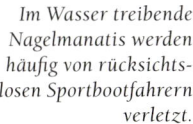

Im Wasser treibende Nagelmanatis werden häufig von rücksichtslosen Sportbootfahrern verletzt.

Manatis *Trichechus*	
Klasse Säugetiere	
Ordnung Seekühe	
Familie Rundschwanzseekühe	
Verbreitung Flussmündungsgebiete von Florida bis Zentralbrasilien und der Karibik, des Amazonas in Südamerika und westafrikanischer Flüsse zwischen Senegal und Nordangola	
Maße Kopf-Rumpf-Länge: 2,5–4,6 m	
Gewicht 500–1600 kg	
Nahrung Seegras, Wasserhyazinthen, Algen und andere Wasserpflanzen	
Geschlechtsreife mit 4–8 Jahren	
Tragzeit 12–14 Monate	
Zahl der Jungen 1	
Höchstalter 40 Jahre	

EISMEERE

Das polare Klima ist extrem: Im Winter geht monatelang die Sonne nicht auf und die Lufttemperaturen fallen auf –30 °C bis –90 °C. In den Sommermonaten dagegen erhalten die Pole sogar mehr Sonnenenergie als der Äquator. Die Temperaturen bleiben dennoch unter dem Gefrierpunkt, weil die weiße Fläche den Großteil der Sonnenstrahlung reflektiert. Die Arktis ist ein Meer, das fast vollständig von Kontinenten umschlossen ist; nur das Europäische Nordmeer und die Beringstraße verbinden sie mit den Weltmeeren. In der Antarktis hingegen nimmt der Kontinent fast die gesamte Fläche innerhalb des Polarkreises ein. Das Südpolarmeer zieht sich rund um den Kontinent, dessen Grenze nur von Strömungen und Wassertemperaturen definiert wird. So kann sich das antarktische Treibeis im Winter bis zum 55. oder 60. Breitengrad ausbreiten, während es im Sommer bis nahe zum Kontinent schmilzt. Im Arktischen Ozean ist das Zentrum etwa nördlich des 75. bis 80. Breitengrades auch im Sommer von dickem, mehrjährigem Eis bedeckt.

So unwirtlich der Lebensraum Arktis auch wirken mag, bietet er dennoch einer reichen Tier- und Pflanzenwelt ein Auskommen.

Das Nordpolarmeer

Eine endlose Eisfläche bedeckt große Teile des Arktischen Ozeans. Das Klima ist harsch: Mit Lufttemperaturen von −50 °C ist im Winter überall in der Arktis zu rechnen. Auch im Sommer steigt die Temperatur in weiten Bereichen kaum über den Gefrierpunkt: So bleibt das Zentrum der Arktis, die Gegend um den Nordpol herum, auch dann von mehrjährigem Eis bedeckt. Der zentrale Teil des Arktischen Ozeans wird durch mehrere, 3500–4500 m tiefe Tiefseebecken geprägt. Der Arktische Ozean ist nahezu vollständig von Kontinenten umgeben, und eine Verbindung zu den übrigen Weltmeeren besteht nur an wenigen Stellen. Die nur 30 bis 50 m tiefe Beringstraße und das Labyrinth von flachen Meeresstraßen im Kanadischen Archipel ermöglichen Walen und anderen Tieren die Wanderung zwischen der Arktis und dem Nordpazifik bzw. dem Nordatlantik, doch ein substanzieller Austausch von Wassermassen ist nur im Europäischen Nordmeer möglich.

Zwischen Mitternachtssonne und Polarnacht

Die geografische Lage bestimmt das extreme Klima des Arktischen Ozeans. Er liegt fast vollständig innerhalb des Polarkreises und erhält im Jahresdurchschnitt nicht einmal halb so viel Sonnenenergie wie der Äquator. Noch dazu ist die Energie sehr ungleich über das Jahr verteilt. Am Polarkreis geht die Sonne zu Mittwinter einen Tag gar nicht auf, und weiter nach Norden nimmt die Dauer dieser Polarnacht auf Wochen oder sogar Monate zu. Es wird bitterkalt: Lufttemperaturen unter –50 °C sind nicht ungewöhnlich.

Im Sommer aber geht die Sonne wochen- oder monatelang nicht unter – die Zeit der Mitternachtssonne ist ebenso lang wie die winterliche Polarnacht. Zwar fallen die Sonnenstrahlen nur in einem flachen Winkel ein, doch wegen der längeren Tage erhält die Polarregion im Sommer sogar mehr Sonnenenergie als der Äquator. Auf dem Land, etwa in Sibirien oder Kanada, wird es daher durchaus 30 °C warm. Doch über dem Ozean bleibt die Temperatur auch im Sommer um den Gefrierpunkt. Denn die weiße Fläche des Meereises wirft 60–95 % der Sonnenstrahlen zurück. Zudem erwärmt sich Wasser nur langsam.

Meereis

Das polare Meerwasser gefriert – je nach Salzgehalt – bei Temperaturen zwischen etwa –1,9 °C und –1,7 °C. Wenn die Wassertemperatur diesen Wert erreicht, bildet sich eine Eishaut auf der Oberfläche, in unruhigen Bedingungen auch Eisschlamm oder Eisbrei, eine schwammartige Masse von Eisklumpen. Das Eis verfestigt sich zunehmend und bildet schließlich eine geschlossene Decke, die innerhalb eines Winters bis zu 2 m dick wird. Wenn Salzwasser gefriert, wird der größte Teil des Salzes ausgeschieden. Auch das im Eis eingeschlossene Salz sammelt sich nach einer Weile zu kleinen Tröpfchen, die durch Risse abfließen. Deshalb besteht älteres Meereis aus Süßwasser. Die großen Eisberge hingegen entstehen durch das »Kalben« von Gletschern: Vor allem an der Küste Grönlands brechen Blöcke von den Zungen des mächtigen Inlandeisschildes ab.

Wechselnde Eisausdehnung

Im Winter breitet sich das Eis über den gesamten Arktischen Ozean aus und erreicht die Küsten Kanadas und Sibiriens. In der Beringsee, der Labradorsee und vor der Ostküste Grönlands reicht die geschlossene Eisdecke bis zum 60. Breitengrad, zieht sich durch die Erderwärmung jedoch immer dramatischer nach Norden zurück. Das Europäische Nordmeer hingegen ist dank der warmen Golfstromausläufer oft bis in hohe Breiten eisfrei. Im Sommer zieht sich die geschlossene Eisdecke weiter nach Norden zurück. Während die grönländische Nordküste und Teile des Kanadischen Archipels noch ganzjährig eisbedeckt sind, ist der sibirische Kontinentalschelf im Sommer überwiegend eisfrei.

Immer mehr gigantische Eisberge entstehen durch das Abbrechen des Inlandeisschildes als Folge der globalen Erwärmung.

Nahrungsreichtum

Die Polarmeere sind sehr produktiv. Das Phytoplankton, also die Gemeinschaft der frei im Wasser treibenden pflanzlichen Organismen, braucht einerseits genügend Licht, andererseits anorganische Nährstoffe wie Phosphate, Nitrate oder Eisen. In den meisten Meeren begrenzt der Nährstoffmangel sein Wachstum: Im lichtreichen Oberflächenwasser sind die Nährstoffe bald aufgebraucht, und eine stabile Temperaturschichtung – warmes Oberflächenwasser über kühlem Tiefenwasser – verhindert das Aufsteigen von Nährstoffen aus der Tiefe. Ganz anders in den Polarmeeren: Hier ist das Oberflächenwasser so kalt wie das Tiefenwasser. Eine stabile Temperaturschichtung bildet sich also nicht, Nährstoffe steigen leicht auf und sind meist reichlich vorhanden. Auch an Licht herrscht an den langen Sommertagen kein Mangel. So findet das Phytoplankton vielerorts gute Bedingungen, auch wenn das kalte Wasser viele Stoffwechselprozesse bremst.

Unterschiedliche Produktivität

Doch ist die Produktivität regional sehr unterschiedlich. Die Zentralarktis ist praktisch tot, denn hier blockiert das dicke mehrjährige Eis das Licht. In den eisfreien oder von dünnerem Eis bedeckten Regionen hingegen herrscht ein ausgeprägter Jahreszyklus. Im dunklen Winter befindet sich das Phytoplankton im Ruhezustand. Im April und Mai steigt die verfügbare Sonnenenergie stark an, und in eisfreien Regionen beginnt die sommerliche Planktonblüte, bei der sich die Biomasse des Photosynthese betreibenden Planktons schnell vervielfacht. In eisbedeckten Regionen wird die Planktonblüte verzögert: Zwar ist Meereis selbst lichtdurchlässig, doch absorbiert die Schneebedeckung das Licht. Erst nach der Schneeschmelze im Juni oder Juli steigt unter dem nun klaren Eis die Produktivität an. Dank des nährstoffreichen Wassers hält die arktische Planktonblüte den gesamten Sommer über an, bis es im September zu dunkel wird. Neben dem frei im Wasser treibenden Phytoplankton spielen Eisbiota eine wichtige Rolle. Dazu zählen Algengemeinschaften, die auf der Oberfläche oder als sog. epontische Ge-

meinschaften in der schwammartigen Unterseite des Treibeises leben. Eisbiota sind sehr divers, bestehen aber hauptsächlich, wie das arktische Phytoplankton, aus einzelligen Kieselalgen (Diatomeen), aber auch aus Bakterien. Offenbar ist die Biomasse der epontischen Biota teils 100-mal so groß wie die des Phytoplankton.

Plankton, Krebse, Fische

Phytoplankton und Eisbiota sind die Nahrungsgrundlage für das Zooplankton, also die Gemeinschaft der tierischen Organismen, die nahezu passiv im Wasser treiben, vor allem verschiedene Krebstiere mit Größen von wenigen Millimetern bis Zentimetern. Die wichtigsten Arten des arktischen Zooplanktons gehören zur Unterklasse der Copepoden (Ruderfußkrebse). Bei diesen wenige Millimeter großen Tieren bilden Beine und Kopfanhänge einen siebartigen Apparat, mit dem sie das Phytoplankton aus dem Wasser filtern und zum Mund fächern. Ruderfußkrebse weiden zudem die epontischen Eisalgen an der Unterseite des Eises ab. Auch Amphipoden (Flohkrebse) ernähren sich von Phytoplankton.

Hauptsächlich von Copepoden und Amphipoden ernähren sich wiederum größere planktonisch lebende Krebse, der Krill. Dazu gehören vor allem die Arten *Meganyctiphanes norvegica* im arktischen Nordatlantik und *Euphausia pacifica* im pazifischen Bereich. Sie werden einige Zentimeter groß und können mehrere Jahre alt werden.

Die Erwärmung des Meerwassers um 4 °C in den letzten 30 Jahren macht immer größere polare Wasserflächen eisfrei.

Krill wie Meganyctiphanes norvegica, ein wichtiges Glied in der Nahrungskette, nimmt durch die Erderwärmung stark ab.

Als Folge der sommerlichen Phytoplankton-blüte vermehrt sich auch das Zooplankton in Größenordnungen, die anderswo nur z.B. in den produktiven Küstengewässern Perus erreicht werden: Es gibt also reichlich Nahrung für Fische. Eine zentrale Rolle im Nahrungs-netz der Arktis spielt dabei der bis 30 cm große Polardorsch (*Boreogadus saida*). Dank eines als Frostschutzmittel wirkenden Proteins im Blut zählt er zu den wenigen Fischen, die unter dem Gefrierpunkt überleben können. Aufgrund dieser »Temperaturfestigkeit« ist er über die gesamte Arktis verbreitet und stellt die Hauptnahrungsquelle für Zahn-wale, Robben und Seevögel dar.

Tundra und arktische Wüsten

Während das Meer reichlich Nahrung bietet, ist das Land der arktischen Küstenregionen karg. Im Winter herrschen extreme Tempe-raturen und eine dichte Schneedecke bedeckt das Land. Erst spät steigt die Temperatur über den Gefrierpunkt und die Vegetations-periode dauert nur wenige Sommerwochen. Wo es genügend Niederschläge gibt, breiten sich im kurzen Sommer riesige Grasländer aus. An Land und dort, wo der Ozean ganz-jährig eisbedeckt ist, verdunstet jedoch nur wenig Wasser, gleichzeitig fallen wenig Niederschläge. Vielerorts sind karge Gräser oder Flechten die einzigen Pflanzen.

Große Landtiere

Umso erstaunlicher ist es, dass die arktischen Küsten viele teils sehr große Tiere ernähren können, aber nur, weil diese das Meer als Nahrungsquelle nutzen. Dem Eisfuchs (*Alopex lagopus*) bieten im Sommer die Lemminge (*Lemmus lemmus*) der Tundra ausreichend Nahrung. Doch im Winter sind diese Nage-tiere in unterirdischen Bauen unter der Schneedecke verborgen. Nun ernährt sich der Eisfuchs von Aas und folgt dabei dem Eisbären (*Ursus maritimus*) auf das Eis. Der Eisbär ist noch stärker vom Meer ab-hängig. Er ist ein fähiger Schwimmer und lebt überwiegend auf dem Eis, wo er ganz-jährig vor allem Robben jagt. Wenn sich im Sommer das Meereis von den Küsten zurück-zieht, ernährt er sich jedoch auch von Flech-ten, Beeren und Gräsern an Land. Die verschiedenen Robben schließlich ver-bringen die meiste Zeit im Wasser und kom-men vor allem zur Paarung oder Aufzucht der Jungen auf das feste Land. Ihre dicke Fett-schicht in der Unterhaut isoliert nicht nur gegen die Kälte, sondern hilft auch beim Schwimmen: Sie gibt Auftrieb. Auch die riesigen Vogelkolonien der arkti-schen Küsten sind vom Fischreichtum ab-hängig. So ist die hohe Produktivität des Polarmeeres die Nahrungsgrundlage der gesamten arktischen Tierwelt.

Eisbären sind am Nord-polarmeer zu Hause.

Grönlandwale: Pfadfinder unterm Nordpoleis

Der Lebensraum des Grönlandwals ist das Gebiet rund um den Nordpol. Im Unterschied zu anderen Walen unternehmen Grönlandwale keine ausgedehnten Wanderungen, sondern verbringen ihr ganzes Leben innerhalb dieser Region und folgen lediglich den jahreszeitlich schwankenden Packeisgrenzen. Das macht sie besonders anfällig für die Veränderungen durch den Klimawandel, v. a. den Rückgang von Krill, ihrer Hauptnahrung.

Bartenwal mit dickem Kopf

Die charakteristischen Merkmale des Grönlandwals sind sein mächtiger Schädel mit dem stark gewölbten Oberkiefer und die schwarzen, bis zu 4,5 m langen, gekrümmten Barten, von denen an jeder Seite des Kiefers 250 bis 350 herunterhängen. Der Kopf macht, je nach Alter, rd. 30–40 % der Gesamtlänge von 15–18 m aus und ist durch einen deutlichen Einschnitt vom Rumpf abgeteilt. Der Körper ist von gedrungener, relativ plumper Form,

die Brustflossen sind kurz und breit, ebenso die Fluke, die eine Spannweite von bis zu 7,5 m aufweist. Wie alle Glattwale besitzt der Grönlandwal keine Rückenfinne und keine Kehlfalten. Die Bauchseite ist völlig glatt. Bei der Geburt sind Grönlandwale schwarzblau, später tiefschwarz. Ein unregelmäßig geformter weißer Fleck an der Spitze des Unterkiefers verleiht den Tieren ein individuelles Aussehen. Ausgewachsene Tiere wiegen bis zu 60 t. Das Höchstalter der Tiere wird auf mindestens 30 Jahre geschätzt.

Grönlandwale können bis zu 30 Minuten unter Wasser bleiben, ohne atmen zu müssen.

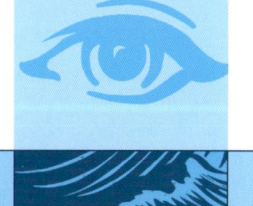

Majestätisch hebt der Grönlandwal beim Abtauchen seine mächtige Fluke aus dem Wasser.

Behutsam umkreisen sich zwei Grönlandwale beim Liebesspiel.

Begehrte Beute

Holländische Seefahrer auf der Suche nach der Nordostpassage entdeckten bei ihrer unfreiwilligen Überwinterung auf Nowaja Semlja in der Barentssee 1569 den Grönlandwal. Seine bis zu 50 cm dicke Speckschicht, durch die der Wal gegen die arktischen Meerestemperaturen geschützt ist, und seine langen Barten machten ihn zu einer begehrten Beute der Walfänger. Mit einer Maximalgeschwindigkeit von 10 km/h waren sie leicht mit Ruderbooten zu erbeuten. Der hohe Fettanteil sorgte dafür, dass die getöteten Tiere nicht untergingen und bequem zur Weiterverarbeitung angelandet werden konnten. Besonders die große Nachfrage nach dem sog. Fischbein, den Barten, die für Reifröcke und Korsettstangen benötigt wurden, trieb die Walfänger immer weiter in den Norden. Die extensive Bejagung blieb nicht ohne Folgen. Lange Zeit nur von Schwertwalen, den einzigen natürlichen Feinden, und den Inuit verfolgt, brachen bis Mitte des 19. Jahrhunderts die Bestände dramatisch ein. Von den einst am Nordpol existierenden fünf großen Populationen überlebte lediglich eine verschwindend kleine im äußersten Nordwesten Amerikas zwischen der Beaufortsee, der Tschuktschensee und dem Beringmeer. Von der Ausrottung bedroht sind die sehr kleinen Populationen in der Hudsonbai und dem Foxebecken östlich von Labrador sowie in der Baffinbai und der Davisstraße westlich von Grönland. In europäischen Gewässern ist dieser Wal ganz ausgerottet.

Allein und in Gruppen

Grönlandwale treten überwiegend einzeln oder in kleinen Familien mit bis zu vier Tieren auf. Zur Paarungszeit, die – kurz vor Beginn der Frühjahrswanderung – zwischen Februar und April liegt, treffen mehrere Wale aufeinander. Lediglich ein einziges Mal im Jahr bilden Grönlandwale große Gruppen von bis zu 50 Tieren. Im Herbst versammeln sie sich an den letzten verbliebenen offenen Rinnen und treten den Weg nach Süden gemeinsam an. Zeitweilig schwimmt ein Tier mit deutlichem Abstand voraus, erkundet dabei den Weg durch die Eisbarrieren und informiert mittels Lautäußerungen die übrigen Tiere. Ebenso scheint es, als könnten sie mithilfe von Lauten die Dicke des Eises prüfen und so bei längeren Wegstrecken unter dem Eis die Stellen meiden, an denen die Schollen zu dick werden, so dass die Wale sie nicht mehr durchstoßen können. Manchmal kann man aus der Luft anhand der Atemlöcher ihre Wanderrouten unter dem Eis verfolgen.

Wie die anderen Bartenwale fressen auch Grönlandwale hauptsächlich während der Sommerzeit. Zur Nahrungsaufnahme schwimmen sie meist mit weit geöffnetem Maul direkt an der Wasseroberfläche, gelegentlich tauchen sie bis zu 30 m in die Tiefe. Mit ihren sehr feinen Bartenfransen können sie extrem kleines Zooplankton ausfiltern. Ruderfußkrebse und Krebslarven bilden den überwiegenden Teil ihrer Nahrung; aber auch Krabben, Würmer, Garnelen und Schnecken wurden schon in ihrem Magen gefunden.

Manchmal scheinen Belugas regelrecht zu lächeln.

Beluga: der wahre weiße Wal

Die Heimat des Belugas (*Delphinapterus leucas*), auch Weißwal genannt, sind die arktischen und subarktischen Gewässer im hohen Norden. Abhängig von der Jahreszeit und den Eisverhältnissen lebt er an der Grenze zum Packeis bis hinauf in Polnähe und in den umliegenden Polarmeeren. Belugas halten sich meistens in den flachen Küstenzonen, in Fjorden und ruhigeren Meeresbuchten auf. Sie sind ausgesprochen gesellige und kommunikative Tiere, die – häufig getrennt nach Alter und Geschlecht – in Schulen unterschiedlicher Größe leben. Während der Paarungs- und Kalbezeit versammeln sie sich in den Mündungsgebieten der großen Flüsse und schließen sich in ständig wechselnden Konstellationen zu großen Herden zusammen, die hunderte oder sogar tausende Tiere umfassen können.

Auffällige Stirn

Der relativ plump gebaute Zahnwal wird 4–6 m lang und wiegt zwischen 500 kg und 1500 kg. Er besitzt einen im Verhältnis zum Körper kleinen, kugelförmigen Kopf mit einem kurzen Schnabel. Auffällig ist die ausgeprägte, unter Umständen über den Schnabel hinausreichende Stirnmelone, die die Tiere innerhalb der ersten Lebensjahre ausbilden. Belugas sind die einzigen Wale, die ihren Gesichtsausdruck deutlich verändern können. Ein Vorwölben der Melone, meist verbunden mit heftigem Aufeinanderschlagen der Kiefer, signalisiert Aggressivität. Das Abflachen der Melone und ein geschlossenes Maul sind die Zeichen für Friedfertigkeit. Der Beluga hat eine sehr dicke Haut, die am ganzen Körper einschließlich der Flossen und Fluke einheitlich weiß ist. Eine Rückenfinne fehlt. Hinsichtlich der Färbung durchläuft der Beluga mehrere Entwicklungsphasen. Neugeborene sind noch dunkel, entweder schieferfarben oder braun. Innerhalb der folgenden Jahre färben sich die Tiere als sog. »Blues« grau und blau. Danach setzt die Weißfärbung ein. Mit Erreichen der Geschlechtsreife im Alter von fünf bis acht Jahren ist der Prozess in der Regel abgeschlossen.

Im flachen Wasser heimisch

Die Nahrungsauswahl des Belugas ist sehr vielfältig und kann sich – abhängig vom Angebot – erheblich unterscheiden. In Tiefen bis zu 20 m stöbert er überwiegend am Meeresgrund nach Borstenwürmern, Krebsen, Schnecken und Muscheln. Plattfische wie Flundern und Schollen scheucht er mit einem gezielten Wasserstrahl vom Boden auf. Bei der Suche nach Nahrung hilft ihm sein äußerst beweglicher Nacken. Er ist der einzige Wal, der seinen Kopf nach links und rechts drehen kann. Aber auch schnell schwimmende Fische wie Lodde, Lachs und Kabeljau kann der geschickte Jäger erbeuten. Da Belugas ihre Nahrung nicht mit den Zähnen zerteilen, sondern im Ganzen herunterschlingen, liegt die maximale Größe ihrer Beutefische bei etwa 4 kg. Größere Bissen können ihnen buchstäblich im Halse stecken bleiben, so dass sie daran ersticken.

Zwischen April und Juli konzentrieren sich die Belugas in riesigen Ansammlungen in den flachen Flussmündungen und -deltas, um sich zu paaren bzw. um nach rd. 14-monatiger Tragzeit die Jungen zur Welt zu bringen. Besonders die Neugeborenen sind in den ersten Wochen auf das gegenüber dem umgebenden Meer ca. 10 °C wärmere Brack- und Süßwasser angewiesen, da ihnen noch die schützende Speckschicht fehlt. Ihre Vorliebe für Flussmündungen birgt auch eine Bedrohung für die Belugas. Zwar wurde die Jagd auf sie mittlerweile weitgehend eingestellt, doch der wachsende Schiffsverkehr und die Förderung von Erdöl veränderten ihren Lebensraum gravierend. Besonders gefährdet sind sie aber durch die Schadstoffeinträge der Flüsse, die zu einer erheblichen Belastung geführt haben.

Aufsehen erregende Irrläufer

Sporadisch verlassen kleine Gruppen oder einzelne Belugas ihr angestammtes Terrain und unternehmen »Ausflüge« in südliche Gefilde. So wurden sog. Irrläufer schon im Oslofjord, bei den Britischen Inseln, im dänischen Limfjord, in der Elbemündung und in der Ostsee vor Rügen gesichtet. Im Frühjahr 1966 tauchte ein Beluga sogar im Rhein auf und versetzte die Bevölkerung in ein »Moby-Dick-Fieber«. Zehntausende Schaulustige säumten die Ufer zwischen Duisburg und Bonn. Das Tier trotzte erfolgreich allen Fangversuchen und verschwand schließlich nach vier Wochen wieder Richtung Nordsee. Auch aus Alaska, Kanada und Sibirien liegen zahlreiche Berichte über Flusswanderungen vor, die Belugas bis zu 800 km weit ins Landesinnere unternahmen.

Beluga oder Weißwal	
Delphinapterus leucas	
Klasse	Säugetiere
Ordnung	Wale
Familie	Gründelwale
Verbreitung	polare und subpolare Gewässer, vor allem an den Küsten Alaskas, Kanadas und Russlands
Maße	Länge: 4–6 m
Gewicht	500–1500 kg
Nahrung	Fische, Würmer, Krebse, Schnecken, Muscheln
Geschlechtsreife	Weibchen mit 5, Männchen mit 8 Jahren
Tragzeit	rund 14 Monate
Zahl der Jungen	1
Höchstalter	etwa 20 Jahre

Im flachen Wasser glänzen die Walleiber in der Sonne.

Das Walross: Fleischberg am Packeisrand

Unter den ohnehin schon stark an das Leben im Wasser angepassten Robben nimmt das Walross eine Sonderstellung ein. Die Ohrmuscheln sind völlig zurückgebildet, der Schwanzstummel ist in einer Hautfalte verborgen, und die Nasenlöcher liegen auf der Oberseite der Schnauze. Am meisten beeindrucken die stark verlängerten oberen Eckzähne, die es in dieser Dimension nur noch bei den Elefanten und dem Narwal gibt. Wegen dieser Besonderheiten wird das Walross nicht nur in eine eigene Gattung, sondern sogar in eine eigene Familie (Odobenidae) gestellt.

Bei den Walrossen haben beide Geschlechter hauerartige Stoßzähne.

Eisbrecher auf Muschelfang

Das Walross (*Odobenus rosmarus*) ist mit einer durchschnittlichen Länge von 3,2 m bei Männchen bzw. 2,8 m bei Weibchen nach dem See-Elefanten die größte Robbe der Nordhalbkugel. Die Männchen bringen 900–1650 kg auf die Waage, während die Weibchen »nur« 500–800 kg schwer werden.

Walrosse leben hauptsächlich von Muscheln sowie in geringem Maße von anderen Wirbellosen, die sie mithilfe ihrer langen Barthaare – auch Vibrissen genannt – ertasten. Die Nahrung wird direkt vom Meeresboden aufgenommen oder durch Wasserstrahlen davon abgelöst, die die Tiere mit dem Maul oder den Vorderflossen erzeugen. Sie verzehren nur die Weichteile der Muscheln, nicht aber die Schalen. Vermutlich werden diese nur ausgesaugt und dann ausgespuckt. Regelmäßig werden auch die Überreste anderer, kleinerer Robben und Delfine in den Mägen von Walrossen gefunden und man ist sich inzwischen sicher, dass diese zumindest in einigen Regionen eine wichtige Rolle im Nah-

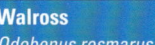

Walross
Odobenus rosmarus

Klasse Säugetiere
Ordnung Raubtiere
Familie Walrosse
Verbreitung arktische Schelfmeerzone rund um den Nordpol
Maße Kopf-Rumpf-Länge: Männchen ca. 3,2 m, Weibchen ca. 2,8 m
Gewicht Männchen 900–1650 kg, Weibchen 500–800 kg
Nahrung Muscheln, auch andere Wirbellose, selten kleine Robben und Delfine
Geschlechtsreife Männchen mit 8–10, Weibchen mit 6–7 Jahren
Tragzeit etwa 15 Monate
Zahl der Jungen 1
Höchstalter 40 Jahre

rungsspektrum der massigen Tiere spielen können. Insgesamt benötigen sie etwa 30 bis 70 kg Nahrung pro Tag.

Walrosse verlassen so gut wie nie die Schelfmeerzone, da sie nur bis in Tiefen von etwa 100 m und bis 25 Minuten lang nach Nahrung suchen können. Selbst im Winter bleiben sie in der Treibeis- oder sogar Packeiszone, wo sie bis über 20 cm dickes Eis brechen und offen halten können.

Arktische Heimat

Walrosse leben in den arktischen Gewässern rund um den Nordpol. Das Atlantische Walross (*Odobenus rosmarus rosmarus*) ist in den Gewässern der kanadischen Arktis über Grönland, Spitzbergen bis nach Novaja Semlja beheimatet. Die größten Populationen des Pazifischen Walrosses (*Odobenus rosmarus divergens*) finden sich am Beringmeer und der angrenzenden Tschuktschensee, sowie zwischen Nordost-Sibirien und Alaska. Vor allem im zunehmend eisfreien Beringmeer sehen sie einer ungewissen Zukunft entgegen, da die Tiere gerne von den zusehends verschwindenden Eisschollen aus auf Nahrungssuche gehen. Insgesamt dürfte der Weltbestand bei rund 250 000 Tieren liegen.

Gesellige Riesen

Zum ausgeprägten Sozialverhalten, das sich auch in einem breiten stimmlichen Repertoire manifestiert, gehören bellende, pfeifende, brüllende, grunzende und hauchende Laute. Den Aufenthalt an Land verbringen die sehr geselligen Tiere dicht aneinandergedrängt, größtenteils im Schlaf. Aggressionen sind

meist nur bei knappem Raum und während der Brunstzeit zu beobachten.

Die Paarung findet im Wasser statt, gewöhnlich zwischen Januar und März. Zuvor imponieren die schwimmenden Männchen den Weibchen, die in Gruppen auf Eisschollen ruhen, und die Weibchen suchen sich dann einen Partner aus. Wie auch bei anderen Robben verzögert sich die Einnistung des Keims um mehrere Monate. Nach einer Gesamttragzeit von etwa 15 Monaten wird meistens im Mai oder Juni ein einziges Junges auf dem Eis geboren. Walrosse können daher nur höchstens alle zwei Jahre gebären. Das Junge wird zwei Jahre von der Mutter betreut und gesäugt. Männchen werden mit acht bis zehn, Weibchen mit sechs bis sieben Jahren geschlechtsreif.

Vielseitige Hauer

Die elfenbeinernen Stoßzähne sind äußerlich ab dem zweiten Lebensjahr sichtbar. Beim Männchen erreichen sie eine Länge von über 70 cm, beim Weibchen immerhin bis über einen halben Meter. Sie zeigen den sozialen Rang der Tiere an. Außerdem dienen sie zum Festhalten bei der Fortbewegung an Land, zum Offenhalten der Atemlöcher im Eis, um Robben zu töten und als Waffe gegen seine Feinde: den Menschen, den Schwertwal und den Eisbären. Für die beiden Letzteren sind aber nur jüngere Tiere als Beute belegt. Der Mensch hatte es in den letzten Jahrhunderten vor allem auf das Fett und die wertvollen Stoßzähne abgesehen und so durch kommerzielle Bejagung die meisten Bestände bedrohlich dezimiert. Mittlerweile ist die wirtschaftliche Nutzung untersagt; nur die Inuit und einige nordamerikanische und sibirische Volksstämme haben Jagdlizenzen.

An Land leben die Walrosse dicht zusammengedrängt in großen Haremsfamilien.

Der Polardorsch ist ein kleiner Verwandter des Kabeljaus.

Der Polardorsch: aktiv bis zum Gefrierpunkt

Keine andere Fischart dringt so weit in die eisigen Polargewässer der Arktis vor wie dieser Dorschverwandte. Dazu befähigen ihn gewisse Eiweiße, die quasi als körpereigene Frostschutzmittel wirken. Der bis zu 30 cm lange Polardorsch gleicht mit seinem gestreckten Körper und den drei Rückenflossen dem Kabeljau. Doch folgt auf den mächtigen Kopf mit den großen Augen und dem geräumigen, halbrunden Maul nur ein schmächtiger Rumpf, dem eine tief gespaltene Schwanzflosse angemessen Schub verleiht.

Unempfindlich gegen Kälte und wechselnden Salzgehalt

Die eiskalten Meere rund um den Nordpol sind das Lebenselixier für den Polardorsch (*Boreogadus saida*). Sein weites Verbreitungsgebiet reicht im Westen von den Küsten Alaskas und Kanadas, wo er bis in die Hudsonbai vordringt, über den Nordatlantik vor Grönland, Island und Spitzbergen bis zum Weißen Meer, in die Barentssee und die Ostsibirische See. Im Osten erreicht er im Beringmeer sogar pazifische Gewässer südwärts bis zu den Pribilofinseln. Nordwärts wurde der Polardorsch schon unterm Packeis nördlich des 84. Breitengrades gefangen. Somit dringt er weiter in eisige Gewässer vor als jeder andere marine Fisch, doch erreichen einige seiner Dorschverwandten wie Köhler (*Pollachius virens*), Grönlanddorsch (*Arctogadus glacialis*), Kabeljau (*Gadus morhua*) und Grönlandhai (*Somniosus microcephalus*) auch Eisregionen.

Der Polardorsch bevorzugt Wassertemperaturen um 5 °C, kommt aber auch mit wärmeren wie auch mit noch kälteren Temperaturen zurecht, bis an den Gefrierpunkt von Meerwasser. Dazu verhelfen ihm spezielle Eiweiße, sog. Glykoproteide, die als körpereigene Frostschutzmittel wirken, indem sie sich an gerade in Bildung begriffene Eiskristalle in der Körperflüssigkeit anlagern und so deren Wachstum verhindern.

Der Grönlanddorsch ist auch unter dem Namen Atlantischer Kabeljau bekannt.

Er hält sich gern an Eisrändern oder sogar unter dem Eis auf und wandert bis in Flussmündungen. Daraus kann man schließen, dass der Polardorsch auch stark schwankende Salzgehalte verträgt, ja sogar rasche Veränderungen der Konzentration: Denn wenn das fast salzlose Eis schmilzt, entstehen Schlieren mit viel geringerem Salzgehalt als im umgebenden Meerwasser.

Wanderer, Schwarmfisch, Einzelgänger

Im Winter zieht der Polardorsch in Schwärmen aus den pelagischen Regionen der Polarmeere »südwärts« an die nordischen Küsten, wo er bei Wassertemperaturen um den Nullpunkt ablaicht. Jedes Weibchen entlässt dabei 9000–20 000 Eier. Die Eier des Polardorschs treiben monatelang pelagisch im Wasser, erst im April/Mai schlüpfen die Jungfische. Wie die Erwachsenen ernähren sie sich von Plankton. Polardorsche wachsen recht langsam und werden erst mit vier Jahren geschlechtsreif, wohl weil das Leben im eiskalten Wasser nur einen trägen, dafür Energie sparenden

Stoffwechsel zulässt. Angeblich laichen sie nur einmal in ihrem Leben und werden selten älter als sieben Jahre. Große Dorscharten werden hingegen bis zu 20 Jahre alt.
Unter dem Treibeis oder Packeis geben die ein- bis zweijährigen, nur fingerlangen Polardorsche das Leben im Schwarm auf und halten sich einzeln oder in kleinen Trupps in Mulden, Ritzen und Klüften des Eises auf, wo sie planktische Kleinkrebse vom Eis pflücken: Einige dieser Krebse können sich mit ihren Beinen an der Eisoberfläche festhalten und kratzen andere Planktonorganismen aus Hohlräumen im Eis, die darin eigene Lebensgemeinschaften bilden, darunter Algen, Einzeller und andere Kleinkrebse.

Wichtiges Glied in der Nahrungskette

Der Polardorsch gilt als der Hauptkonsument von Plankton im Oberflächenwasser; wo die stärkere Konkurrenz seiner Verwandten fehlt, hält er sich jedoch auch am Boden auf. Allerdings trägt er nur einen Stoppelrest von Kinnbarteln, dem charakteristischen Tast- und Spürorgan der Dorsche, mit dem sie am Boden Nahrung aufspüren.
Obwohl der Polardorsch nur relativ wenige Eier produziert, überleben doch viele Jungtiere. Die kalten arktischen Gewässer bieten so viel Nahrung, dass diese Fische oft in riesigen Schwärmen auftreten. Seine ökologische Vielseitigkeit, dank derer er so gut wie jeden arktischen Lebensraum zu nutzen vermag, lässt den Polardorsch jedoch auch in der Gunst seiner Fressfeinde steigen: So stehen die Jungfische auf dem Speiseplan etlicher Seevögel wie Lummen, Tordalken, Großmöwen und Seeschwalben. Alle Stadien bis zum ausgewachsenen Fisch werden außer von verwandten, größeren Dorscharten auch von Lachsen, Heilbutt, Wandersaibling, Haien und Meeressäugern gefressen, darunter Sattelrobbe, Narwal und Beluga.
Im Verlauf seiner Größenentwicklung dreht sich der Spieß in der Nahrungskette für den Polardorsch um: Die Eier und die junge Brut werden das Opfer genau jener räuberisch lebenden Kleinkrebse, Quallen, Tintenschnecken und anderer Mollusken, die später den überlebenden Polardorschen als Beute dienen.

Polardorsch
Boreogadus saida

Klasse Knochenfische
Ordnung Dorschartige
Familie Dorsche
Verbreitung zirkumpolar in der Arktis: Nordatlantik und Nordpazifik
Maße Länge: 6–30 cm
Nahrung Zooplankton
Geschlechtsreife mit 4 Jahren
Zahl der Eier 9000–20 000
Höchstalter 7 Jahre

Von allen gejagt – die Lodde

An manchen Frühjahrstagen färbt sich das Wasser arktischer Küsten-
meere dunkel. Es sind die Leiber der Lodde, eines kleinen, unscheinbaren Lachsfisches, der in dichten Schwärmen zu seinen Laichplätzen
zieht. Lodden leben zirkumpolar im Nördlichen Eismeer sowie im
höchsten Norden des Pazifiks. Sie sind das »tägliche Brot« von Kabeljau und anderen Jagdfischen, von Robben, Walen, Möwen und sogar
von Heringen, die sich an den Larven gütlich tun.

Kurzes Leben

Die Lodde oder Kapelan (*Mallotus villosus*)
gehört zur Familie der Stinte (Osmeridae) und
somit zu den Lachsartigen. Die Lodde lebt in
Schwärmen im freien Wasser der Meere rund
um die Arktis, vor allem vor Grönland und
Norwegen, in der Barentssee, im Weißen Meer,
in der Hudsonbai und im nordpazifischen
Beringmeer. Die torpedoförmig lang gestreckten Fische mit dem dunklen, blaugrünen Rücken und den silbrig weißen Flanken trifft
man meist im Oberflächenwasser, doch kommen sie auch bis in 300 m Tiefe vor. Auffällig
sind die großen Augen und die weite Mundöffnung mit dem leicht vorstehenden Unterkiefer – deutliche Hinweise auf die Ernährung
mit Zooplankton, das in der Arktis überwiegend aus Kleinkrebsen wie Ruderfußkrebsen
und Krill besteht.

Schon im Dezember sammeln sich große
Loddenschwärme im Eismeer und in der
Barentssee, um langsam zu den Nordküsten
Norwegens und der Halbinsel Kola aufzu-
brechen. Dort laichen die geschlechtsreifen
Tiere – im Alter von zwei bis vier Jahren –
meist im März und April im flachen Küsten-
wasser, wandern jedoch auch bis in Fluss-

*Lodden erreichen bis zu
20 cm Körperlänge.*

Lodde oder Kapelan
Mallotus villosus

Klasse Knochenfische
Ordnung Stintartige
Familie Stinte
Verbreitung Arktischer
Ozean vom Weißen Meer
über die Barentssee,
Nordatlantik bis auf die
Höhe von Neufundland,
Nordpazifik von der Bering-
straße bis auf die Höhe von
Japan und Korea
Maße Länge: bis 20 cm
Gewicht bis 50 g
Nahrung Zooplankton
Geschlechtsreife mit 2–4
Jahren
Zahl der Eier etwa 10 000
Höchstalter 6 Jahre

mündungen. Die Männchen tragen in der Laichzeit zottige Schuppenauswüchse entlang der Seitenlinie. Ein solcher sog. Laichausschlag ist von vielen Fischarten bekannt.

Oft paart sich ein Weibchen mit zwei Männchen im 2–4 °C kalten Wasser und legt etwa 10 000 Eier über einer Sandfurche ab. Die 0,6–1,2 mm großen und klebrigen Eier haften am Untergrund fest und entwickeln sich in etwa vier Wochen zu 4–5 mm langen, planktischen Larven. Die erwachsenen Tiere kehren nach dem Ablaichen ins Meer zurück. Die Männchen sterben nach der Laichzeit, die meisten Weibchen ebenfalls. Einige Weibchen überleben jedoch und laichen in den folgenden zwei bis drei Jahren erneut.

Ökologische Verbindung mit Kabeljau und Hering

Besonders gut untersucht sind die Loddenschwärme in der Barentssee, wo sie als Nahrungsquelle des begehrten nordatlantischen Kabeljaus ein wichtiges Element des Ökosystems darstellen. Im Sommer weiden die Loddenschwärme weit draußen im Meer im tieferen Wasser. Nachts kommen sie, dem Zooplankton folgend, näher an die Oberfläche. Die Größe der Loddenschwärme schwankt mit den Jahreszeiten und mit langfristigen klimatisch-ozeanografischen Bedingungen. Wenn die arktischen Wassertemperaturen über dem langjährigen Durchschnitt liegen, erstrecken sich die Aufenthaltsgebiete der Lodden weit in die nördliche und nordöstliche Barentssee. In kälteren Jahren sind Schwärme und Lebensraum deutlich kleiner; der Lebensraum verschiebt sich dann nach Westen und Südwesten. Als die Kabeljaubestände in den 1970er und 1980er Jahren durch Überfischung stark zurückgingen, profitierte die Lodde als typischer Beutefisch des Kabeljaus: Ihre Bestände wuchsen an. Als sich der Kabeljau in den frühen 1990er Jahren erholte, brachen die Loddenbestände in der Barentssee stark ein.

Auch zwischen Lodden und Heringen der Barentssee scheint eine ökologische Verbindung zu wirken. Gibt es große Heringsschwärme, schrumpfen die Loddenbestände. Über die Ursachen wird noch spekuliert: Sei es, dass sie um dieselben Nahrungsquellen konkurrieren, sei es, weil der Hering auch Loddenlarven verzehrt. Da der Hering und viele andere Loddenjäger erheblich älter als ihr Nahrungstier werden, die Lodden aber nach dem Ablaichen fast alle sterben, nutzen also wachsende Jäger-Populationen einen Loddenbestand, der sich überwiegend aus seinem Laicherfolg rekrutiert. Fressen also die Jäger viele erwachsene Lodden, vernichten sie einen Gutteil ihrer künftigen Nahrungsgrundlage.

Hauptnahrung von Alken

Vom Lebenszyklus der Lodde werden auch andere marine Tiere beeinflusst. So berichten Vogelkundler, dass in Jahren, in denen die Lodde verspätet zum Laichen an den Küsten Neufundlands eintrifft, der Bruterfolg der Dreizehenmöwe (*Rissa tridactyla*) bis zu 87 % geringer ist. Aus Nahrungsmangel wird sie von der Silbermöwe (*Larus argentatus*) attackiert, die ihren Verwandten die Beute abjagt. Die Lodde ist dort auch die Hauptnahrung von Alken, wie Trottellumme (*Uria aalge*) und Papageitaucher (*Fratercula arctica*).

Die Lodde ist ein wichtiges Glied der Nahrungskette; sie selbst ernährt sich von tierischem Plankton.

Das Südpolarmeer

Das Südpolarmeer unterscheidet sich in vieler Hinsicht vom Nordpolarmeer. Der eisbedeckte antarktische Kontinent (Antarktika) füllt nahezu die gesamte Fläche innerhalb des Polarkreises. Das Südpolarmeer ist daher im Gegensatz zum Arktischen Ozean kein eingeschlossenes Meeresbecken, sondern zieht sich ringförmig um den Kontinent und steht mit allen Weltmeeren in Kontakt. Seine Grenze wird durch die Wassertemperatur definiert: Etwa um den 55. – 60. Breitengrad trifft das kalte polare Wasser in der sog. Antarktischen Polarfrontzone (APFZ) oder Antarktischen Konvergenz auf wärmeres subpolares Wasser. Das Südpolarmeer innerhalb der APFZ umfasst etwa 35 Mio. km². Das extreme Klima der Antarktis wird von der polaren Lage bestimmt. Um den 60. Breitengrad steht im Jahresdurchschnitt nur noch halb so viel Sonnenenergie zur Verfügung wie am Äquator. Vor allem ist sie ungleich über das Jahr verteilt: Im Winter steigt die Sonne kaum über den Horizont. Das Polarmeer wird zu einer endlosen Eiswüste. Im Sommer hingegen mangelt es nicht an Sonnenenergie, denn dann sind die Tage lang. So schmilzt das Eis bis auf einen schmalen Saum am Kontinentalrand.

Große Eisberge sind in der Antarhtis weit häufiger als in der Arktis.

Antarktisches Klima

Das Klima auf dem antarktischen Kontinent ist extrem. Im Winter sinkt die Temperatur bis –90 °C, auch im Sommer bleibt es mit Werten zwischen –15 °C und –40 °C eiskalt. So ist der gesamte Kontinent ganzjährig von einem 3–4 m dicken Eisschild bedeckt. Nur einige Gebirge, Küstengebiete und Inseln sind eisfrei. Das antarktische Klima stabilisiert sich durch mehrere Mechanismen selbst. So wirft die weiße Eisfläche 60–95 % der Sonnenenergie zurück, ohne erwärmt zu werden. Außerdem liegt die Oberfläche der mehrere tausend Meter dicken Eisschicht auf Hochgebirgsniveau in kühlen Luftschichten.

Die kalte Luft über dem Eis bildet ein starkes Hochdruckgebiet, das eine Ostwindzone um den Kontinent erzeugt und das Eindringen wärmerer Luftmassen vom Meer verhindert – ein weiterer Kühlmechanismus. Dieses stabile Polarhoch führt auch zu extremer Trockenheit: Es fallen nur etwa 50 mm Niederschlag im Jahr, nur in einigen Küstengebieten werden bis zu 500 mm erreicht. Die Antarktis ist also eine Wüste. Bis weit ins Meer hinaus wehen sog. katabatische Winde oder Gletscherwinde, die entstehen, indem die Luft über dem Eis abkühlt und die Hänge hinabweht. Teils werden sie zu beißend kalten Stürmen (Blizzards) und machen Pinguinen, Robben, Seevögeln und Polarforschern das Leben schwer.

Während der Kontinent sehr trocken ist, gehören Teile des Südpolarmeeres zu den stürmischsten und niederschlagsreichsten Meeresregionen überhaupt. Denn das Aufeinandertreffen von kaltem und warmem Wasser in der APFZ führt zu Turbulenzen und erzeugt heftige Stürme, die bis an die antarktische Küste wandern.

Wechselnde Eisausdehnung

Wie das Nordpolarmeer ist auch das Südpolarmeer jahreszeitlich wechselnd von Meereis bedeckt. Allerdings gibt es kaum dickes mehrjähriges Eis, weil die Eisausdehnung viel stärker mit den Jahreszeiten variiert: Während es sich im Winter bis 60 Grad südlicher Breite über eine Fläche von etwa 20 Mio. km² ausbreitet, zieht es sich im Sommer bis auf einen schmalen Saum um den Kontinent zurück und bedeckt nur etwa 4 Mio. km².

Bei der Eisbildung spielen die bis zu –40 °C kalten Gletscherwinde vom Kontinent eine wichtige Rolle. An der Küste entstehen oftmals sog. Polynyas, das sind eisfreie Flächen von wenigen Kilometern bis mehreren hundert Kilometern Ausdehnung. Der kalte Gletscherwind kühlt das Wasser, treibt den entstehenden Eisbrei jedoch weg. Der Polynya produziert also große Mengen Meereis, bleibt selbst aber eisfrei.

Der mächtige Inlandeisschild fließt vielerorts ins Meer und bildet das sog. Schelfeis: bis 1500 m mächtige Eisplatten, die noch mit dem Inlandeis verbunden sind, sich jedoch vom Untergrund gelöst haben und auf dem Wasser schwimmen. Doch vor allem in der Westantarktis schmelzen infolge der Erderwärmung Gletscher und große Schelfeisplatten schneller als erwartet – und damit der Lebensraum u. a. von Robben und Pinguinen.

Das antarktische Strömungssystem

Das Südpolarmeer ist von einem komplexen Strömungssystem geprägt. Etwa um den 55.–60. Breitengrad erzeugen die vorherrschenden Westwinde eine ostwärts gerichtete Strömung, die sog. Antarktische Zirkumpolare Strömung. Unmittelbar an der antarktischen Küste hingegen treiben die dort herrschenden Ostwinde den westwärts gerichteten Polarstrom an. Aufgrund des Coriolis-Effekts, der (auf der Südhalbkugel) jede Bewegung nach links ablenkt, enthält die zirkumpolare Strömung auch einen nordwärts gerichteten Strömungsanteil. Daher wird um den 55.–60. Breitengrad das Oberflächenwasser zusammengetrieben und sinkt ab; es entsteht die Antarktische Konvergenz (Konvergenz = »Zusammentreten«) oder Antarktische Polarfrontzone. Südlich des zirkumpolaren

Der Pinguin gilt als Charaktervogel der Antarktis.

Zwei Orcas in ihrem Element, dem antarktischen Meereis.

Stroms hingegen führt die nordwärts gerichtete Strömungskomponente zu einem Auseinandertreten (»Divergenz«) des Oberflächenwassers und zum Aufsteigen des Tiefenwassers.

Ausreichend Nährstoffe

Aufsteigendes Tiefenwasser ist für die Produktivität einer Meeresregion essenziell. Pflanzliche Organismen, die durch Photosynthese mithilfe des Sonnenlichtes organisches Material erzeugen, brauchen anorganische Nährstoffe wie Nitrate, Phosphate oder Eisen. An der lichtreichen Oberfläche sind diese Nährstoffe jedoch schnell verbraucht. In vielen Meeren verhindert eine stabile Temperaturschichtung, die sog. Thermokline, dass nährstoffreiches Tiefenwasser aufsteigt. Da in Polarmeeren das Oberflächenwasser genauso kalt ist wie das Tiefenwasser, gibt es keine solche Thermokline. Besonders stark ist die Umwälzung dort, wo das Wasser an der Oberfläche abkühlt und sinkt. Im Südpolarmeer führen damit sowohl die großräumigen Auswirkungen der zirkumpolaren Strömung als auch lokale Einflüsse zum Aufsteigen von Nährstoffen. Ähnlich wie im Nordpolarmeer hat die Produktivität einen ausgeprägten Jahreszyklus: Im Winter sind die Tage kurz, und das schneebedeckte Meereis schirmt zusätzlich Licht ab. Sobald jedoch im Frühjahr der Schnee schmilzt, dringt genügend Licht durch das relativ transparente, dünne einjährige Meereis. Da kein Mangel an Nährstoffen herrscht, ist die Produktivität vielerorts während des gesamten Sommers sehr hoch.

Phytoplankton und Eisbiota

In der Antarktis wird die Basis der Nahrungspyramide vom Phytoplankton, also frei im Wasser treibenden pflanzlichen Organismen, aber auch von sog. Eisbiota oder epontischen Gemeinschaften gebildet: Organismen, die in der schwammartigen Unterseite des Meereises leben. Phytoplankton und Eisbiota sind eng miteinander verbunden: Wenn Meereis gefriert, gelangt Plankton ins Eis, das beim Schmelzen wieder freigegeben wird. Beide Gemeinschaften haben daher eine ähnliche Zusammensetzung.
Wichtige Photosynthese betreibende Organismen sind die einzelligen Diatomeen (Kieselalgen) und Dinoflagellaten. Offenbar tragen auch Bakterien und Einzeller, die sich von totem organischen Material ernähren, erheblich zur Produktivität bei, wobei ihre genaue Rolle kaum erforscht ist. Im Eis leben zudem kleinere mehrzellige Organismen. Je nach den örtlichen Gegebenheiten können die Eisalgen einen größeren Teil der pflanzlichen Biomasse ausmachen als das freie Phytoplankton, das vor allem in eisfreien Regionen gedeiht.

Krill und Zooplankton

Der sommerliche Bestand an Zooplankton ist im Südpolarmeer höher als in den meisten anderen Meeren. Etwa die Hälfte davon gehört zu einer einzigen Art von garnelenartigen Krebstieren: dem Antarktischen Krill (*Euphausia superba*). Im Gegensatz zu den arktischen Krillarten ernährt sich der Antarktische Krill kaum von kleineren Krebstieren, sondern von Phytoplankton und Eisalgen. Mit einer Größe von 6 cm wird er groß genug, um auch großen Tieren wie Pinguinen, Robben oder Bartenwalen Nahrung zu bieten. Krill gibt es vor allem in der Ostwindzone nahe des Kontinents. Weiter nördlich, nahe der Polarfrontzone, überwiegen hingegen Ruderfußkrebse (Copepoden).

Antarktische Fische

Ein großer Teil der antarktischen Fischarten ist endemisch, d.h., sie kommen nur im Südpolarmeer vor. Schätzungen gehen von 50 bis 80 % aus, denn die Polarfrontzone ist eine unüberwindliche Grenze. Die an Temperaturen unter 0 °C angepassten arktischen Fische können kaum im wärmeren subpolaren Wasser überleben, während umgekehrt das Südpolarmeer für die subpolaren Fische zu kalt ist. Die Polarfront entstand vor etwa 25 Mio. Jahren, nachdem sich die Antarktis von den übrigen Südkontinenten getrennt hatte und die Zirkumpolare Strömung entstehen konnte.

Lebensfeindliches Land

Im Vergleich zu anderen Kontinenten fällt die Tierwelt des antarktischen Kontinents sehr dürftig aus. Zwar gibt es riesige Vogelkolonien, doch im Vergleich zur Größe des Kontinents ist die Gesamtzahl der Tiere klein. Auch die Diversität ist gering: Es gibt nur wenige Vogel- und Robbenarten. Reptilien und Amphibien fehlen ganz, selbst Wirbellose sind nur in wenigen Arten vertreten, viele davon als Parasiten bei Vögeln und Robben. Der Grund: Der Kontinent bietet kaum Nahrung. Nur Gebirge sowie einige Küsten und Inseln sind eisfrei. Die extreme Kälte und Trockenheit macht Pflanzen das Überleben schwer – außer einigen Gräsern an wenigen geschützten Stellen wachsen nur Flechten.

Unter den antarktischen Wirbeltieren gibt es daher keine Pflanzenfresser, alle sind direkt vom Meer abhängig. Robben, Pinguine und Seevögel ernähren sich von Fischen oder Krill. Sie nutzen das feste Land fast nur zur Aufzucht der Jungen und halten sich ansonsten überwiegend im Wasser oder auf dem Eis auf.

Treibende Eisberge gehören zum gewohnten Bild antarktischer Gewässer.

Eine Schönheit ist der Buckelwal nicht unbedingt. Ihm fehlt der elegante stromlinienförmige Körper anderer Furchenwale, sein Kopf ist mit zahlreichen Tuberkeln versehen, das Kinn endet in einem warzenartigen Fortsatz. Flipper und Fluke haben schartige Ränder und sind von Seepocken übersät. Dafür weiß *Megaptera novaeangliae* mit anderen Fähigkeiten zu überzeugen. Scheinbar ausgelassene Spiele unter Wasser, spektakuläre Luftsprünge aus dem Stand heraus und akrobatische Winkeinlagen mit den Flippern sind seine Kennzeichen – und natürlich die einzigartigen, mitunter mehrstündigen Gesänge.

Der Buckelwal: Troubadour der Meere

Wanderfreudig und verspielt

Buckelwale sind nicht nur vor Neuengland an der US-amerikanischen Nordostküste zu Hause, sondern als echte Kosmopoliten in mehreren großen, unabhängigen Populationen in allen großen Weltmeeren unterwegs. Während des Sommers leben sie in der Arktis und Antarktis, im Herbst ziehen sie in die warmen subtropischen und tropischen Gewässer, um die Kälber zur Welt zu bringen und um sich zu paaren. Im darauffolgenden Frühjahr wandern sie wieder zurück in ihre Nahrungsgründe im hohen Norden bzw. tiefen Süden. Dabei halten sie sich das ganze Jahr überwiegend in Küstennähe oder über dem

Trotz ihres enormen Gewichts können Buckelwale aus dem Wasser schnellen.

»Buckelwal-Ballett«

Kontinentalschelf auf. Da sie nicht den Äquator überschwimmen und die Kontinente eine große Barriere in Ost-West-Richtung sind, findet zwischen den meisten Populationen keine Vermischung statt.

Auffälligstes Merkmal des Buckelwals sind seine beiden riesigen breiten Flipper, die bis zu 5 m lang werden. Sie sind extrem beweglich und machen das Tier zu einem überragenden Schwimmer. Und Buckelwale nutzen dieses Talent ausgiebig. Sie gelten als ausgesprochen verspielt. Darüber hinaus verleihen Flipper und Fluke jedem Tier auch ein individuelles Aussehen. Die jeweiligen Unterseiten und Flanken sind schwarzweiß gefärbt und weisen ein unverwechselbares Muster auf, während der Rumpf des Wals mit Ausnahme der Bauchseite einheitlich blauschwarz ist.

Blasennetzfischer

Von jeder Seite des Oberkiefers hängen 250–400 Barten herunter. Sie sind etwa 15 cm breit und 60–80 cm lang. Weil die Fransen relativ grob sind, können Buckelwale nur Nahrung ab einer gewissen Größe ausfiltern. In den antarktischen Meeren leben sie vom Krill, der allerdings, bedingt durch die Erderwärmung, stark auf dem Rückzug ist. Krill ist auch bei den Walen auf der Nordhalbkugel ein wichtiger Bestandteil der Nahrung. Allerdings sind hier die Krillschwärme wesentlich kleiner und längst nicht so häufig anzutreffen wie im Süden. Deshalb ernähren sich die Wale überwiegend von kleinen Fischen wie Lodde, Hering und Sandaal. Um die beweglichen und schnell schwimmenden Schwarmfische zu erbeuten, haben Buckelwale eine ungewöhnliche, aber sehr effiziente Jagdtechnik entwickelt. Mit lauten Schlägen von Flippern und Fluke treiben sie gemeinsam zunächst die Fische zusammen. Dann schwimmen sie in einer schraubenförmigen Bewegung um den Schwarm herum und lassen dabei kontinuierlich Luft aus ihrem Blasloch entweichen. So bilden sie einen dichten Vorhang aus kleinen glitzernden Luftbläschen: ein dichtes »Netz«, aus dem die Fische nicht mehr fliehen können, sondern stattdessen panisch in die Mitte streben. Jetzt tauchen die Buckelwale von unten in den dicht zusammengedrängten Schwarm ein und stoßen mit weit geöffnetem Maul an die Wasseroberfläche.

Aggressive Balzkämpfe

Buckelwale leben das ganze Jahr über in lockeren Gruppen. Einzig die Verbindung zwischen Müttern und ihrem Nachwuchs ist über einen längeren Zeitraum stabil. In den Wintergründen entwickeln sich zwischen den Bullen ausdauernde Konkurrenzkämpfe um die Weibchen. Während die Männchen bei den Wanderungen und bei der Nahrungssuche kooperativ zusammenleben, zeigen sie sich jetzt als Rivalen. Zu den friedlichen Aktivitäten gehören die »Gesänge« der Männchen: meist 6–30 Minuten dauernde Lieder mit wiederkehrenden Strophen aus geordneten Lautfolgen. Mit Drohgebärden und Imponiergehabe versuchen sich die Bullen gegenseitig einzuschüchtern. Dazu gehören Sprünge aus dem Wasser, Aufreißen des Maules, Schläge mit dem Schwanz auf die Wasseroberfläche und das Winken mit den Flippern. In unmittelbarer Nähe der Weibchen werden die Kämpfe aggressiver. Die Auseinandersetzungen ziehen sich über Tage hin. Unterlegene Tiere drehen ab, neue stoßen zu der Gruppe dazu. Schließlich setzt sich ein Bulle durch und paart sich mit dem Weibchen.

Buckelwal
Megaptera novaeangliae

Klasse Säugetiere
Ordnung Wale
Familie Furchenwale
Verbreitung Ozeane weltweit
Maße Länge: 12–18 m
Gewicht bis 40 t
Nahrung Krill, kleine Fische wie Lodde, Hering, Sandaal
Geschlechtsreife mit 5 Jahren
Tragzeit 12 Monate
Zahl der Jungen 1
Höchstalter 50 Jahre

Die Weddellrobbe: Südrobbe der antarktischen Meere

Der bevorzugte Lebensraum der Weddellrobben ist der nahezu geschlossene Eisgürtel über dem Festlandsockel (Schelf) der antarktischen Küsten. In dieser lebensfeindlichen Region ist kein anderes Säugetier weiter südlich anzutreffen. Die Weddellrobbe bringt ihre Jungen auf dem Eis zur Welt und findet ihre Nahrung im Wasser unter der Eisdecke. Doch mit dem Rückgang des Schelfeises durch den Klimawandel wird der Lebensraum dieser bislang häufigen Robbe eingeschränkt.

Wie alle Südrobben ist auch diese Weddellrobbe sehr zutraulich, da es in der Antarktis keine Landraubtiere gibt.

Nur wenige Feinde

Forscher schätzen, dass in der Antarktis annähernd 730 000–800 000 Weddellrobben (*Leptonychotes weddelli*) leben, verteilt über die Küstenregionen des gesamten Südpolarmeers und einiger subantarktischer Inseln, z.B. der Südorkneyinseln. Die zur Familie der Hundsrobben zählenden Tiere gehören damit zu den am wenigsten gefährdeten Robbenarten – nicht zuletzt wegen ihres unwirtlichen

Lebensraums, in den sich Fressfeinde, aber auch der Mensch, nur selten vorwagen. Manchmal jedoch werden Weddellrobben, die sich in der Packeiszone aufhalten, Opfer eines Schwertwal- oder Seeleopardenangriffs. Da sie außer diesen Tieren keine Feinde haben, begegnen sie in der Regel auch den wenigen Menschen, die in ihre Nähe kommen, ohne Furcht. Benannt wurden die Weddellrobben nach dem britischen Seefahrer und Robbenjäger James Weddell (1787–1834), der in den 1820er

Weddellrobbe
Leptonychotes weddellii

Klasse Säugetiere
Ordnung Raubtiere
Familie Hundsrobben
Verbreitung Schelf- und Packeisgürtel der arktischen Küsten
Maße Kopf-Rumpf-Länge: 2,5–3 m
Gewicht 350–450 kg
Nahrung Fische, auch Kopffüßer und Krebse
Geschlechtsreife mit 3–4 Jahren
Tragzeit 11 Monate
Zahl der Jungen 1, selten Zwillinge
Höchstalter etwa 15 Jahre

Jahren über sie berichtete. Sie erreichen eine Länge von 2,5–3 m, wobei die Weibchen etwas größer als die Männchen sind. Das Gewicht der dunkelgrauen Tiere, deren Fell zudem gelbliche Flecken aufweist, beträgt 350 bis 450 kg. Von anderen Robben unterscheiden sie sich u. a. durch ihren im Verhältnis zum Körper kleinen Kopf. Prägnant sind auch die Eckzähne im Oberkiefer, mit denen sie ihre Atemlöcher im Eis offen halten. Sind diese Zähne im Alter von etwa zehn bis 15 Jahren abgenutzt, sterben die Tiere in der Regel bald.

Exzellente Taucher mit lauter Stimme

Weddellrobben sind vermutlich die Robben, die am tiefsten tauchen. Forscher haben beobachtet, dass sie bis in Tiefen von 600 m vorstoßen und bis zu 80 Minuten unter Wasser bleiben. Den für diese Tauchgänge nötigen Sauerstoff speichern die Tiere u. a. im Blut und in den Muskeln. Sie sparen zudem Sauerstoff, indem sie beim Tauchen ihre Schwimmbewegungen reduzieren und weite Strecken durchs Wasser gleiten. Nicht zuletzt fällt die Lunge der Tiere durch den Druck unter Wasser etwas zusammen, was ihren Auftrieb vermindert, deshalb ebenfalls Kraft spart und damit auch den Sauerstoffverbrauch verringert. Die tiefen Tauchgänge dienen in erster Linie der Jagd, u. a. auf den bis zu 70 kg schweren Antarktis-Dorsch. Hauptsächlich ernähren sich Weddellrobben zwar von Fischen, aber auch Kopffüßer wie Tintenfische sowie Krill stehen auf ihrem Speiseplan.

Unter Wasser verständigen sich Weddellrobben durch kilometerweit zu hörende Töne, die sogar noch auf dem Eis zu vernehmen sind. Bis zu 30 unterschiedliche Laute konnten Forscher bis heute identifizieren.

Einzelgängerische Lebensweise

Im Allgemeinen sind ausgewachsene Weddellrobben Einzelgänger – in der Nähe von Rissen und damit von Atemlöchern im Eis finden sich zwar häufig mehrere Tiere, sie gehen einander jedoch so weit wie möglich aus dem Weg.

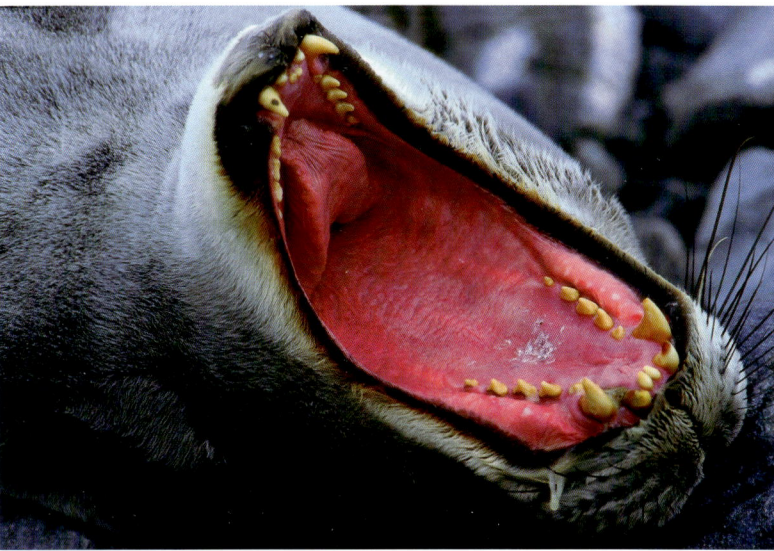

Mit ihren Zähnen nagen Weddellrobben Atemlöcher in die Eisdecke.

Während der Paarungszeit reklamieren Robbenbullen unter dem Eis ein eigenes Territorium für sich, das Weibchen frei passieren dürfen und in dem in der Regel die Paarung stattfindet. Andere Bullen dürfen auch durch das Territorium schwimmen, müssen sich dem dominanten Männchen gegenüber aber unterwürfig zeigen.

Wenn die Jungen kommen

Vor der Geburt der Jungen von Mitte September bis Anfang November verlassen die Weibchen das Wasser, in dem sich die Weddellrobben sonst die meiste Zeit aufhalten, und bringen ihre Jungen in Robbenkolonien auf dem Eis zur Welt. Meist hat jedes Weibchen nur ein Junges, Zwillingsgeburten sind selten. Während der ersten zwölf Tage weicht die Mutter nicht von der Seite des Neugeborenen, das schon bei der Geburt 22–29 kg wiegt und 1,2 bis 1,5 m lang ist. Anschließend verbringt die Mutter etwa 30 % des Tages mit der Nahrungssuche im Wasser, während das Junge allein auf dem Eis zurückbleibt. Neugeborene Weddellrobben nehmen dank der Muttermilch, die rd. 40 % Fett enthält, pro Woche 10–15 kg zu. Nach etwa sieben Wochen werden sie bei einem Gewicht von etwa 100 kg entwöhnt. Zu diesem Zeitpunkt sind die Jungen bereits in der Lage, 90 m tief zu tauchen und selbst Beute zu machen. Die Jungtiere leben zunächst in Gruppen zusammen; mit der Geschlechtsreife trennen sich ihre Wege.

Wie die meisten Pinguine ist auch der Königspinguin durch seine farbenprächtige Zeichnung an Kopf und Hals zu erkennen.

Mit ihrem aufrechten Gang und der frackartigen Schwarz-Weiß-Zeichnung gehören die Pinguine sicherlich zu den populärsten unter allen Vögeln. Wie kaum ein anderer Vogel sind sie an das Leben im Wasser angepasst und haben dafür viele Eigenschaften verloren, die ihnen das Landleben erleichtern würden, besonders natürlich das Fliegen. Aber auch beim Laufen wirken sie sehr unbeholfen und langsam, was den Tieren jedoch im Allgemeinen keine Probleme bereitet, da sie an ihren Brutplätzen keine natürlichen Feinde haben.

Der Königspinguin: Langschnabel im Frack

Am Südrand der »Roaring Forties«

Der Königspinguin (*Aptenodytes patagonicus*) ist nach dem Kaiserpinguin (*Aptenodytes forsteri*) die weltweit zweitgrößte von insgesamt 17 Pinguinarten. Der Königspinguin bewohnt die wesentlich »gemäßigteren« subantarktischen Küstenregionen um den 50. Breitengrad. Dies entspricht etwa dem Südrand der »Roaring Forties«, also jener

Zone häufiger Stürme, die bei den Seefahrern berüchtigt ist.

Der Königspinguin ähnelt hinsichtlich Färbung und Gestalt sehr dem Kaiserpinguin, allerdings ist der Schnabel länger und die Zeichnung des Kopfes farbiger. Der dunklere Ohrfleck reicht weiter zum Auge hin. Mit 9–15 kg bringt der Königspinguin aber gerade einmal die Hälfte des Gewichts seines größeren Verwandten auf die Waage. Anhand der Länge des Schnabels und der Flügel werden bei den Königspinguinen zwei Unterarten unterschieden: Auf den Falklandinseln und in Südgeorgien lebt die sog. Nominatform *Aptenodytes patagonicus patagonicus*. Früher brütete er auch an der Südspitze des südamerikanischen Kontinents, ist aber dort inzwischen ausgerottet. Die zweite Unterart, *Aptenodytes patagonicus halli*, brütet auf den Kerguelen samt benachbarten Inselgruppen sowie auf den Aucklandinseln südlich von Neuseeland.

Unterwasserflieger

Wie die übrigen Pinguine ist der Königspinguin vor der Kälte durch sein dichtes, wasserundurchlässiges Federkleid und das dicke Unterhautfettgewebe geschützt. An das Leben im Wasser ist er durch seinen spindelförmigen Körper und die weit nach hinten verlagerten Füße, deren Zehen durch Schwimmhäute miteinander verbunden sind, sowie die flossenartigen Flügel hervorragend angepasst. Im Gegensatz zu den gleichfalls flugunfähigen Straußenvögeln ist bei den Pinguinen der Brustkiel samt der daran ansetzenden Flugmuskulatur nicht zurückgebildet, sondern dient der Fortbewegung beim Tauchen. Funktionsmorphologisch sind die Pinguine also »Unterwasserflieger«. Sie können bis über eine Viertelstunde tauchen und verschlingen ihre Beute meistens unter Wasser. Oft jagen die Vögel in Gruppen und kreisen geschickt ganze Fischschwärme ein, um sich dann in aller Ruhe satt zu fressen. Diese Grundnahrungsmittel verschwinden allerdings durch die Erderwärmung, sodass die Königspinguin-Bestände bislang regional schrumpfen. Die Hauptnahrung des Königspinguins bilden Laternenfische (Myctophidae) und Tintenschnecken. Zur Nahrungssuche kann er sich bis fast 1000 km vom Brutplatz entfernen.

Zwei Bruten in drei Jahren

Da die Brutzyklen nicht in einem Jahr abgeschlossen werden können, brüten die Königspinguine höchstens zweimal in drei Jahren, was dazu führt, dass es in ein und derselben Brutkolonie jeweils eine Gruppe von Frühbrütern (Beginn der Eiablage im November)

und eine von Spätbrütern (Beginn im Februar) gibt. Das Gelege besteht nur aus einem einzigen Ei, das nicht in ein Nest gelegt wird, sondern in einer Bauchfalte zwischen den Füßen, wo dann ein Teil der Federn ausfällt, ausgebrütet wird. In dieser Falte kann das Ei auch, ebenso wie das Junge, über kürzere Strecken getragen werden. Die Brutzeit dauert etwa 54 Tage, wobei sich die Elternteile jeweils nach zwei bis drei Wochen abwechseln. Das anfangs nackte Junge ist erst nach 10–13 Monaten ausgewachsen und trennt sich dann von den Eltern.

Kinderkrippen und Pinguinmilch

Bis dahin müssen aber die Küken beider Brutschichten einen ganzen Winter durchstehen, wo sie dann oftmals mehrere Wochen ohne Futter auskommen müssen und sich in den Kolonien eng aneinanderdrängen, um die Angriffsfläche für Wind und Wetter zu verkleinern. Gefüttert werden sie mit vorverdauter Nahrung aus dem Kropf und – wenn das Weibchen lange zur Nahrungssuche ausbleibt – mit Pinguinmilch, einem eiweiß- und fettreichen Sekret der Speiseröhrenwand. Die Geschlechtsreife wird nach sechs Jahren erreicht.

Das Wort Pinguin leitet sich übrigens vom lateinischen »pinguis« für »fett« oder »wohlgenährt« ab und wurde ursprünglich als Name für den längst ausgestorbenen Riesenalk (*Pinguinus impennis*) vergeben.

Königspinguin
Aptenodytes patagonicus

Klasse Vögel
Ordnung Pinguine
Familie Pinguine
Verbreitung subantarktische Inseln wie Südgeorgien, Macquarie-Insel, Heard-Insel, Kerguelen, Prinz-Edward-Inseln, Crozetinseln und Falklandinseln
Maße Länge: 85–95 cm
Gewicht 9–15 kg
Nahrung Fische, Krill und Tintenfische
Geschlechtsreife mit 6 Jahren
Zahl der Eier 1
Brutzeit etwa 54 Tage
Höchstalter 20 Jahre

Königspinguine leben in Kolonien, bevorzugen flache Küsten und halten sich vom Packeis fern.

Tiefgekühltes Leben:
die antarktischen Eisfische

Im 19. Jahrhundert entdeckte man, dass sich im kältesten Meer der Welt mit Temperaturen von bis zu –2,5 °C Fische tummelten. Noch bis heute wird daran geforscht, was es den Antarktisfischen ermöglicht, in Meeresgebieten zu überleben, die man früher für praktisch unbewohnbar hielt. Die Antwort: Sie gehen sparsam mit ihrer Energie um. Zudem senken bei vielen von ihnen spezielle Frostschutzmittel den Gefrierpunkt des Blutes.

Südpolarmeer: eiskalte Isolation

Nachdem sich die Antarktis in der Erdgeschichte vollständig von Australien und der Spitze Südamerikas getrennt hatte, entwickelten sich zusammenlaufende Meeresströmungen, die den nun isolierten Kontinent umschlossen. Diese gewaltige Barriere verhindert seither den Zustrom warmer Wassermassen. Heute liegt die Temperatur des Südpolarmeeres an vielen Orten ganzjährig in der Nähe des Gefrierpunkts von Meerwasser (1,9 °C). Das kalte Wasser verdrängte die meisten der vormals in den Gewässern des Urkontinents beheimateten Fische. Doch eine Gruppe von Fischen widerstand dem harten Klima: die Eisfische der Antarktis. Einige stellen unter dem Packeis Kleinkrebsen, anderen Wirbellosen oder Fischen nach, die vom Algenbewuchs auf dem Eis leben. Von

Eisfische
Channichthyidae

Klasse Knochenfische
Ordnung Barschartige
Familie Eisfische
Verbreitung polare Gewässer rund um die Antarktis, eine Art um Feuerland
Maße Länge: 9–80 cm, manche Arten bis 2 m
Nahrung Krebse, Wirbellose, kleine Fische
Geschlechtsreife mit 5–8 Jahren
Zahl der Eier 100–1000
Höchstalter 20 Jahre

der Hauptgruppe der Antarktisfische, den Antarktisdorschen (Nototheniidae), bewohnt ein großer Teil ausschließlich die polaren Gewässer rund um den Südkontinent. In vielen Gebieten machen sie bis zu 77 % der Artenzahlen und über 90 % der Biomasse aus. Der bis zu 2 m lange Schwarze Seehecht (*Dissostichus eleginoides*) ist einer ihrer Vertreter und lebt vorwiegend in mittleren Tiefen ab 300 m, vor allem rund um die Antarktis, vor den Küsten Chiles und Patagoniens sowie den Falkland-Inseln. Seine Hauptbeute bildet ein anderer Eisfisch: *Pleuragramma antarcticum*, der in Gestalt und Größe an die nordischen Sandaale erinnert. Eisfische profitieren vom sommerlichen Abschmelzen des Packeises, wenn ein Großteil der im Eis überdauerten Organismen ins freie Wasser gelangt und die sich entwickelnde Algenblüte der polaren Lebensgemeinschaft einen Nahrungsschub beschert. Die absinkenden toten Zellen (Detritus) dienen wiederum bodenbewohnenden Krebsen und anderen Kleintieren als Nahrung, die ihrerseits von Grundfischen gefressen werden.

Mit Frostschutzmitteln gegen die Kälte

Eis ist eine Bedrohung für Fische. Es kann über Kiemen und Körperdecke in den Körper eindringen und den Gefrierprozess im Blut überhaupt erst auslösen. Als Kaltblüter überleben die meisten Fische gerade noch eine Bluttemperatur von –1 °C. Eisfische gefrieren in eisfreiem Salzwasser aber erst bei –6 °C. Etwa die Hälfte dieser Gefrierpunkterniedrigung geht auf das Konto gelöster Ionen wie Salze. Die andere Hälfte basiert auf gewundenen Aminosäureketten, die als Frostschutzmittel wirken. Sie lagern sich im Moment der Eisbildung an die Kristalle an. Diese verlieren Wassermoleküle an die Umgebung, was indirekt den Gefrierpunkt senkt.

Energiesparer

In der klirrenden Kälte benötigen Eisfische jedes Energiequantum zum Überleben, besonders im dunklen Polarwinter, wenn die Produktivität des Ökosystems auf dem Tiefpunkt ist. Die Produktion der komplexen Frostschutzmoleküle ist aber energiezehrend. Damit diese wertvollen Substanzen im Kreislauf verbleiben und nicht dauernd neu synthetisiert werden müssen, enthält die Niere der Antarktisfische keine Nierenkörperchen, die in der Regel nur kleine Moleküle in den Urin überführen. Die gezielte Entgiftung

übernehmen dafür spezielle (sekretorische) Zellen der Nierenkanälchen.

Zum Glück kann der Stoffwechsel der Eisfische auf Sparflamme laufen, denn er braucht keine roten Blutzellen und kein Sauerstoff transportierendes Hämoglobin herzustellen. Im kalten Wasser der Polarmeere ist relativ viel Sauerstoff gelöst, und die Eisfische können dank ihrer schuppenlosen, dicht von Blutgefäßen durchzogenen Haut und eines großen Herzens genügend Sauerstoff physikalisch im Blut binden.

Die in mittleren Tiefen lebenden Antarktisfische *Dissostichus mawsonii* und *Pleurogramma antarcticum* besitzen ihr eigenes Energiesparprogramm: Sie können gleichsam schwerelos treiben und müssen darum keine Energie gegen die Schwerkraft aufbieten. Ihr knorpeliges Skelett reduziert ihr Gewicht, und statt einer Schwimmblase tragen Triglyceride (Öle, Fette) zum Auftrieb bei.

Als Anpassung an die kalte Umgebung besitzt der Krokodil-Eisfisch eine Art Frostschutzmittel.

Register

Kursive Seitenzahlen verweisen auf Abbildungen

Abbildungsnachweis

7.7.2010   4,95 €

7.7.2010   4,95 €